U0343663

课堂实录

李红术 / 编著

中文版 **Pro/ENGINEER Wildfire**
课堂实录

清华大学出版社
北京

内 容 简 介

本书是 Pro/E 5.0 的案例教程，以课堂实录的形式全面讲解该软件的各项功能和使用方法。全书共10 章，依次介绍 Pro\E 软件快速入门、草绘、基准特征、基础特征、工程特征、高级特征、特征编辑、曲面造型、组件装配、工程图等内容。本书将理论讲解和实际操作紧密结合，在介绍每个知识点后都会给出相应的应用案例，以便读者理解和掌握。

为了方便读者学习，特别赠送了多媒体教学光盘，包含 140 集共 500 多分钟的高清语音教学视频。老师手把手的讲解，可全面提高学习的兴趣和效率。

本书内容全面，实例丰富，可操作性强。既可以作为大中专院校、高职院校相关专业的教科书，也可以作为社会相关培训机构的培训教材和工程技术人员的参考用书。

本书封面贴有清华大学出版社防伪标签，无标签者不得销售。

版权所有，侵权必究。侵权举报电话：010-62782989　13701121933

图书在版编目（CIP）数据

中文版 Pro/ENGINEER Wildfire 课堂实录 / 李红术编著． -- 北京 ：清华大学出版社，2015
（课堂实录）
ISBN 978-7-302-39534-8

Ⅰ．①中… Ⅱ．①李… Ⅲ．①机械设计－计算机辅助设计－应用软件 Ⅳ．① TH122

中国版本图书馆 CIP 数据核字（2015）第 039448 号

责任编辑：陈绿春
封面设计：潘国文
责任校对：胡伟民
责任印制：沈　露

出版发行：清华大学出版社
　　　　　网　　　址：http://www.tup.com.cn，http://www.wqbook.com
　　　　　地　　　址：北京清华大学学研大厦 A 座　　　　　　　邮　　编：100084
　　　　　社 总 机：010-62770175　　　　　　　　　　　　　　邮　　购：010-62786544
　　　　　投稿与读者服务：010-62776969，c-service@tup.tsinghua.edu.cn
　　　　　质 量 反 馈：010-62772015，zhiliang@tup.tsinghua.edu.cn

印 刷 者：北京富博印刷有限公司
装 订 者：北京市密云县京文制本装订厂
经　　销：全国新华书店
开　　本：188mm×260mm　　　　印　　张：17.5　　　　字　　数：625 千字
　　　　　（附 DVD1 张）
版　　次：2015 年 7 月第 1 版　　　　　　　　　　印　　次：2015 年 7 月第 1 次印刷
印　　数：1～3500
定　　价：45.00 元

产品编号：061942-01

Pro/E Wildfire5.0（简称 Pro/E）是美国 PTC 公司（Parametric Technology Corporation）的龙头产品，是一套用于三维设计与制造的参数驱动（参数化）CAD/CAM 大型集成软件。它在航空、航天、汽车和电子产品的设计和制造企业中得到了广泛应用，极大地提高了用户的设计能力。Pro/E 在中国的高端 CAD 市场上占有很大的份额，是目前应用最为广泛的 CAD 产品，也是当前最优秀的三维 CAD 软件之一。

本书特色

本书具有以下特点。

■ 完善的知识体系

从熟悉 Pro/E 基本操作到草绘设计、基准特征、基础特征、工程特征、编辑特征、曲面造型、组件装配和绘制工程图，以阶梯式的学习方法，使读者循序渐进地掌握知识。

■ 丰富的经典案例

针对初、中级用户量身订做。针对每节所学的知识点，将经典案例以课堂举例的方式穿插其中，与知识点相辅相成。

■ 实用的行业案例

本书每个练习和实例都取材于机械和工业产品造型行业中的工程案例，贴近工作实际，使广大读者在学习 Pro/E 的同时，能够了解和熟悉工程应用专业知识、绘图流程和绘图规范。

■ 手把手的教学视频

配备了教学视频，清晰、直观、生动的讲解，使学习更有趣、更有效率。

本书内容

本书共 10 个课时，主要内容如下。

第 1 课 Pro/E 5.0 快速入门：介绍 Pro/E 5.0 的概述、操作界面、文件管理、工作模块、基本操作、系统设置、视图操作和对象选取基本知识。

第 2 课 草绘设计：介绍 Pro/E 常用的二维草绘工具的使用方法和技巧，以及草图的编辑、几何约束的创建和尺寸的标注与修改。

第 3 课 基准特征：介绍基准轴、基准平面、基准曲线、基准坐标系等参考基准的创建方法。

第 4 课 基础特征：介绍拉伸、旋转、扫描、混合等基础特征的创建方法。

第 5 课 工程特征：介绍孔、筋、壳、拔模、倒圆角、自动倒圆角和倒角等工程特征的创建方法。

第 6 课 编辑特征：介绍复制粘贴、镜像、阵列、扭曲、编辑和修改特征、层和组的使用等编辑特征的操作方法。

第 7 课 高级特征：介绍扫描混合、螺旋扫描、耳和唇等高级特征的创建方法。

第 8 课 曲面造型：介绍曲面的概述、基础曲面特征的创建、高级曲面特征的创建、曲面的编辑等曲面造型的操作方法。

第 9 课 组件装配：介绍组件装配概述、放置约束、移动约束、零件重复放置、阵列装配元件、隐含和恢复，以及视图的介绍与创建等组件装配的操作方法。

第 10 课 绘制工程图：介绍工程图的制图流程、基本视图和剖面图的创建方法，以及工程图注释和表格的添加方法。

关于作者

本书由李红术主编，参加编写的还有陈志民、陈运炳、申玉秀、李红萍、李红艺、陈云香、陈文香、陈军云、彭斌全、林小群、刘清平、钟睦、刘里锋、朱海涛、廖博、喻文明、易盛、陈晶、张绍华、黄柯、黄华、陈文轶、杨少波、杨芳、刘有良等。

由于作者水平有限，书中错误、疏漏之处在所难免。在感谢你选择本书的同时，也希望你能够把对本书的意见和建议告诉我们。

作者联系邮箱：lushanbook@qq.com。

编者

目录
CONTENTS

第①课 Pro/E 5.0 快速入门

Pro/E 5.0 快速入门

Pro/ENGINEER Wildfire（简称 Pro/E）软件是美国参数技术公司（PTC）推出的新一代 CAD/CAM/CAE 软件，它以强大的基于特征的参数化设计功能而著称。目前，Pro/ENGINEER 系列软件已被广泛地应用于机械、电子、模具、轻工、家具、工业设计、产品设计、汽车和航空等行业。

本章主要介绍 Pro/ENGINEER Wildfire 5.0 的功能特性、用户界面、文件基市操作、视图的控制、绘图环境的系统设置等相关入门内容。最后用一个简单的入门实例，介绍 Pro/E 的工作流程，使读者对 Pro/E 5.0 有一个全面的了解和认识。

本课知识：

- ◆ Pro/E 5.0 概述
- ◆ Pro/E 5.0 新增功能
- ◆ 操作界面
- ◆ 文件管理
- ◆ 视图控制

1.1 Pro/E 5.0 概述

Pro/E 是一款基于特征建模的实体建模软件，它利用每次独立构建一个模块的方式来创建整体模型。

1.1.1 Pro/E 简介

Pro/E 软件的模块众多、功能强大，已经成为三维建模软件的领头羊，涉及了机械设计的各个方面。Pro/E 软件融合了零件设计、组件设计、模具开发、钣金件设计、铸造件设计、造型设计、工程图的生成、机构仿真等功能于一体。其系列产品广泛应用于机械、电子、模具、轻工、家具、工业设计、产品设计、汽车和航空等行业。

Pro/E 软件自 20 世纪 80 年代由美国参数科技公司（Parametric Technology Corporation PTC）推出以来，至今已有很多版本，其中 Pro/ENGINEER Wildfire 5.0 是目前的最新版本。与以往的版本相比，Pro/E 5.0 有着很多的新功能，从而变得易学易用，功能也更加强大。下面对 Pro/E 5.0 的特点及基本设计模式进行简单的介绍。

1. 主要特性

■ 全相关性

Pro/E 的所有模块都是相关的。这就意味着在产品开发过程中某一处进行的修改，能够扩展到整个设计中，同时自动更新所有的工程文档，包括装配

体、设计图纸，以及制造数据。全相关性鼓励在开发周期的任意位置进行修改，却没有任何损失，并使并行工程成为可能，所以能够使开发后期的一些功能提前发挥其作用。

■ 基于特征的参数化造型

Pro/E 使用用户熟悉的特征作为产品几何模型的构造要素。这些特征是一些普通的机械对象，并且可以按预先设置很容易地进行修改。例如，设计特征有弧、圆角、倒角等，它们对工程人员来说是很熟悉的，因而易于使用。

装配、加工、制造，以及其他学科都使用这些领域独有的特征。通过给这些特征设置参数（不但包括几何尺寸，还包括非几何属性）很容易地进行多次设计迭代，实现产品开发。

■ 数据管理

为加速投放市场，需要在较短时间内开发更多的产品。为了实现这种效率，必须允许多个学科的工程师同时对同一个产品进行开发。数据管理模块的开发研制，正是专门用于管理并行工程中同时进

行的各项工作，由于使用了 Pro/E 独特的全相关性功能，因而使之成为可能。

■ **装配管理**

Pro/E 的基本结构能够使用户利用一些直观的命令，例如，"啮合"、"插入"、"对齐"等很容易地把零件装配起来，同时保持设计意图。高级的功能支持大型、复杂装配体的构造和管理，这些装配体中零件的数量不受限制。

■ **易于使用**

菜单以直观的方式联级出现，提供了逻辑选项和预先选取的最普通选项，同时还提供了简短的菜单描述和完整的在线帮助，这种形式使 Pro/E 更容易学习和使用。

2. 基本设计模式

在 Pro/E 中，要将某个设计从构想变成所需要的产品时，通常要经过 3 个基本的 Pro/E 设计环节，即零件设计环节、组件设计环节和绘图设计环节。而每个基本的设计环节都被视为独立的 Pro/E 模式，它们拥有各自的特性、文件扩展名和与其他模式之间的关系。

■ **零件设计模式**

零件设计模式的文件扩展名为 .prt。在零件设计模式下可以创建和编辑拉伸、旋转、扫描、混合、倒圆角和倒角等特征，这些特征便构成了零件的模型。

■ **组件设计模式**

组件设计模式的文件扩展名为 .asm。零件创建好后，可以使用组件设计模块创建一个空的文件夹，并在该组文件中装配各个零件，以及为零件分配其在成品中的位置。同时，为了更好地检查或显示零件关系，可以在组件中定义分解视图。在组件设计模式下，还可以很方便地规划组件框架等。例如，使用骨架模型，从而实现自顶而下的设计。在组件中还可以使用模型分析工具来测量组件的质量属性和体积等，分析整个组件中的各个元件之间是否存在干涉现象，以便完善组件设计。

■ **绘图设计模式**

绘图设计模式也称"工程图设计模式"，其文件的扩展名为 .drw。在绘图设计模式下，可直接根据三维零件和组件中所记录的尺寸，为设计创建精确的机械工程图。在 Pro/E 的绘图设计模式下，用户可以根据设计情况，有选择地显示和拭除来自三维模型的尺寸、形位公差和注释等项目。

1.1.2 Pro/E 5.0 新增功能

新版本的 Pro/E 5.0，在界面、草绘、零件、工

程图等模块中都有改进，下面分别介绍各模块的新增功能。

1. 草绘新增功能

Pro/E 5.0 的草绘界面与其他版本有所不同，例如：

▷ 其中画直线功能中新增加了几何中心线，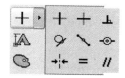。

▷ 四边形中可直接画斜矩形与平行四边形，⬚⬚⬚⬚。

▷ 可直接绘制斜的椭圆形，◯⬚◯◎◯◯⬚。

▷ 直接对边进行倒角并创建构造线延伸，⬚⬚⬚。

▷ 几何点与几何坐标系统，⬚⬚⬚⬚⬚。

▷ 加厚功能，⬚⬚⬚⬚。

▷ 可直接进行周长标注、基线标注，⬚⬚⬚⬚。

▷ 参照标注，如图 1-1 所示，约束类直接点选。

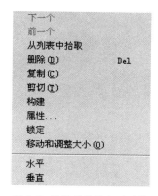

图 1-1 约束类参照

▷ 草绘器中快捷菜单的新增功能，如图 1-2 所示。

下一个
前一个
从列表中拾取
删除 (D)　　　　　Del
复制 (C)
剪切 (T)
构建
属性…
锁定
移动和调整大小 (O)
水平
垂直

图 1-2 快捷菜单的新增功能

▷ 意外退出后，还可以自动保存。

▷ 打印时可以预览。

2. 工程图

新版本的 Pro/E 5.0 将工程图的界面完全图标化，如图 1-3 所示，并加入模型树显示，方便增加多个模型及同时制作多张图纸。

图 1-3 Pro/E 5.0 工程图界面

1.2 Pro/E 5.0 操作界面

Pro/E 5.0 操作界面，如图 1-4 所示。

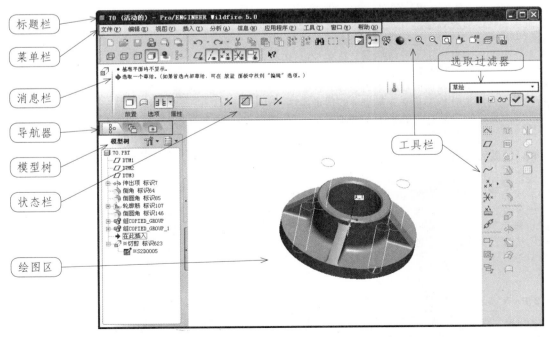

图 1-4 Pro/E 5.0 的操作界面

1.2.1 标题栏

标题栏位于界面顶部，在标题栏中通常显示对应模型的文件名、文件类型和软件名称。当同时打开多个文件时，则当前的一个文件窗口被激活，在该活动窗口的标题栏中，显示的文件名后面会注明"（活动的）"的字样，如图 1-5 所示。

图 1-5 标题栏

1.2.2 菜单栏

菜单栏集合了大量的操作命令，所以又称"主菜单栏"，它位于标题栏的下方。在菜单栏中排列着各种不同用途的主菜单，而且菜单栏上的主菜单项目会随着应用模块的不同而不同。例如，在零件设计模块下，菜单栏下包含 10 个主菜单栏项目，分别为"文件"、"编辑"、"视图"、"插入"、"分析"、"信息"、"应用程序"、"工具"、"窗口"、"帮助"；而在绘图模式下，除了以上 10 个菜单栏外，还有另外的 6 个选项卡，即"布局"、"表"、"注释"、"草绘"、"审阅"、"发布"。

1.2.3 工具栏

工具栏包括主工具栏和特征工具栏，它是用户在建模过程中最常用的一种快捷辅助工具，主工具栏也称"常用工具栏"，它位于菜单栏下方、图形窗口顶部，特征工具栏位于图形窗口的右侧。

对于初学者来说，如果对工具栏中的某个图标按钮不熟悉，那么可以将鼠标置于该图标按钮处片刻，系统将会自动在鼠标的下方显示该图标按钮的功能说明，如图 1-6 所示。

图 1-6 显示图标按钮的说明

Pro/E 还允许用户根据个人操作习惯，将某些常用的命令定制为工具栏的工具按钮，如调整相关工具栏的位置和自定义其内容，以供设计师快速使用。下面简单介绍如何自定义工具栏的内容，其步骤如下。

❶ 从菜单栏中的"工具"菜单中选择"定制屏幕"命令，弹出如图 1-7 所示的"定制"对话框。

❷ 进入"命令"选项卡，在"目录"列表框中选择需要的分类功能项目，则此时在"命令"选项区域中显示出该分类目录下的功能命令。如果对某个功能命令不熟悉，可以在"命令"选项区域选中它，然后在"选取的命令"选项组中单击"说明"按钮，从而查看该命令的使用方法，如图 1-8 所示。

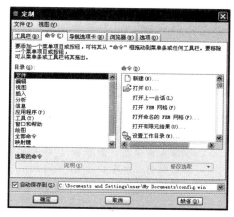

图 1-7 "定制"对话框

图 1-8 查看制定命令说明

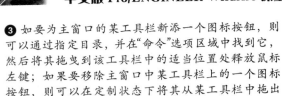

❸ 如要为主窗口的某工具栏新添一个图标按钮，则可以通过指定目录，并在"命令"选项区域中找到它，然后将其拖曳到该工具栏中的适当位置处释放鼠标左键；如果要移除主窗口中某工具栏上的一个图标按钮，则可以在定制状态下将其从某工具栏中拖出去，然后释放鼠标左键。

❹ 使"自动保存到"复选框处于"勾选"状态，并设置定制信息的保存位置，保存文件为 config.win 文件。

❺ 单击"确定"按钮，完成定制工作。如果想恢复系统默认的工作界面，则可以在"定制"对话框中单击"缺省"按钮。

提示：

"定制"对话框共有 5 个选项卡，分别为"工具栏"、"命令"、"导航选项卡"、"浏览器"、"选项"。它们都有各自的功能，其中"工具栏"选项卡可以设置相关工具栏是否显示在主窗口上及出现的位置，如图 1-9 所示。"导航"选项卡可以设置导航器在窗口界面的位置，如图 1-10 所示。

图 1-9 定制工具栏的位置

图 1-10 导航器选项卡的位置

1.2.4 导航器

导航器也称"导航区"，它具有 3 个实用的选项卡，从左到右分别为 ꭥ（模型树）、ꭥ（文件包浏览器）、 ꭥ（收藏夹）选项卡。

▷ ꭥ（模型树）：切换到该选项卡，模型结构以树（层）形式显示。

▷ ꭥ（文件包浏览器）：切换到该选项卡，可以浏览文件系统，以及计算机上可供访问的其他位置，访问某个文件夹文件时，该文件夹中的内容显示在 Pro/ENGINEER 的浏览器中。

▷ ꭥ（收藏夹）：用于保存用户常用的网页地址。通过其上方的"添加"或"组织"按钮，可以收藏网页。

1.2.5 操控板

在执行某些工具命令时，消息区域会出现该工具命令的操控板，利用操控板进行相关的操作更简洁、直观。

例如，在零件设计模式下单击"拉伸"按钮，则会打开如图 1-11 所示的拉伸工具操作面板，若单击位于该操作控制面板上的几个命令按钮，如"放置"、"选项"或"属性"，则会打开对应的面板。

1.2.6 消息区域

消息区域位于导航器和图形窗口的上方，主要包括控制面板、状态栏等，如图 1-12 所示。其中操作面板只有在创建某些特征或装配元件时，才出现在信息栏中，操作面板还包含消息区，它是用来显示与窗口中工作相关的单行信息，用户可以用消息区的滚动条来查看之前的消息。

1.2.7 状态栏

状态栏可以用来显示的信息包括：

▷ 与"工具"→"控制台"相关的警告和错误快捷方式。

▷ 屏幕提示（在当前模块中选取的项目数）。

▷ 在当前模型中选取的项目数。

▷ 可用的选取过滤器。

▷ 模型再生状态，如显示 ꭥ 符号则表示再生当前模型；如显示 ꭥ 符号则表示当前过程已暂停。

图 1-11 拉伸工具操作面板

图 1-12 操控板

1.2.8 选择过滤器

选择过滤器位于状态栏的右侧，它的功能是为在图形区域中选择所需要的对象设置选择过滤条件，以方便对象的选择操作。例如要在图形中选择某注释特征，那么可以先从选择过滤器列表中选择"注释"选项，再在图形中选择对象时，只能选择注释特征。这样就在一定程度上降低了出错的概率。当选择过滤器的选项为"智能"时，则可以选择任何类型的对象。

1.3　Pro/E 5.0 文件管理

一般的软件中，基本的文件管理操作包括：设置工作目录、新建文件、打开文件、关闭文件、保存文件、保存副本、备份、删除、重命名文件等。而在 Pro/E 5.0 中还有一个独特的文件管理功能，如拭除、保存副本等。

1.3.1 设置工作目录

由于 Pro/E 在运行过程中将大量文件保存在当前目录（默认目录）中，而且常常从当前目录中自动打开文件，所以为了更好地管理文件，在进入Pro/E 后，应当首先设置工作目录。

设置工作目录的方法如下。

❶ 从主菜单中的"文件"菜单中选择"设置工作目录"命令，打开如图 1-13 所示的"选取工作目录"对话框。

图 1-13　"选取工作目录"对话框

❷ 在列表框中选择需要的文件夹作为工作目录；或者在当前文件夹中新建一个文件夹作为工作目录，此时需要在对话框中的"组织"下拉列表中选择"新建文件夹"命令，打开如图 1-14 所示的"新建文件夹"对话框。在"新建目录"文本框中输入有效的文件夹名称，单击"确定"按钮。

1. 选择该命令

2. 输入文件名　　3. 单击确定按钮

图 1-14　新建文件夹

❸ 在"选取工作目录"对话框中，单击"确定"按钮，完成工作目录的设置。

1.3.2 新建文件

Pro/E 5.0 新建文件有两种方式：①在工具栏中单击"新建"按钮□；②在"文件"菜单中选择"新建"命令。在 Pro/E 5.0 系统中可以创建多种类型的文件，不同类型的文件用不同的扩展名存储。下面列出的是常见的一些文件扩展名。

▷ "草绘"：创建二维草图，文件扩展名为 .sec。

▷ "零件"：创建实体零件、钣金零件和主体零件等，扩展名为 .prt。

▷ "组件"：创建各类组件，包括"设计"、"互换"、"校验"、"处理计划"、"NC 模型"和"模具布局"等子类型组件，文件扩展名为 .asm。

▷ "绘图"：制作二维工程图形，文件名扩展名为 .drw。

▷ "制造"：创建三维零件及三维装配体的加工流程、模具行腔和铸造行腔等。文件扩展名为 .mfg。

▷ "格式"：制作工程图格式，文件扩展名为 .frm。

▷ "报表"：创建报表文件，文件扩展名为 .rep。

▷ "图表"：创建图表文件，文件扩展名为 .dgm。

▷ "布局"：产品装配规划，文件扩展名为 .lay。

▷ "标记"：创建标记文件，文件扩展名为 .mrk。

案例 1-1　新建零件文件

下面以新建一个实体零件文件为例，介绍创建文件的方法，具体操作步骤如下。

❶ 单击"新建"按钮□，打开"新建"对话框。

❷ 在"新建"对话框中的"类型"选项组中，选中"零件"单选按钮，在右边的"子类型"选项卡中选中"实体"单选按钮，在"名称"文本框中输入需要的文件名，取消选中的"使用缺省模块"复选框，然后单击"确定"按钮。

❸ 弹出"新文件选项"对话框，在"模板"选项组中选择 mmns_part_solid 选项，单击"确定"按钮，即可进入零件设计环境，如图 1-15 所示。

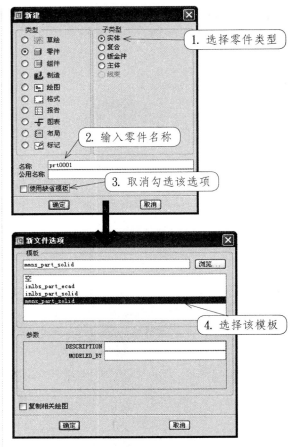

图 1-15　新建文件

1.3.3 打开文件

在 Pro/E 主窗口中，打开文件的方法有两种：①从"文件"菜单中选择"打开"命令；②在工具栏中单击"打开"按钮。两种方法都能弹出如图 1-16 所示的"文件打开"对话框，从中选择需要打开的零件、组件或工程图等，然后单击"打开"按钮即可。

在"文件打开"对话框中选择需要打开的文件时，单击 预览▲ 按钮来观察该文件模型效果，如图 1-17 所示。

图 1-16　"文件打开"对话框

图 1-17 在"文件打开"对话框中预览

用户创建的或打开的文件，都会存在于系统进程内存中，所谓的"进程"可以这么理解：从启动 Pro/E 系统到关闭该系统，就相当于一个进程。要打开系统进程内存的文件，可以按照如下步骤进行。

案例 1-2 打开零件文件

❶ 在主工具栏上单击 （打开对象）按钮，打开"文件打开"对话框。

❷ 在"文件打开"对话框中，单击位于左侧的 在会话中 按钮，此时在对话框的文件列表区域，显示当前进程的所有文件。

❸ 选择所需要打开的文件，单击"打开"按钮。在"文件打开"对话框中，提供了一个"打开表示"按钮，利用该按钮可以为零件检索选取简化表示类型，例如：选择一个零件文件后，单击"打开表示"按钮，将打开如图 1-18 所示的"打开表示"对话框，从中可以指定一种简化表示类型选项，如"主表示"、"符号表示"、"几何表示"和"图形表示"等。

1.3.4 保存文件

在 Pro/E 系统中，保存文件的命令主要有"保存"、"保存副本"和"备份"，如图 1-19 所示。下面分别介绍"保存"、"保存副本"和"备份"命令的应用。

1. "保存"命令

选择"保存"命令，将打开"保存对象"对话框，在第一次保存时可以指定文件的存放位置，当再次执行"保存"命令时就不能更改了。

选择"保存"命令保存文件时，先前的文件并没有被覆盖，而是系统创建新的文件版本，并附加一个数字式的文件扩展名来注明版本号。例如，第一次保存的文件名为 tsm_1.prt.1，而第二次保存文件名则为 tsm_1.prt.2，以此类推。这种保存方式有利于文件在出现问题时进行恢复。如果不想保留当

前工作目录下的这些旧版本文件，可以在菜单栏中选择"窗口"→"打开系统窗口"命令，打开如图 1-20 所示的窗口，然后在指定目录下输入 Purge 并按 Enter 键来确认，这样系统便将指定目录下的旧版文件删除，而只保留新版文件。

图 1-18 "打开表示"对话框

图 1-19 "文件"菜单

图 1-20 系统窗口

2. 保存副本

该命令为当前文件保存一个副本，相当于"另存为"操作。在"文件"菜单中选择"保存副本"命令，打开如图 1-21 所示的"保存副本"对话框，可以为副本选择一个保存目录、指定副本的名称，并可以根据设计需要为新文件指定系统所认可的数据类型。例如 IGES、CAT、TIF、SET、VDA、STEP 或 STL 等。

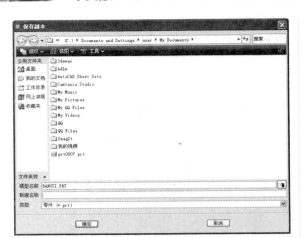

图 1-21　"保存副本"对话框

3. 备份

　　该命令将对象备份到指定目录，即将文件保存至另一个文件夹，但文件名不能改变。内存和活动窗口都不加载该备份文件。备份文件的操作方法很简单，即从菜单栏中选择"文件"→"备份"命令，打开如图 1-22 所示的"备份"对话框，从中指定备份目录，然后单击"确定"按钮，完成文件备份。

图 1-22　"备份"对话框

1.3.5 删除与拭除

　　文件的拭除与删除操作对于文件的管理工作而言，是比较重要的。下面就它们的用途和区别进行简单的介绍。

1. 删除文件

　　所谓的删除文件是指将文件从硬盘（磁盘）中永久删除，一旦删除就无法通过 Pro/E 来恢复。

　　在执行"文件"→"删除"→"旧版本"命令时，出现如图 1-23 所示的提示信息，输入对象名称或接受默认对象，然后单击"接受"按钮 ，则删除该文件的所有旧版本文件。

图 1-23　输入其旧版本要被删除的对象

　　当选择"文件"→"删除"→"所有版本"命令时，弹出"删除所有确认"对话框，单击"是"按钮，此时系统在信息区中会显示删除结果的信息，如图 1-24 所示。

图 1-24　"删除所有确认"对话框

2. 拭除

　　拭除文件和删除文件是有区别的，拭除文件是指将文件从进程内存中清除，而在磁盘上的文件仍然保留。拭除文件主要分为两种情况，一是从进程内存拭除当前活动窗口中的对象；二是从进程内存中清除所有不在窗口显示的对象。前者对应的菜单命令为"文件"→"拭除"→"当前"；后者对应的菜单命令为"文件"→"拭除"→"不显示"。

1.3.6 重命名文件

　　若要重新命名文件，可以执行菜单栏中的"文件"→"重命名"命令，打开如图 1-25 所示的"重命名"对话框。在"新名称"文本框中输入新的名称，并根据需要选择"在磁盘上和会话中重命名"单选按钮或"在会话中重命名"单选按钮，然后单击"确定"按钮。

图 1-25　"重命名"对话框

1.3.7 关闭文件与退出系统

　　在 Pro/E 5.0 中的关闭文件与退出系统是有区别的。

　　如果要关闭文件有以下两种方法：①在设计完成后，从菜单栏的"文件"菜单中选择"关闭窗口"命令，可以关闭当前的窗口文件；②用户可以单击窗口中的"关闭"按钮 。文件关闭以后，其模型数据仍然存在于系统内存中。

如果要退出系统，则从"文件"菜单中选择"退出"命令，但是，退出系统后，其模型的数据就要根据用户的设定来保存了，即需要将配置文件 Config.pro 的配置选项 Prompt_on_exit 的值设置为 yes。

1.4 视图控制

在 Pro/E 5.0 的模型设计中，视角控制是一项基本而重要的操作，控制好了视角，就能方便地进行其他各种操作，从而有效地提高设计效率和设计质量。

1.4.1 视图操作工具

为了更好地观察模型的结构，获得更佳的显示视角，需要掌握基本的视图控制，这些基本的视图操作命令位于菜单栏的"视图"菜单中，在工具栏中也提供了相关的视图控制按钮，如图 1-26 所示。

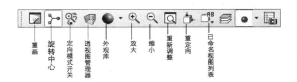

图 1-26 视图工具按钮

1.4.2 设置常用的视角

常用的视角包括：标准方向、默认方向、BACK、BOTTOM、TOP、FRONT、LEFT、RIGHT，这些视角的指令都保存在指定的视图列表中。在"视图"工具栏中单击"已命名视图列表"按钮，在打开的视图列表中选择需要的视图指令，即可以设定的视角观察模型。如图 1-27 所示给出了常用的几种视角效果。

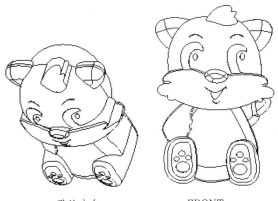

默认方向　　　　　　FRONT

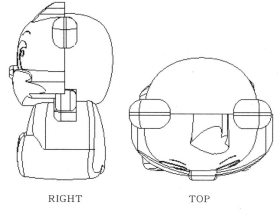

RIGHT　　　　　　　TOP

图 1-27 几种常用的视角

1.4.3 巧用三键鼠标来调整视角

在 Pro/E 5.0 系统中，模型视图缩放、旋转或平移等操作可以巧用鼠标三键来快速进行。

1. 缩放

模型视图可以将光标置于已经定位好的几何区域中，然后滚动鼠标中键（滚轮），进行缩放，也可以同时按下 Ctrl+ 鼠标中键，并前后拖曳鼠标来缩放模型。

2. 旋转

将光标置于图形区域，按住鼠标中键，然后拖曳鼠标，可以随意旋转模型。

3. 平移

将光标置于图形区域，按住 Shift+ 鼠标中键，然后拖曳鼠标，可以实现模型的平移。

1.4.4 重定向操作

1. 重定向的概念

在使用 Pro/E 创建几何模型的过程中，经常需要对视图进行不同的操作才能满足建模的需要，为了便于观察模型，Pro/E 提供了一系列显示控制命令，以便于按照绘图需要设定特定的观察视角。此外，模型的创建往往需要通过反复地选取和添加特征，才能完成最终的设计要求。

2. 重定向的操作方法

在视图工具栏上单击"重定向"按钮，或者从菜单栏中选择"视图"→"方向"→"重定向"命令，打开如图 1-28 所示的"方向"对话框。系统默认的类型选项是"按参照定向"，在此处还有两个可供选择的类型选项："动态定向"选项和"首选项"选项。在"类型"下拉列表中单击右侧的向下箭头按钮，会显示上述选项。

图 1-28 "方向"对话框

■ 选"按参照定向"选项

当接受系统默认的视角控制类型选项"按参照定向"时，需要指定两个参照来确定三维模型的视角，并可以为每个参照选定放置类型。

例如，在"参照 1"选项组的列表框中，可以从"前"、"后"、"上"、"下"、"左"、"右"、"垂直轴"、"水平轴"中选择其中一个放置类型，

然后在模型中选择有效的参照（如基准平面或零件垂直表面等）。使用同样的方法，在"参照 2"选项组的列表框中，选择放置类型选项，然后在模型中选择相应的有效参照，即可定向模型视角。

在定义好视角后，可以进入"已保存的视图"选项区域，在"名称"文本框中输入视图名称，然后单击"保存"按钮，这样可以在以后需要时，通过单击"保存的视图列表"按钮 来调用该视角。

■ "动态定向"选项

在"方向"对话框的"类型"下拉列表中选择"动态定向"选项时，可以使用鼠标拖曳滑块的方式来对模型进行平移、缩放和旋转操作，也可以通过给定精确的相关参数来定向模型。如图 1-29 所示。

■ "首选项"选项

在"方向"对话框的"类型"下拉列表中选择"首选项"选项时，可以重新设置模型的旋转中心和默认方向，如图 1-30 所示。

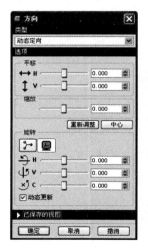 

图 1-29 动态定向　　　　图 1-30 首选项

1.5　绘图环境的其他系统设置

1.5.1 设置系统颜色

用户可以根据自己的习惯或特殊要求，设置包括基础、图形、几何、用户界面等在内的各种区域显示颜色。

1. 绘图区域

图形区域（也称"图形窗口"或"模型窗口"）是设计工作的主要区域，在该区域中可以观看或修改相关的模型、绘制特征截面、装配零部件和制作

工程图等。在没有打开文件或者查询特征的具体信息时，图形区域也可由相应的浏览器替代。

案例 1-3　设置图形背景颜色

图形的背景颜色可以按个人的操作习惯自行设置，设置的方法如下。

❶ 从菜单栏中的"视图"菜单中选择"显示设置"→"系统颜色"命令，打开如图 1-31 所示的对话框。

图 1-31 "系统颜色"对话框

❷ 如果需要修改背景的渐变颜色，可以在"图形"选项卡中，单击"混合背景"按钮后面的"编辑"按钮，弹出如图 1-32 所示的"混合颜色"窗口，可以分别单击"顶部"、"底部"复选框前面的按钮，利用打开的"颜色编辑器"窗口来选择所需要的颜色。

❸ 如果只是将背景颜色修改为某种单色，则可以在"系统颜色"对话框中的"图形"选项卡中，取消"混合背景"复选框，然后单击"背景"复选框左侧的颜色按钮，打开"颜色编辑器"窗口。如图 1-33 所示，在该对话框中输入数值即可。

❹ 最后，单击"系统颜色"对话框中的"关闭"按钮，完成颜色的设置。

图 1-32 "混合颜色"窗口

图 1-33 "颜色编辑器"窗口

1.5.2 设置系统配置文件选项

Pro/E 系统中有一个重要的配置文件 Config.pro，它存储着定义 Pro/E 运行的相关设置。Config.pro 文件具有众多的选项，每一个选项都包含选项名称、默认值和设置值，其中带有"*"符号的为默认值，例如：prompt_on_exit no* 确定退出 Pro/E 进程时，是否要提示保存对象。

设置配置文件选项的一般方法简述如下。

❶ 从菜单栏中，选择"工具"→"选项"命令，打开如图 1-34 所示的"选项"对话框。

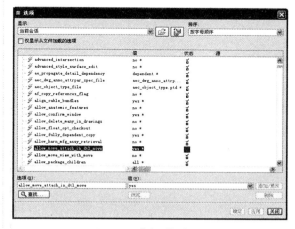

图 1-34 "选项"对话框

❷ 查找并选择所需配置的文件选项，或者在"选项"文本框中输入配置文件选项。

❸ 在"值"文本框中选择选项或者输入一个有效值。

❹ 单击"添加 / 更改"按钮，然后在表格中设置需要的工具。

❺ 单击"应用"按钮，然后关闭"选项"对话框。

1.6 实例应用

本节以一个应用在某产品上的简单零件为例，介绍具体的建模过程，目的在于让读者对零件建模的基本流程、基本方法有个初步的了解和体会。

设计实例的最后模型效果，如图 1-35 所示。

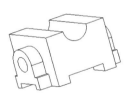 

图 1-35 零件设计实例

中文版 **Pro/ENGINEER Wildfire 课堂实录**

1. 设置工作目录及新建零件文件

❶ 选择菜单栏中的"文件"→"设置工作目录"命令，打开"选取工作目录"对话框，在列表框中指定所需要的文件夹作为工作目录。

❷ 从菜单栏的"文件"菜单中选择"新建"命令，或者单击主工具栏上的（新建）按钮，弹出"新建"对话框。

❸ 在"类型"选项组中选择"零件"单选按钮，在相应的"子类型"选项组中选择"实体"单选按钮。

❹ 在"名称"文本框中输入 1_6shili。

❺ 取消钩选"使用缺省模块"复选框，即不使用缺省模板，然后单击"确定"按钮，打开"新文件选项"对话框。

❻ 在"模板"选项组中选择 mmns_part_solid 选项。

❼ 单击"确定"按钮，完成改零件文件的创建。

2. 创建拉伸特征 1

❶ 单击"拉伸"按钮，打开拉伸工具操控板。

❷ 在拉伸工具操控板中，选中"创建拉伸实体"按钮，在"放置"上滑面板中单击"定义"按钮，打开"草绘"对话框，选择 TOP 基准平面作为草绘平面，选择 RIGHT 平面为"右"方向参照，单击"草绘"按钮。

❸ 进入内部草绘器，绘制中心线和拉伸矩形面，如图 1-36 所示。

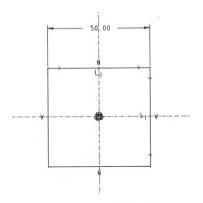

图 1-36 绘制拉伸实体的截面

❹ 绘制完后单击"完成"按钮，完成截面的绘制，退出草绘环境。

❺ 设置拉伸实体的参数，如图 1-37 所示。

图 1-37 参数的设置

❻ 单击拉伸操控板中的"确认"按钮，创建的拉伸实体如图 1-38 所示。

3. 创建拉伸特征 2

❶ 进入"草绘"对话框，选择实体表面作为草绘表

面，如图 1-39 所示。然后单击"草绘"按钮。

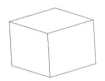

图 1-38 拉伸后的实体

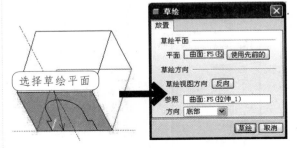

图 1-39 草绘平面参照的选取

❷ 进入内部草绘器，绘制拉伸截面。绘制完成后单击"完成"按钮，退出草绘环境，设置拉伸深度为 10，单击"确认"按钮，创建拉伸特征，如图 1-40 所示。

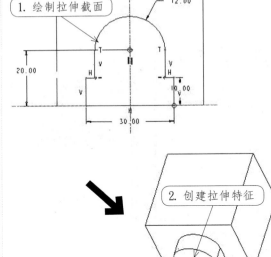

图 1-40 创建拉伸特征

4. 镜像特征

❶ 使刚创建的拉伸体处于被选中的状态，单击"镜像"按钮，打开"镜像"操控板。

❷ 选择 FRONT 基准平面作为镜像平面。

❸ 在镜像工具操作板上单击 ☑（完成）按钮，完成创建该零件的镜像特征，如图 1-41 所示。

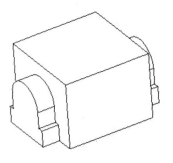

图 1-41 镜像后的效果图

5. 拉伸切除特征（半圆通孔）

❶ 单击"拉伸"按钮 🔄，打开拉伸操控板，单击拉伸操控板上的"去除材料"按钮 🖉。

❷ 选择"放置"选项，打开"放置"面板，单击"定义"按钮，打开"草绘"对话框，选中的实体表面将作为草绘平面。单击"草绘"按钮，进入内部草绘器，绘制如图 1-42 所示的截面。

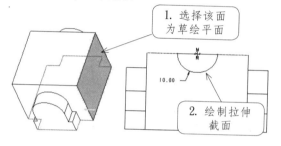

图 1-42 绘制拉伸截面

❸ 单击"完成"按钮 ✔，在拉伸操控板中选择拉伸类型为"完成贯穿"。单击"确认"按钮 ☑，创建半圆通孔效果，如图 1-43 所示。

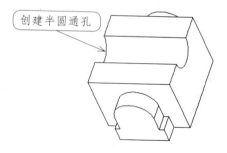

图 1-43 创建半圆通孔

6. 创建拉伸去除特征（圆通孔）

❶ 单击"拉伸"按钮 🔄，打开拉伸操控板。在拉伸操控板中单击"去除材料"按钮 🖉。单击"放置"→"定义"按钮，选择如图 1-44 所示的面作为草绘平面，进入草绘环境，绘制拉伸截面。

❷ 绘制完成后，单击"完成"按钮 ✔，返回拉伸操控板，设置拉伸深度类型为"完全贯穿"。单击"确认"

按钮，创建通孔，效果如图 1-45 所示。

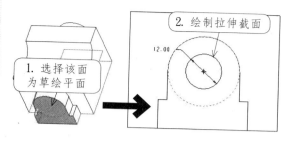

图 1-44 绘制拉伸截面

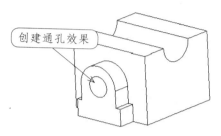

图 1-45 创建通孔效果

7. 拉伸去除材料（通槽）

❶ 单击"拉伸"按钮 🔄 打开拉伸操作面板。单击"去除材料"按钮 🖉，再单击"放置"→"定义"按钮，选择如图 1-46 所示的草绘平面，进入草绘环境，绘制拉伸截面。

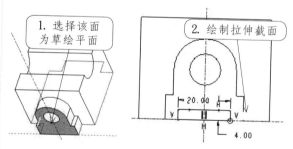

图 1-46 绘制拉伸截面

❷ 绘制完成后单击"完成"按钮，返回拉伸操控板，设置深度类型为"完全贯穿"，单击"确认"按钮 ☑，创建通槽效果，如图 1-47 所示。

图 1-47 创建通槽后的效果图

❸ 以同样的方法创建另一个通槽，选择如图 1-48

所示的草绘平面并绘制拉伸截面。

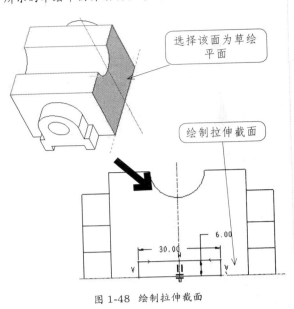

选择该面为草绘平面

绘制拉伸截面

图 1-48 绘制拉伸截面

❹ 绘制完成后，单击"完成"按钮 ✓，返回拉伸操控板，设置拉伸深度类型为"完全贯穿"，单击"确认"按钮 ✓，至此完成整个零件的创建，如图 1-49所示。

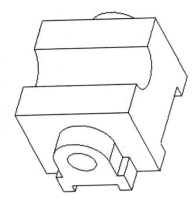

图 1-49 通槽特征

❺ 单击主工具栏中的"保存"按钮 🖫，保存该模型零件。

 1.7 课后练习

1.7.1 打开和保存文件

利用本章所学的视图操作命令，打开"sucai/01/xiti1"文件，观察如图 1-50 所示的模型。

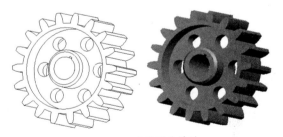

图 1-50 齿轮零件模型

操作提示:

❶ 启动 Pro/5.0 软件，在工具栏中单击"打开"按钮 📂，并浏览到该素材文件。

❷ 单击"打开"按钮，打开该文件。

❸ 单击"视图管理器"按钮 🖳，在对话框中选择"定向"选项卡，重新设置标准视图方向。

❹ 单击主工具栏中的"保存"按钮 🖫，保存该模型零件。

1.7.2 创建一个简单的零件

创建一个简单的零件，如图 1-51 所示。

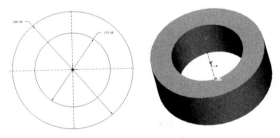

图 1-51 简单零件模型

操作提示:

❶ 新建文件。

❷ 绘制拉伸截面。在草绘工具栏中单击"圆"按钮 ○，绘制两个同心圆。

❸ 创建拉伸体。单击"拉伸"按钮 🗗，选择上一步绘制的截面，创建拉伸体。

❹ 单击主工具栏中的"保存"按钮 🖫，保存该模型零件。

第②课 草绘设计

草绘设计在 Pro/E 软件中的应用范围十分广泛,不但零件设计是以草绘设计为基础的,几乎所有的 Pro/E 模块,诸如钣金设计、曲面设计、工程图等都与草绘设计密切相关。所以毫不夸张地说,快速、准确地进行草绘设计,是用好 Pro/E 软件的关键。要培养成良好的草绘习惯,将 Pro/E 软件的设计理念、参数化的造型思路融入草绘设计之中,为以后的三维模型设计打下良好的基础。

草绘设计

本课知识:

◆ 熟悉草绘的基本知识
◆ 掌握绘制、编辑和标注图形的方法
◆ 灵活运用几何约束和修改尺寸

2.1　草绘基础

在 Pro/E 软件中,草图的绘制一般都是为三维建模打基础的,所以它与 AutoCAD 等二维绘图软件绘图有很大的区别,本节首先介绍草绘的基本概念和进入草绘模式的方法。

2.1.1　草绘基本流程

构成二维草图的两大要素为几何图素和尺寸,草绘的基本流程如下。

❶ 在草绘器中,先使用绘图命令或工具绘制出大概的几何图形,并进行必要的编辑处理。

❷ 根据设计要求指定几何图元间的约束条件和标注尺寸。

❸ 最后修改尺寸值,系统将按照新的尺寸值自动调整草图的几何形状。

如果要绘制复杂的截面,一般先绘制好其中一部分,然后修改并重新再生该部分,再继续绘制其他部分,这样更容易把握设计意图,减少由于截面限制条件太多,而可能带来的疏漏或其他难以处理的问题等。

2.1.2　进入草绘模式

在 Pro/E 中,要进行截面二维图形的绘制,首先必须进入草绘环境,用户既可以直接创建一个草绘文件,也可以在"零件"或其他模式下进行特征建模时进入草绘环境。

这里仅介绍新建草绘文件进入草绘模式的方法,其他方法将在本书后续章节中进行讲解。

案例 2-1　新建草绘文件

新建草绘文件进入草绘模式,具体步骤如下。

❶ 从菜单栏中选择"文件"→"新建"命令,打开"新建"对话框。

❷ 在"新建"对话框的"类型"选项组中,选中"草绘"单选按钮,然后在"名称"文本框中输入新文件名,也可以接受默认的文件名,如图 2-1 所示。

❸ 最后单击"确定"按钮,即可新建一个草绘文件,并进入草绘模式。

图 2-1　"新建"对话框

2.2 草图绘制

任何复杂的图形都是由基本的图元组成的,如点、线、面、圆、圆弧、样条曲线、文本等,本节将介绍这些基本图元的绘制方法。

2.2.1 点和坐标系

Pro/E 5.0的点、坐标系和中心线分为构造和几何两类。构造点和中心线是草绘辅助,无法在"草绘器"以外参照。几何图元会将特征级信息传达到"草绘器"之外,它可用于将信息添加到2-D和3-D草绘器中的草绘曲线特征和基于草绘的特征上。

几何和构造对象之间可以互相转化,右键单击图元,然后选择"构建"(Construction)或"几何"(Geometry)选项,可以将其状态从几何更改为构建,反之亦然。

1. 点及几何点的绘制

点的绘制方法相对比较简单,下面以绘制一个坐标为(50,30)的点为例,详细介绍点的绘制方法及步骤。

案例 2-2 绘制基准点

❶ 在"草绘器工具"工具栏中单击"坐标系"按钮 ⊥,在绘图区域单击一点,然后单击鼠标中键,完成坐标系的创建。

❷ 在"草绘器工具"中单击"创建点"按钮 ✕,移动鼠标至绘图区域创建点的位置单击鼠标左键。

❸ 再次单击鼠标中键,完成点的绘制,系统会自动标注点相对于新建参照坐标系的相对尺寸。

❹ 双击尺寸数字,在出现的文本框中输入新的尺寸,即可得到指定坐标位置的点,如图2-2所示。

图 2-2 创建坐标系和点

几何点的创建方法与点的创建方法完全相同,在此不再复述。

2. 绘制坐标系

在"草绘器工具"工具栏中单击"坐标系"按钮 ⊥,移动鼠标光标至绘图区创建坐标系的位置,单击鼠标左键,即可创建一个参照坐标系,也可连续创建多个坐标系,如图2-3所示。几何坐标系的创建方法与参照坐标系相同。

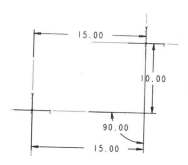

图 2-3 创建参照坐标系

与创建"点"一样,在单击鼠标中键后,系统会自动为"坐标系"创建相关的弱尺寸。其中包括角度标注,修改角度值后,创建的坐标系会围绕坐标所在点旋转相应的角度。如图2-4所示。

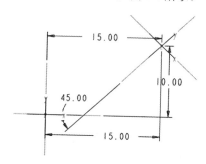

图 2-4 调整坐标系方向

2.2.2 直线与中心线

1. 绘制直线

线是构成草图的基本图元。Pro/E 5.0提供了"两点线"、"直线相切"、"中心线"和"几何中心线"4种类型的直线。

■ 绘制两点直线

两点线即由起点和终点所定义的线。可以在草绘环境下绘制任意的两点线段或连续的多点线段。

单击"草绘器工具"中的"创建两点线"按钮 ◥,利用左键分别定义起点和终点位置,单击鼠标中键确认,即完成直线的绘制,如图2-5所示。

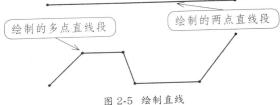

图 2-5 绘制直线

■ 绘制与两个图元相切的线

两个图元相切的线即"公切线"，可以直接创建与圆弧类曲线光滑相切连接的直线。单击"直线相切"按钮 ↘，选择两个圆或圆弧，即可绘制与两个圆或圆弧相切的公切线，可分为内公切线或外公切线，如图 2-6 所示。

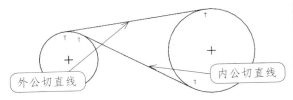

图 2-6 绘制相切直线

2．绘制中心线

中心线是一种参考辅助线，用来辅助绘制具有对称、等分等特点的点、线等图元。单击"绘制中心线"按钮 ┆ 绘制中心线，如图 2-7 所示。

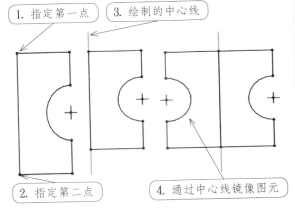

图 2-7 绘制中心线

2.2.3 矩形与平行四边形

在 Pro/E 中，通过指定矩形的两个对角点来绘制矩形，再通过双击图中的尺寸来修改矩形的边长。其中产生矩形的 4 条边是相互独立的，可以对它们进行单独的操作，如删除、裁剪等。

1．绘制矩形

在"草绘器工具"中，单击"矩形"按钮 □，然后使用鼠标左键在草绘区域指定合适的两点（形成对角点），即可绘制一个矩形，如图 2-8 所示。

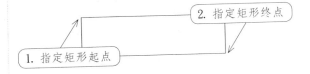

图 2-8 绘制矩形

提示：

在绘制矩形前，可以先绘制出两条中心线，这样在绘制矩形时，系统能自动捕捉矩形四边的对称及相等约束，从而节约了手动设置相关约束的时间，提高了绘图效率。

2．绘制平行四边形

在"草绘器工具"中，单击"平行四边形"按钮 ▱，然后利用鼠标左键在草绘区域指定合适的三点，即确定平行四边形的大小及其摆放位置，如图 2-9 所示。

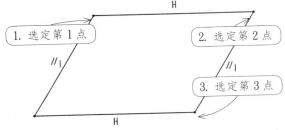

图 2-9 绘制平行四边形

3．绘制斜矩形

斜矩形的绘制方法与平行四边形相同，在此不再复述，绘制的斜矩形如图 2-10 所示。

2.2.4 圆

在创建轴类、圆环等具有圆形截面特征的实体模型时，往往需要先在草绘环境中绘制出具有截面特征的圆轮廓线，然后通过相应的拉伸、旋转等工具创建出实体。在 Pro/E 中，可以通过圆心和点、同心圆、三相切和三点 4 种方法来绘制圆轮廓线。

1．圆心和圆上一点

这是创建圆最常用的一种方式，即通过圆心和圆上一点来创建圆。单击"圆心和点"按钮 ○，在草绘区域指定一点作为圆心，屏幕即出现一个大小随着光标指针动态变化的圆，拖到圆周至预定位置并单击，从而确定圆的大小，如图 2-11 所示。

2．同心圆

单击"同心圆"按钮 ◎，选择一个参考圆或圆弧来定义中心点，移动光标时会出现一个大小随着光标指针动态变化的圆，在合适的位置处单击，便确定了该同心圆的大小，如图 2-12 所示。

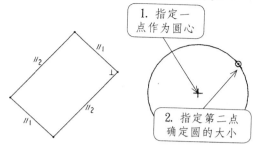

图 2-10 绘制斜矩形　　图 2-11 以圆心和点的方式绘制圆

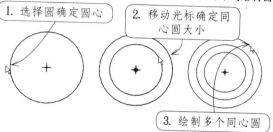

图 2-12 绘制同心圆

3. 三点

单击"3 点"按钮 ○，可以通过在草绘区域指定 3 个点来创建一个圆，如图 2-13 所示。

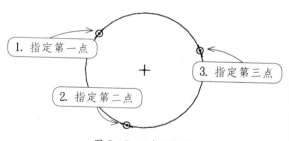

图 2-13 三点绘制圆

4. 3 相切

单击"3 相切"按钮 ○，可在草绘区域中分别选择三个图元（如直线、圆、圆弧等）来创建相切圆，如图 2-14 所示。系统会自动根据图元的选择位置，决定相切圆的大小及其位置。

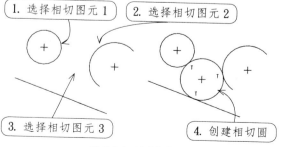

图 2-14 创建相切圆

2.2.5 椭圆

1. 轴端点方式

使用"轴端点椭圆"工具 ⊘，可以通过椭圆的长轴端点来创建椭圆。在草绘区域中指定两点作为椭圆的长轴端点，然后移动鼠标指定椭圆大小，即可创建指定大小的椭圆。如图 2-15 所示为创建一个轴端点分别位于矩形各边中点的椭圆。

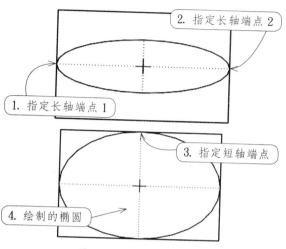

图 2-15 绘制轴端点椭圆

2. 中心和轴端点方式

利用"中心和轴端点"工具 ⊘，可以通过椭圆的中心点和长轴端点绘制椭圆。在草绘区域中选定两点，作为椭圆的中心点和长轴的端点，然后移动鼠标，椭圆的形状、大小将随光标的移动而变化，最后单击鼠标，即可确定椭圆的形状及大小。如图 2-16 所示为在一个圆中绘制一个椭圆，椭圆中心点为圆的圆心。

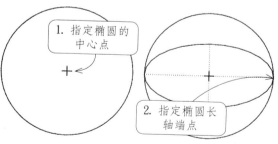

图 2-16 中心和轴端点绘制椭圆

2.2.6 圆弧

1. 绘制三点 / 相切端圆弧

使用"三点 / 相切端"工具 ⌒，可以通过选择不在一条直线上的三点来绘制圆弧，其中前两个点分别是圆弧的起点和终点，第三个点则为弧圆周上的其他任意点，如图 2-17 所示。

此外，还可以通过选择其他的直线或者圆弧端点作为起点，然后移动光标来产生相切弧，如图2-18所示。

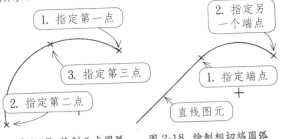

图 2-17 绘制三点圆弧　　图 2-18 绘制相切端圆弧

2. 绘制同心弧

单击"同心弧"按钮，选择已有的圆弧或圆，移动光标可以看到系统自动生成一个以虚线显示的动态同心圆，如图2-19所示。此时单击鼠标指定圆弧的起点，然后绕圆心顺时针或者逆时针方向指定圆弧的终点，最后单击鼠标中键完成同心弧的绘制。

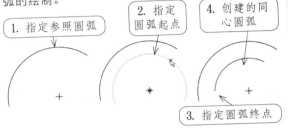

图 2-19 绘制同心弧

3. 绘制圆心与端点圆弧

单击"圆心和端点"按钮，使用鼠标选择一点作为圆弧圆心，然后拖曳光标，系统自动产生一个以虚线显示的动态圆，如图2-20所示。单击一点作为圆弧的起点，然后绕圆弧的逆时针或顺时针方向旋转，指定另外一点作为圆弧的终点。

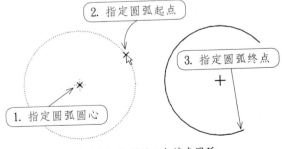

图 2-20 绘制圆心与端点圆弧

4. 相切弧

单击"3相切弧"按钮，在绘图区域中分别单击三个图元（圆、直线或弧线等），即可创建一个与三个图元相切的圆弧，如图2-21所示，其中圆弧的起点和终点分别位于第一个和第二个指定的相切图元上。

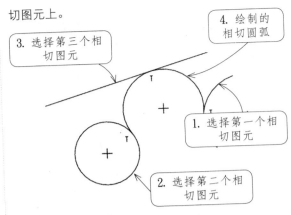

图 2-21 绘制相切弧

5. 锥形弧

单击"圆锥弧"按钮，在绘图区域分别选择两个点作为圆锥曲线的起点和终点，然后选择第三点确定锥形弧形状，绘制的锥形弧如图2-22所示。

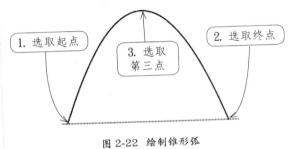

图 2-22 绘制锥形弧

2.2.7 圆角

圆角是零件设计中常用的工艺，Pro/E 5.0的圆角类型分为圆形和椭圆形两种。

选择圆形工具，分别单击倒角的图元，可以在两图元间创建一个圆形的圆角，如图2-23(b)所示，双击圆角半径值，可以修改圆角半径大小。

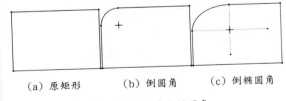

（a）原矩形　　（b）倒圆角　　（c）倒椭圆角

图 2-23 倒圆角和椭圆角

选择椭圆形工具，分别单击倒角的图元，则可以在两图元间创建一个椭圆形的圆角，如图2-23(c)所示。

2.2.8 样条曲线

样条曲线是一种通过多个控制点的半径多变的

光滑曲线。单击"样条"按钮 ∿，在草绘区域中依次指定若干个点，然后单击鼠标中键，即可绘制得到通过这些点的样条曲线，如图 2-24 所示，以后可以通过调整控制点的位置改变样条曲线的形状。

图 2-24 样条曲线的绘制

2.2.9 文本

文本可以用于实体拉伸、切割特征，以及修饰特征。通过菜单栏上的"草绘"→"文本"选项或者草绘工具栏上的创建文本按钮 Ａ 即可建立文本。

案例 2-3 创建曲线上的文本

❶ 单击草绘工具栏的"文本"按钮 Ａ，在绘图区域拾取文字行的起始点，接着拾取另一点，确定文本的高度和方向，此时系统会出现如图 2-25 所示的"文本"对话框。

❷ 在"文本行"文本框中输入要建立的文本。如果要插入一些特殊的文本符号，可以单击"文本符号"按钮，打开如图 2-26 所示的"文本符号"对话框，从中选择需要的符号，然后单击"关闭"按钮。

图 2-25 "文本"对话框　图 2-26 "文本符号"对话框

❸ 在"字体"选项中选择字体，设置文本的位置，指定文本的长宽比和斜角。

❹ 若要沿曲线放置文本，则选中"沿曲线放置"复选框，然后选择曲线。单击"方向"按钮 ⊠，可以将文本放置到曲线的另一侧。创建的文本如图 2-27 所示。

❺ 单击"文本"对话框中的"确定"按钮，完成文本的创建。

2.2.10 调色板图形

图 2-27 沿曲线创建文本

草绘器为用户提供了一个预定义形状的定制库，可以将它们很方便地导入到活动草绘中。这些形状位于调色板中，在活动草绘中使用形状时，可以对其执行调整大小、平移和旋转操作。

草绘器调色板中具有表示截面类别的选项卡。每个选项卡都具有唯一的名称，且至少包含某个类别的一种截面。有四种含有预定义形状的预定义选项卡。

▷ 多边形：包含常规多边形。

▷ 星形：包含常规的星形。

▷ 轮廓：包含常见的轮廓。

▷ 形状：包含其他常见形状。

从调色板插入形状，有以下两种方式。

▷ 从菜单栏中选择"草绘"→"数据来自文件"→"调色板"命令。

▷ 在工具栏上单击"调色板"按钮 ◔。

案例 2-4 绘制"工"字形图形

下面以在草绘截面中添加"工"字形状为例，介绍插入调色板图形的方法。

❶ 在草绘工具栏上单击"调色板"按钮 ◔，打开"草绘器调色板"窗口，如图 2-28 所示。

❷ 单击"轮廓"选项卡，单击图形列表中的"I 形轮廓"，此时"I 形轮廓"显示在对话框的预览窗口中，如图 2-29 所示。

图 2-28 "草绘器调色板"窗口　图 2-29 选择图形

❸ 拖曳"I 形轮廓"至草绘区域，系统自动打开"移动和调整大小"对话框，设置"缩放"和"旋转"值，调整

插入图形的大小和方向，如图 2-30 所示，然后单击"完成"按钮 ✓ 即可。

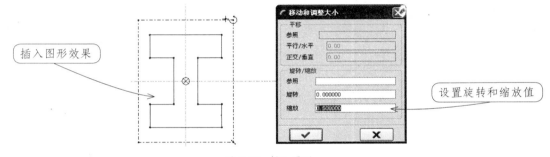

图 2-30　插入图形

2.3　编辑二维图形

在二维草绘过程中，仅仅通过前面介绍的方法绘制图形是很难达到设计要求的，只有通过对图元进行各种编辑，才能获得所需的各种效果。Pro/E 二维草图的编辑主要包括删除、修剪、镜像、缩放与旋转等。

2.3.1　选取图元

在绘制草图时，可以直接用鼠标在绘图区内选取几何图形、尺寸、约束条件等项目，也可以在主菜单栏中执行"编辑"→"选取"命令来选取，被选取的对象在绘图区内以红色显示。

1．菜单方式选取

在主菜单栏中的"编辑"→"选取"子菜单中有 6 种选择方式：优先选项、取消选取全部、依次、链、所有几何和全部，如图 2-31 所示。

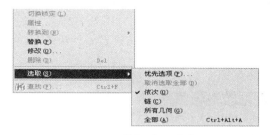

图 2-31　"选取"子菜单

其含义说明如下。

▷　优先选项：进行优先选择的设置。选择此命令后，将弹出"选取优先选项"对话框，从中可以设置优先选择的参数。在"区域样式"下拉列表中选择"矩形罩框"选项，即可利用矩形选框进行框选。

▷　取消选取全部：取消全部图元对象的选取。

▷　依次：每次只选择一个几何图元，按住 Ctrl 键可以连续选择多个几何图元。

▷　链：选择一个图元，将自动选择所有与选中图元相连的图元。

▷　所有几何：将选择窗口中的所有几何形状，不包括标注。

▷　全部：选择包括标注在内的所有图形项目。

2．直接选取

在 Pro/E 中，用户不仅能够根据图元的位置进行选择（单击、窗口选择等方法），还可以对尺寸标注直接进行修改。

■　单选

在"草绘"工具栏中单击"依次"按钮，移动光标至圆处并单击鼠标左键，被选取的圆变成红色，如图 2-32 所示。

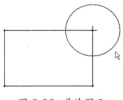

图 2-32　单选图元

■　框选

在"草绘"工具栏中单击"依次"按钮，在图元左上方按住鼠标左键，向右下方拖曳，将需要选择的所有对象框选至矩形内（或从右下角往上角拖曳），如图 2-33 所示，然后释放左键，框选的对象即被选中。

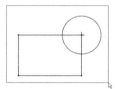　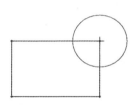

拉出选择范围框　　　　　框选结果

图 2-33　框选对象

2.3.2 平移与调整大小

使用"移动和调整大小"工具 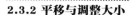，可以对现有图元进行平移与调整尺寸等操作，从而获得新的图形。

案例 2-5 移动和调整图元

操作方法如下。

❶ 在草绘区域选择要编辑的图元，若要选择多个图元可以按住 Ctrl 键。

❷ 选择菜单栏中的"编辑"→"移动和调整大小"命令，或单击草绘工具栏中的 按钮，弹出"移动和调整大小"对话框。

❸ 在该对话框中输入平移、旋转或比例值，或者拖曳选择图元上方的缩放 ↖、平移 ⊗ 和旋转 ↻ 控制柄来变换图形，如图 2-34 所示。

❹ 单击 按钮，确认变换并关闭对话框。

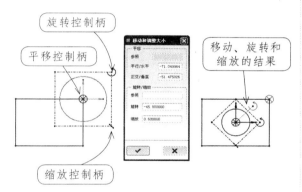

图 2-34 平移和缩放

2.3.3 镜像

在绘制具有对称特征的图形时，为了提高绘图效率，可以只绘制图形中具有对称特征的图形部分，然后利用本节介绍的镜像工具，镜像复制出图形的对称图形，当原图形修改后，镜像图形也会自动更新。由于使用镜像工具时需要一条对称中心线作为图形的镜像参照，所以草图中只有拥有中心线后，镜像操作才能完成。

案例 2-6 创建镜像文件

❶ 单击"文件"工具栏中的"打开"按钮 ，打开素材库中的 anli2_6.sec 文件，在绘图区中按住鼠标左键框选镜像图元，如图 2-35 所示。

图 2-35 拖曳鼠标进行框选

❷ 单击"草绘"工具栏中的"镜像"按钮 ，根据系统提示，选取绘图区内的中心线，即可完成镜像操作。

2.3.4 复制与粘贴

当需要产生一个或多个与现有的几何图元相同的图元时，可采用复制和粘贴的方法来实现，以提高绘图效率。而且生成的图元与原图相关，即其中一个改变尺寸，另一个也会相应地改变尺寸。

案例 2-7 复制与粘贴图元

复制与粘贴图元的操作步骤如下。

❶ 在"文件"工具栏中单击"打开"按钮 ，打开素材库中的 anli2_7.sec 文件，如图 2-36 所示。

❷ 用鼠标框选需要复制的图元，如图 2-37 所示。

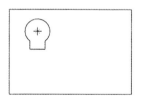
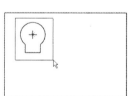

图 2-36 打开文件　　　图 2-37 选择复制图元

❸ 在工具栏中单击"复制"按钮 ，或按下快捷键 Ctrl+C，再单击"粘贴"按钮 ，或按下快捷键 Ctrl+V。然后在绘图区目标区域中单击，即可将图元复制到指定区域，系统弹出"移动和调整大小"对话框，以设置平移、旋转和缩放参数。

❹ 在"旋转"文本框中输入旋转角度为 180，单击 按钮，完成复制，如图 2-38 所示。

2.3.5 修剪

修剪工具是草绘编辑中最常用的工具，可以将草绘图素的多余部分删除，或者以指定的点来分割图素。

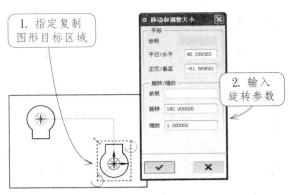

1. 指定复制图形目标区域

2. 输入旋转参数

图 2-38 复制并旋转图元

在主菜单栏中选择"编辑"→"修剪"子菜单，在该子菜单中包括"删除段"、"拐角"和"分割"3 个选项。也可以在"草绘"工具栏中单击"删除段"按钮 右边的三角按钮，系统弹出扩展工具栏 ，从中选择一种修剪方式。

1. 删除段

该命令通过绘制的形式，以交点为边界点去除草图的多余部分。其操作步骤如下。

案例 2-8 通过"删除段"修剪图元

❶ 在"文件"工具栏中单击"打开"按钮 ，打开素材库中的 anli2_8.sec 文件，如图 2-39（a）所示。

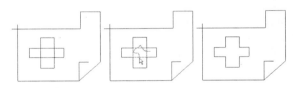

(a)素材文件 (b)画过要去除的图元 (c)修剪效果

图 2-39 删除段修剪

❷ 在"草绘"工具栏中单击"删除段"按钮 ，在绘图区内按住鼠标左键并拖曳，画过需要去除的图元，如图 2-39（b）所示。

❸ 释放鼠标左键，被画过的图素将以其他图素的交点为边界点进行删除，如果线段是独立的，则将整体删除，结果如图 2-39（c）所示。

2. 拐角

该工具可以同时将两个相交的图素间交错的部分删除，如果两个图素之间没有相交，系统可以将两个图素延长至相交。

案例 2-9 通过"拐角"修剪图元

❶ 接着使用上一个案例文件。

❷ 在"草绘"工具栏中单击"拐角"按钮 。

❸ 根据系统提示，选取直线 A，然后再选取直线 B，如图 2-40 所示。即可完成两个图元的修剪操作，结果如图 2-41 所示。

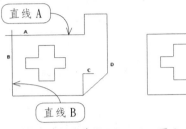

直线 A

直线 B

图 2-40 选择修剪图元 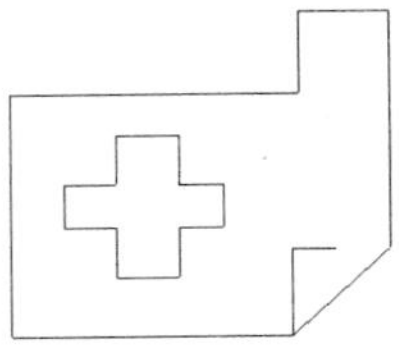　　　图 2-41 修剪效果

❹ 根据系统提示，选取直线 C 和直线 D，如图 2-42 所示。即可将直线 C 延伸至与直线 D 相交，结果如图 2-43 所示。

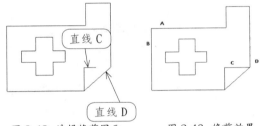

直线 C

直线 D

图 2-42 选择修剪图元　　　图 2-43 修剪效果

3. 分割

该工具可以将图素在指定的交点处一分为二，其操作步骤如下。

案例 2-10 通过"分割"修剪图元

❶ 使用"矩形"工具 绘制如图 2-44 所示的图形。

❷ 在"草绘"工具栏中单击"分割"按钮 ，移动鼠标分别捕捉两个矩形的 4 个交点并单击，矩形的边被分割为 3 段，如图 2-45 所示。

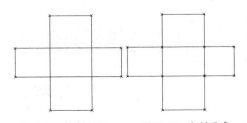

图 2-44 绘制矩形　　　图 2-45 分割图素

❸ 选取如图 2-46 所示的图素，按键盘上的 Delete
键，效果如图 2-47 所示。

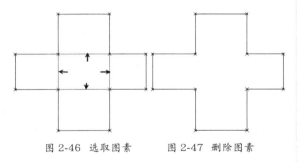

图 2-46 选取图素　　　图 2-47 删除图素

2.3.6 删除

删除不需要的几何图形有以下几种方法。

▷ 单击"选取项目"按钮 ，此时可以选择
绘图区域中不需要的几何图形，然后直接
按键盘上的 Delete 键，对图形进行删除。

▷ 选择"编辑"→"删除"命令。

▷ 选择要删除的几何图形，然后右击，在弹
出的快捷菜单中选择"删除"命令。

2.3.7 切换构造

构造线一般用来作为辅助线，为截面中其他图
元提供定位基准，构造线以虚线显示。

在绘图中，有时我们为了方便，需要将实线转
换为构造线作为另一个图元的基准参照，转换的方
法有两种，详细介绍如下。

▷ 首先选择该实线，然后从菜单栏上选择"编
辑"→"切换构造"命令。

▷ 单击鼠标左键选择该实线，然后在选中的
实线旁边按住鼠标右键，直到出现快捷菜
单，再释放鼠标。从菜单中选择"构建"
命令，创建构造线，如图 2-48 所示。

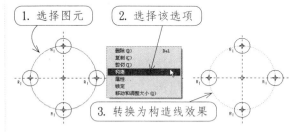

图 2-48 实线转换为构造线

2.4　几何约束

2.4.1 约束的种类

当用户草绘二维图时，系统自动认为用户接受
草绘目的管理器的假设，使用其中的约束条件。例
如，直线近似水平或垂直时，Pro/E 会假设直线是水
平或垂直的并自动捕捉（此时显示 H 或 V 标识），
当直线近似于与另一条直线垂直时，Pro/E 会假定这
两条直线是垂直的并自动捕捉（显示 T 标识）。当
然，用户也可以根据草绘需要手工添加其他的约束
类型。约束有利于简化建模，提高建模效率。如图
2-49 所示为几种约束类型的示例。

约束分为弱约束和强约束。在草绘过程中，
Pro/E 自动创建的约束是弱约束，弱约束可以被用户
设置的约束或用户放置的尺寸所替代。

用户通过约束工具手工添加的约束是强约束，
它可以保留在草绘上，除非被特意删除。此外，通
过"编辑"→"转换到"→"强"命令，弱约束可
以转换为强约束。

在主菜单栏中选择"草绘"→"约束"命令，
或直接单击"草绘"工具栏中的约束按钮，即可对
几何图素进行约束。如图 2-50 所示，Pro/E 5.0 共提
供了 9 种几何约束类型。

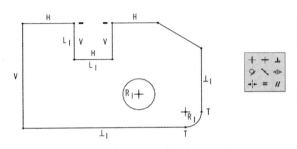

图 2-49 约束示例

在进行草绘时，系统会自动给草图截面添加一
些约束（这些称为"弱约束"），本节主要介绍如
何自行给图形添加几何约束条件。

图 2-50 约束种类

9 种约束类型及含义如下。

▷ 竖直约束：使直线或两顶点的连线处于竖直状态。

▷ 水平约束：使直线或两顶点的边线处于水平状态。

▷ 垂直约束：使两条线段相互垂直。

▷ 相切约束：使直线、圆弧或样条曲线两两相切。

▷ 中点约束：使图元的点或者顶点约束于线或弧的中点。

▷ 共线约束：使两点重合或使点在直线上。

▷ 对称约束：使两图素相对于中心线对称。

▷ 相等约束：使两直线、两边线等长或者两个圆弧半径相等。

▷ 平行约束：使两直线相互平行。

在 Pro/E 中，约束的默认显示如下。

▷ 当前约束：红色。

▷ 弱约束：灰色。

▷ 强约束：黄色。

▷ 锁定约束：放在一个小圆中。

▷ 禁用约束：用一条直线穿过约束符号。

提示：

以灰色出现的约束为弱约束，系统可以拭除这些约束而不警告。可以选择"编辑"→"转换到"→"加强"命令来加强用户需要的约束。

2.4.2 创建几何约束

下面以实例方式说明几何约束的添加方法。

案例 2-11　对图元添加几何约束

❶ 在"文件"工具栏中单击"打开"按钮 ，打开素材库中的 anli2_11.sec 文件，如图 2-51 所示。

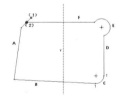

图 2-51　打开素材文件

❷ 在"草绘"工具栏中单击"竖直"按钮 ，根据系统提示，用鼠标单击直线 D，即可创建竖直约束，结果如图 2-52 所示。

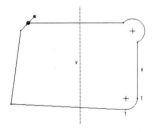

图 2-52　添加竖直约束

❸ 单击"水平"按钮 ，根据系统提示，选取直线 B，即可创建水平约束，结果如图 2-53 所示。

❹ 单击"垂直"按钮 ，根据系统提示，选取直线 A 和 B，即可创建垂直约束，结果如图 2-54 所示。

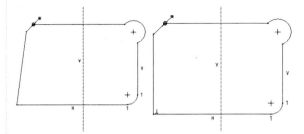

图 2-53　添加水平约束　　图 2-54　添加垂直约束

❺ 单击"相切"按钮 ，根据系统提示，选取圆弧 E 和直线 D，即可创建相切约束，结果如图 2-55 所示。

❻ 在"约束"对话框中单击"共线"按钮 ，根据系统提示，选取点（1）和（2），系统弹出"解决草绘"对话框，在该对话框中选择"约束在图元上的点"选项，再单击"删除"按钮，即可创建共线约束，效果如图 2-56 所示。

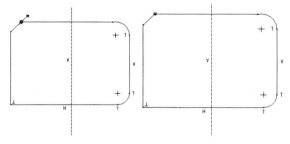

图 2-55　添加相切约束　　图 2-56　添加共线约束

❼ 单击"对称约束"按钮 ，根据系统提示，选取直线 A 和 D 同一位置的一个端点，再单击绘图区内的竖直中心线，即可创建对称约束，如图 2-57 所示。

❽ 在"约束"对话框中单击"相等"按钮 ，根据系统提示，选取圆弧 C 和 E，即可创建相等约束，如图

2-58 所示。

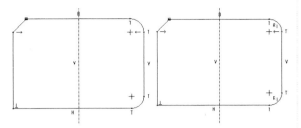

图 2-57 添加对称约束　　图 2-58 添加相等约束

2.4.3 修改几何约束

使用本节介绍的方法，可以对系统自动添加的和用户设定的约束进行修改。

1. 删除几何约束

在绘图过程中，常常会出现多重约束的情况，此时就需要删除重复的约束。单击选取要删除的约束，然后按 Delete 键，或者在主菜单栏中选择"编辑"→"删除"命令，也可以选取约束并单击鼠标右键，系统弹出如图 2-59 所示的快捷菜单，然后在该菜单中选择"删除"命令，即可将所选取的约束删除。

除了可以删除某些约束外，还可以在绘制草图时通过禁用约束来减少约束条件。在绘制草图的过程中，当出现当前自动设定的几何约束时，右击该约束即可禁用。

2. 禁用多余约束

在绘制 2D 截面图时，系统会根据其内部设置的参数自动为用户捕捉生成一些约束，而有时系统捕捉设定的约束是用户所不需要的，加上了这些系统自动生成的约束反而会有碍 2D 截面图的绘制。禁用这些约束的方法是在绘制图元时，当系统自动捕捉到不需要的约束时，单击鼠标右键，系统就不会再捕捉这类约束，如图 2-60 所示。再次单击鼠标右键系统又会捕捉此类约束。

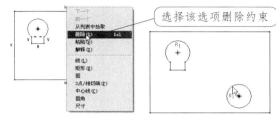

图 2-59 快捷菜单　　　　图 2-60 禁用约束

3. 锁定约束

有时可以锁定住一个约束，使其不再发生改变，按住 Shift 键的同时按下鼠标右键来锁定约束，再次单击鼠标右键即可取消对约束的锁定。

4. 选择不同的约束

如果要恢复禁用的约束，只要再次单击右键。此时，应当注意当前的约束是否呈红色显示，如果禁用和恢复不是当前约束，可以通过按 Tab 键进行切换。

2.5 尺寸的标注

与约束类似，在 Pro/E 系统中，尺寸分为两种：弱尺寸和强尺寸。由系统自动添加的尺寸为弱尺寸，它默认以灰色显示。在草绘图形后，往往还需要根据设计的要求进行手动标注尺寸，这些尺寸称为"强尺寸"，它默认以白色显示。

可通过以下两种方式添加尺寸标注。

▷ 在菜单栏的"草绘"→"尺寸"子菜单中选择"标注"命令。

▷ 在工具栏上单击 ╞╪ (尺寸标注)工具按钮。

下面详细介绍几种常用的尺寸标注方式。

2.5.1 线性尺寸标注

线性尺寸主要包括直线段的长度、两点之间的距离、点到直线的距离、两条平行线之间的距离、圆（弧）与其他图元之间的相关距离等。

1. 直线段的长度

直线段的标注方法是：单击"法向"尺寸标注按钮 ╞╪ ，使用鼠标单击要标注的直线段，然后移动光标，并在放置尺寸文本的位置处单击鼠标中键，这样即可完成一个直线段的尺寸标注，如图 2-61 所示。

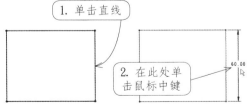

图 2-61 标注直线段的长度

2. 两点之间的距离标注

两点之间的距离标注方法是：单击"法向"尺

寸标注按钮 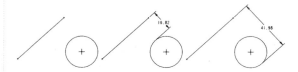，分别拾取两个要标注尺寸的点，然后移动光标至指定位置并单击鼠标中键。选择的放置位置不同，标注得到的两个点的距离性质也会不同，如图 2-62 所示。

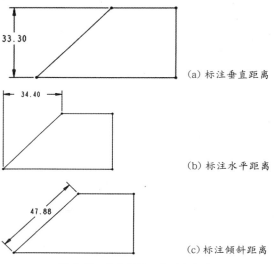

图 2-62 两点间的三种距离标注

3. 点与直线的标注

点和直线之间的标注方式是：单击 （法向尺寸）工具按钮，在草绘区域分别单击点和直线，然后在放置尺寸的位置单击鼠标中键即可，如图 2-63 所示。

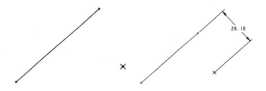

图 2-63 标注点和直线间的距离尺寸

4. 两平行线之间的距离标注

两平行线之间的标注方式是：单击 （法向尺寸）工具按钮，在绘图区域使用鼠标单击两条直线，然后在要放置尺寸的位置单击鼠标中键，如图 2-64 所示。

图 2-64 平行线的距离标注

5. 直线与圆（圆弧）的切点距离

圆或者圆弧与直线之间的距离，其实就是圆心与直线之间的垂直距离。单击"定义尺寸"按钮 ，接着分别单击圆心和直线，然后在要放置尺寸的位置处单击鼠标中键，如图 2-65 所示。

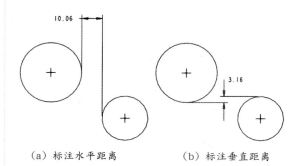

图 2-65 标注直线与圆（圆弧）的切点距离

6. 两圆（圆弧）之间的正切距离

标注两圆（圆弧）之间的正切距离方法是：单击"定义尺寸"按钮 ，分别单击两个圆（圆弧），然后在要放置尺寸的位置处单击鼠标中键，可以标注出两圆（圆弧）之间的水平或垂直正切距离，如图 2-66 所示。

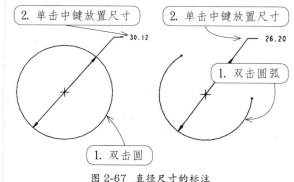

（a）标注水平距离　　　　（b）标注垂直距离

图 2-66 标注两圆之间的距离

2.5.2 半径和直径标注

1. 直径尺寸标注

标注直径的方法是：单击"定义尺寸"按钮 ，然后双击要标注的圆或者圆弧，移动鼠标至要放置尺寸的位置，并单击鼠标中键确认即可，如图 2-67 所示。

2. 单击中键放置尺寸　　　2. 单击中键放置尺寸

30.12　　　26.20

1. 双击圆弧

1. 双击圆

图 2-67 直径尺寸的标注

2. 半径尺寸标注

标注半径尺寸的方法是：单击"定义尺寸"按钮 ，单击要标注的圆或者圆弧，移动鼠标至要放置尺寸的位置，并单击鼠标中键确认即可，如图 2-68 所示。

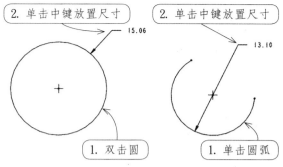

图 2-68 半径尺寸的标注

2.5.3 角度标注

角度标注一般来说分两种情况，一种是两条直线之间的夹角；另一种是圆弧的两个端点之间的圆弧角度。

1．两条直线之间的夹角

在"草绘"工具栏中单击 按钮，分别单击两条直线，移动鼠标在要放置尺寸文本的位置（要在两条直线之间），按下鼠标中键完成一般直线类角度的标注，其中光标的放置位置决定标注的角度是钝角还是锐角，如图 2-69 所示。

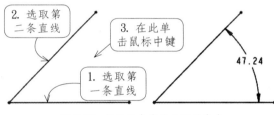

图 2-69 标注两条直线之间的夹角

2．圆弧角度标注

在"草绘"工具栏中单击"定义尺寸"按钮 ，接着依次单击圆弧的起点、圆心和终点，然后单击鼠标中键放置该角度标注，可以即时修改默认的尺寸值。

最后在圆弧角度尺寸的放置位置单击鼠标中键，完成圆弧类的角度标注。圆弧类角度尺寸标注时，系统会在尺寸上方显示出一个弧类形状标识，如图 2-70 所示。

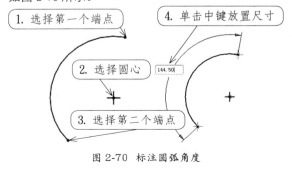

图 2-70 标注圆弧角度

2.5.4 标注弧长尺寸

标注弧长时，系统默认在尺寸数字的上方添加符号"⌒"，该符号表示该尺寸为弧长尺寸，如图 2-71 所示。

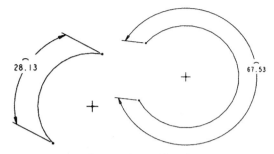

图 2-71 标注弧长尺寸

标注弧长时，在工具栏中单击 按钮后，首先单击该圆弧的两个端点，然后在圆弧上的其他位置单击，最后单击鼠标中键放置弧长尺寸即可。

2.5.5 椭圆半轴标注

椭圆半轴标注的方法是：单击"草绘"工具栏中的"定义尺寸"按钮 ，选取要标注的椭圆或者椭圆弧，单击鼠标中键，此时弹出一个如图 2-72 所示的对话框。在该对话框中选择"长轴"或者"短轴"选项，单击"接受"按钮，即可完成椭圆某轴的标注，使用同样的方法，标注椭圆的另一个轴，如图 2-73 所示。

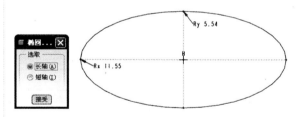

图 2-72 "椭圆半径"对话框　图 2-73 标注椭圆

2.5.6 周长标注

在 Pro/E 5.0 中有三种方式可以标注周长，具体操作如下。

▷　直接单击"草绘工具"工具栏中的"创建周长"按钮 。

▷　从菜单栏中选择"草绘"→"尺寸"→"周长"命令。

▷　从菜单栏中选择"编辑"→"转换到"→"周长"命令。

通过以上的几种方式，可以标注一组图元链的总长度。在标注周长尺寸的过程中，需要选择其中一个尺寸作为可变尺寸（该尺寸由周长尺寸驱动）。

当修改周长尺寸时，该可变尺寸也会随之变化。

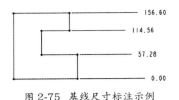

图 2-75 基线尺寸标注示例

案例 2-12 创建周长标注

周长标注的具体方法如下。

❶ 在"文件"工具栏中单击"打开"按钮 ，打开素材库中的 anli2_12.sec 文件。

❷ 单击"选取项目"按钮 ，使用鼠标框选所需的图元。

❸ 选择"编辑"→"转换到"→"周长"命令。

❹ 选取由周长尺寸驱动的尺寸，完成周长尺寸的标注，如图 2-74 所示。

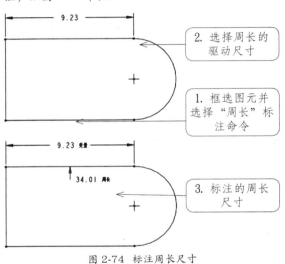

图 2-74 标注周长尺寸

2.5.7 基线尺寸标注

基线尺寸（也称"基准尺寸"）的标注，如图 2-75 所示。从示例图中可以看出基准尺寸其实就是以图形的一条重要轮廓线或者其他参考线作为基准的，从而标注其他纵坐标尺寸。

案例 2-13 创建基线标注

标注基线尺寸的方法如下。

❶ 在"文件"工具栏中单击"打开"按钮 ，打开素材库中的 anli2_13.sec 文件。

❷ 单击"草绘"工具栏中的"基线"按钮 。

❸ 在草绘区域中选择要作为基准的一条直边，然后在要放置尺寸的位置单击鼠标中键，此时显示一个值为 0.00 的基准尺寸，表示创建了一条纵坐标尺寸基线，如图 2-76（a）所示。

提示：

如果选择的基准图元为圆弧或者圆，则需要在出现的"尺寸定向"对话框中选择"竖直"或者"水平"单选按钮来定义初始基准。

❹ 单击"定义尺寸"按钮 ，单击选择基线尺寸 0.00。

❺ 选择要标注基线尺寸的点或者其他的图元，然后单击鼠标中键指定尺寸位置，如图 2-76（b）所示。

❻ 重复步骤（3）和步骤（4），继续标注其他的基线尺寸，结果如图 2-75 所示。

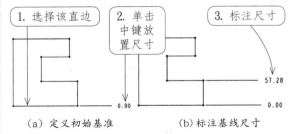

（a）定义初始基准　　（b）标注基线尺寸

图 2-76 标注基线尺寸流程

2.6 尺寸修改

绘制完草图后，其尺寸的大小很难满足设计者的要求。此时就需要用到二维草绘中的尺寸修改功能。在 Pro/E 中，常用"修改尺寸"和"使用修改尺寸工具"这两种方法进行尺寸的修改。

2.6.1 直接修改

用鼠标直接双击尺寸，如图 2-77 所示，然后在弹出的编辑尺寸文本框中输入新的数值，再按 Enter 键或单击鼠标中键，系统立即再生尺寸。此方法的特点是能快速修改单个尺寸，但无法同时修改多个尺寸。由于每修改一个尺寸后系统就会立即再生图形，这样可能会产生图形变形。

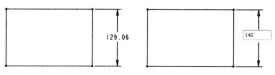

图 2-77 直接修改尺寸

2.6.2 使用修改尺寸工具

通过该种方法修改尺寸时，如果选中"修改尺寸"对话框中的"再生"选项时，每修改一个尺寸图形就会自动再生该尺寸，这样在修改尺寸的过程中很容易使图形产生变形。一般情况下，不选中"再生"选项。

案例 2-14　通过"修改尺寸"对图元进行修改

其操作步骤如下。

❶ 如图 2-78 所示，框选绘图区内的所有尺寸，在主菜单栏中选择"编辑"→"修改"命令，或直接在"草绘"工具栏中单击"修改"按钮 $\boxed{\exists}$，系统都将弹出"修改尺寸"对话框，如图 2-79 所示。

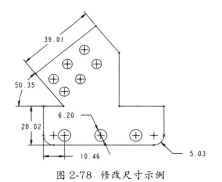

图 2-78 修改尺寸示例

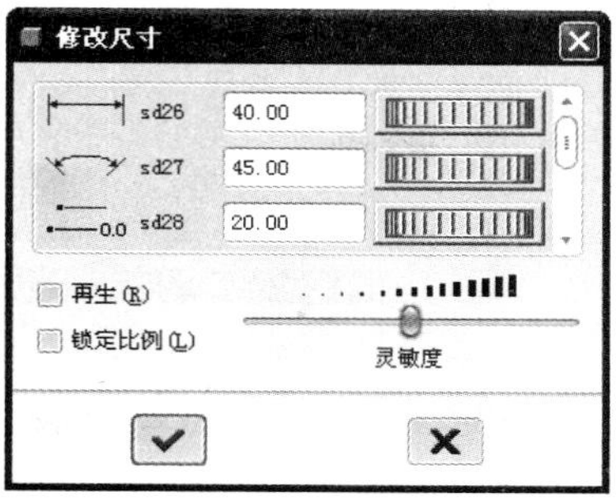

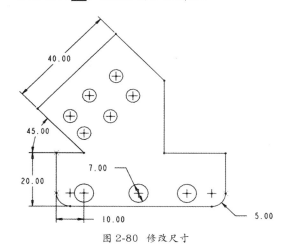

图 2-79 "修改尺寸"对话框

❷ 在该对话框中取消勾选"再生"复选框，然后在该对话框中依次输入修改尺寸值 40、20、5、7、10、45，每输入一个尺寸值按一次 Enter 键，最后单击"确定"按钮 $\boxed{\checkmark}$，结果如图 2-80 所示。

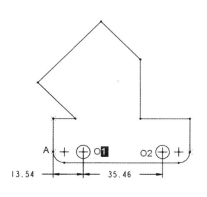

图 2-80 修改尺寸

2.7 解决尺寸与约束冲突

在标注尺寸和设置约束的过程中，有时候会遇到出现多余的强尺寸或强约束的情况，此时系统会加亮显示冲突尺寸或约束，并弹出一个"解决草绘"对话框，要求用户移除一个不需要的尺寸或约束来解决问题，当然用户也可以撤销上次添加尺寸或约束的操作。

如图 2-81 所示，图形中已经标注了点 A 和圆心 O1，以及圆心 O1 和圆心 O2 之间距离，且都为强尺寸。

此时，若单击草绘工具栏中的 $\boxed{\text{凹}}$ 按钮，标注 A 点和圆心 O2 之间的距离，系统就会弹出如图 2-82

图 2-81 标注的图形

中文版 Pro/ENGINEER Wildfire 课堂实录

所示的"解决草绘"对话框，提示尺寸之间有冲突。解决的方法是撤销本次定义尺寸的操作，或删除与本次操作有冲突的尺寸，还有就是将冲突尺寸转换为参照尺寸。

重复定义约束时，系统会弹出如图 2-83 所示的对话框，解决的方法是撤销本次定义约束的操作或删除与本次操作有冲突的约束。

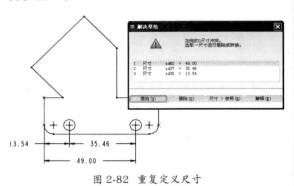

图 2-82 重复定义尺寸

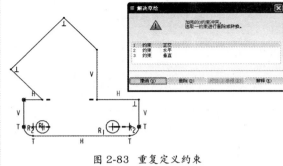

图 2-83 重复定义约束

2.8 实例应用

为了更进一步熟练掌握草绘的方法，本节通过几个复杂的二维图形，实战演练所学知识，以便更快捷地绘制二维图形。

2.8.1 绘制多孔垫片零件草图

如图 2-84 所示，该实例主要是通过绘制圆、倒圆角、修剪、镜像和尺寸标注等功能进行绘制的。

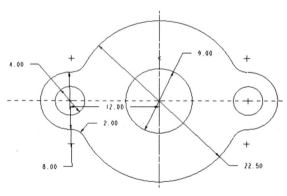

图 2-84 多孔垫片实例

1. 绘制思路

如图 2-85 所示为多孔垫片的绘制思路和流程。

2. 绘制过程

❶ 在工具栏中单击"新建"按钮 □，系统弹出"新建"对话框，在"类型"选项区域中选择"草绘"选项，在"名称"文本框中输入草绘名称为 2-8-1duokongdianpian，如图 2-86 所示，单击"确定"按钮。

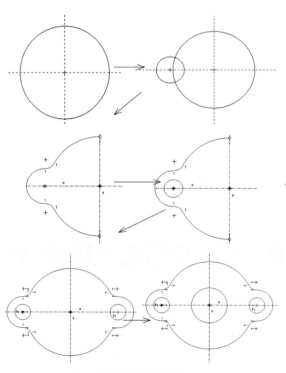

图 2-85 绘制思路

❷ 系统进入草绘模式工作界面。单击"草绘"工具栏中"直线"按钮 ﹨ 右侧的三角按钮，在弹出的扩展工具栏中单击"中心线"按钮 ┆，绘制如图 2-87 所示的两条中心线。

❸ 在"草绘"工具栏中单击"圆心和点"按钮 ○，以中心线的交点为圆心，绘制一个圆，然后双击系统自

34

动标注的该圆轮廓弱尺寸，修改其直径为22.5，并按 Enter 键或鼠标中键，效果如图 2-88 所示。

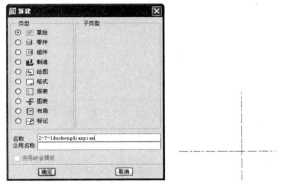

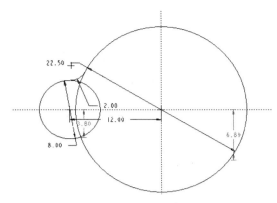

图 2-86 "新建"对话框　　图 2-87 绘制中心线

图 2-90 倒圆角

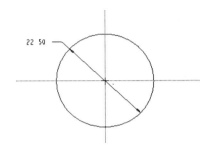

图 2-88 绘制圆

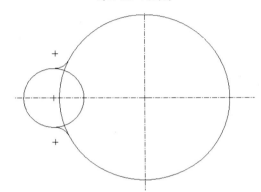

❹ 在"草绘"工具栏中单击"圆心和点"按钮 ⊙，然后以水平中心线上左侧一点为圆心，绘制一个圆，接着双击系统自动标注的该圆轮廓弱尺寸，修改该圆的直径为8，圆心点距离垂直中线的距离为12，如图 2-89 所示。

图 2-91 倒圆角

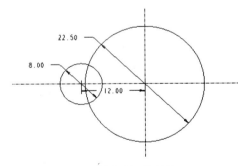

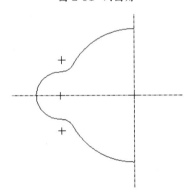

图 2-89 绘制圆

❺ 在"草绘"工具栏中单击"圆形"按钮，选取两段相交圆弧进行倒圆角，然后双击系统自动标注的圆角弱尺寸，修改其半径为2，并按 Enter 键，结果如图 2-90 所示。

❻ 再按同样的方法对另外两段相交圆弧进行倒圆角，圆角半径为2，结果如图 2-91 所示。

❼ 在"草绘"工具栏中单击"删除段"按钮，再按住鼠标左键并拖曳，将多余的圆弧修剪掉，结果如图 2-92 所示。

图 2-92 修剪圆弧

❽ 在"草绘"工具栏中单击"圆心和点"按钮 ⊙右边的三角按钮，在弹出的扩展工具栏中单击"同心"按钮 ◎，根据系统提示，单击直径为8的圆，然后在选取的圆内单击鼠标左键，然后双击系统自动标注的该圆轮廓弱尺寸，修改其直径为4，并按 Enter 键，结果如图 2-93 所示。

❾ 按住鼠标左键框选绘图区内的图形，然后在"草绘"工具栏中单击"镜像"按钮，根据系统提示，单击垂直中心线作为镜像轴，结果如图 2-94 所示。

❿ 在"草绘"工具栏中单击"同心"按钮 ◎右边的三角按钮，在弹出的扩展工具栏中单击"圆心和点"按钮，以中心线的交点为圆心，绘制一个圆，然后双击系统自动标注的该圆轮廓弱尺寸，

修改其直径为 9，并按 Enter 键，结果如图 2-95 所示。

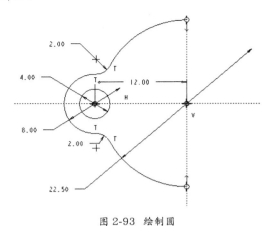

图 2-93　绘制圆

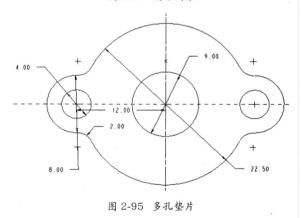

图 2-94　镜像图素

图 2-95　多孔垫片

2.8.2　绘制底座草图

如图 2-96 所示，该实例主要由矩形、圆、倒圆角等图素组成草绘截面，同时还运用了几何约束、尺寸标注等功能。

1.　绘制思路

如图 2-97 所示为底座的绘制思路和流程。

图 2-96　底座

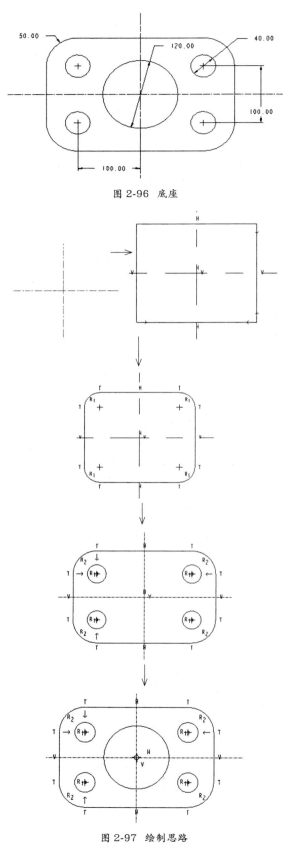

图 2-97　绘制思路

2. 绘制过程

❶ 在工具栏中单击"新建"按钮口，系统弹出"新建"对话框，在"类型"选项区域中选择"草绘"选项，在"名称"文本框中输入草绘名称为 2-8-2dizuo，如图 2-98 所示，单击"确定"按钮。

❷ 系统进入草绘模式工作界面。单击"草绘"工具栏中"直线"按钮\右边的三角按钮，在弹出的扩展工具栏中单击"中心线"按钮┊，绘制如图 2-99 所示的两条中心线。

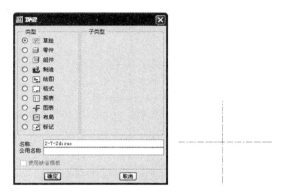

图 2-98 "新建"对话框　图 2-99 绘制中心线

❸ 在"草绘"工具栏中单击"矩形"按钮口，在右下方单击鼠标左键，并拖曳鼠标至左上方再单击左键，结果如图 2-100 所示。

❹ 在"草绘"工具栏中单击"圆形"按钮，选取矩形两两相交的边进行倒圆角，然后在"草绘"工具栏中单击"约束"按钮，系统弹出"约束"对话框，如图 2-101 所示。

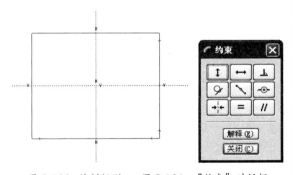

图 2-100 绘制矩形　图 2-101 "约束"对话框

❺ 在该对话框中单击"相等"按钮，对刚创建的倒圆角进行相等约束，效果如图 2-102 所示。

❻ 在"约束"对话框中单击"对称"按钮，对矩形各边进行对称约束，结果如图 2-103 所示。

❼ 单击鼠标中键退出约束命令。在"草绘"工具栏中单击"垂直"按钮，对矩形各边和倒圆角半径进行尺寸标注，结果如图 2-104 所示。单击鼠标中键退出尺寸标注命令。

❽ 按住鼠标左键并拖曳，框选所有尺寸，然后在

"草绘"工具栏中单击"修改"按钮，系统弹出"修改尺寸"对话框，在该对话框中取消勾选"再生"复选框，如图 2-105 所示。

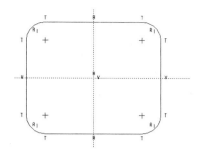

图 2-102 相等约束

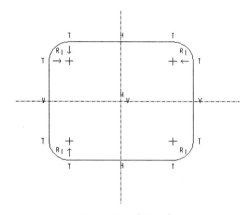

图 2-103 对称约束

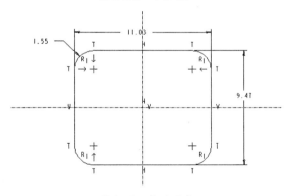

图 2-104 标注尺寸

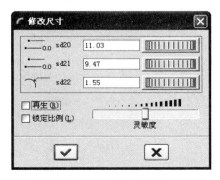

图 2-105 "修改尺寸"对话框

❾ 在该对话框中输入修改的尺寸值依次为300、200、50，再单击该对话框中的"确定"按钮，效果如图 2-106 所示。

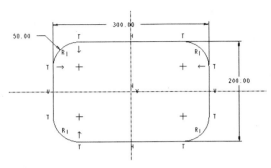

图 2-106 修改尺寸

❿ 在"草绘"工具栏中单击"圆心和点"按钮 ○ 右边的三角按钮，在弹出的扩展工具栏中单击"同心"按钮 ◎。根据系统提示，单击绘图区内的圆弧，在选取的圆弧内单击鼠标左键，然后双击系统自动标注的该圆轮廓弱尺寸，修改其直径为40，并按 Enter 键，效果如图 2-107 所示。

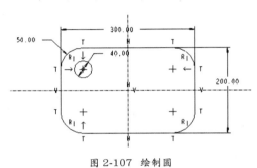

图 2-107 绘制圆

⓫ 按同样的方法绘制其他三个圆，其直径均相等，效果如图 2-108 所示。

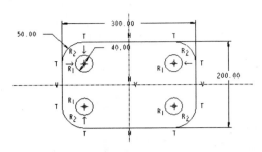

图 2-108 绘制圆

⓬ 在"草绘"工具栏中单击"同心圆"按钮 ◎ 右边的三角按钮，在弹出的扩展工具栏中单击"圆心和点"按钮 ○，以中心线的交点为圆心，绘制一个圆，然后双击系统自动标注的该圆轮廓弱尺寸，修改其直径为120，并按 Enter 键，效果如图 2-109 所示。

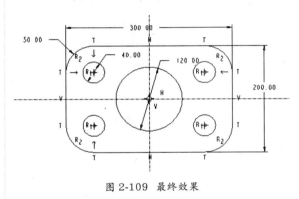

图 2-109 最终效果

2.9 课后练习

2.9.1 绘制槽轮零件草图

利用本章所学的草图与约束命令，绘制如图 2-110 所示的草图。

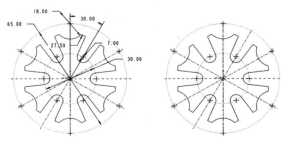

图 2-110 槽轮零件草图

操作提示:

❶ 绘制中心线。在"草绘器工具"工具栏中单击 ⋮ （创建两点中心线）按钮，在草绘区域中绘制两条相互垂直的中心线，然后画一条斜中心线，使斜中心线与垂直中心线成30°。

❷ 绘制构造圆。在"草绘器工具"工具栏中单击 ○ （圆心和点方式）按钮，绘制两个圆，然后将其转化为构造线。

❸ 绘制辅助圆。同样在"草绘器工具"工具栏中单击 ○ （圆心和点方式）按钮，以中心线和构造圆交点为圆心绘制圆。

❹ 修剪圆弧。单击"草绘器工具"工具栏中的 ⊁ （动态修剪剖面图元）工具按钮，将不要的圆弧修剪掉。

❺ 镜像图形。选择图中的圆弧和直线，然后单击

（镜像）工具按钮，再根据信息栏的提示，选择镜像的轴，选择斜中心线。

❻ 创建其余图形。同样利用镜像工具，选择合适的中心线，创建其余的图形。

2.9.2 绘制垫片零件草图

利用本章所学的草图与约束命令，绘制如图 2-111 所示的草图。

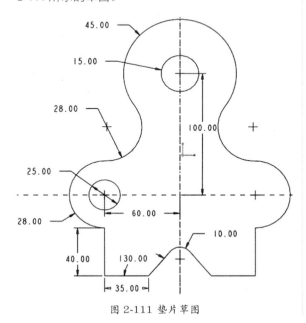

图 2-111 垫片草图

操作提示：

❶ 绘制中心线。在"草绘器工具"工具栏中单击 ⦙（创建两点中心线）按钮，在草绘区域中绘制两条相互垂直的中心线。

❷ 绘制上方的圆弧。在"草绘器工具"工具栏中单击 ⦕（圆心和端点创建圆弧）按钮，在草绘区域绘制圆弧。

❸ 绘制下方的圆弧。在"草绘器工具"工具栏中单击 ⦕（圆心和端点创建圆弧）按钮，在草绘区域绘制圆弧。

❹ 连接两段圆弧。在"草绘器工具"工具栏中单击 ⦕（三点创建圆弧）按钮，绘制半径为 28 的圆弧，约束与它接触的两段圆弧相切，并修改其尺寸。

❺ 绘制下方的线段。在"草绘器工具"工具栏中单击 ⟍（创建直线）按钮，绘制直线，并修改它们的尺寸。

❻ 镜像图形。选择图中的圆弧和直线，然后单击 ⦙（镜像）工具按钮，再根据信息栏的提示，选择镜像的轴，创建其余的图形。

第③课 基准特征

基准特征

在 Pro/E 5.0 中，基准特征（又称"辅助特征"）包括：基准平面、基准轴、基准点、基准曲线、基准坐标系 5 种类型，其中每一种类型都是独立的个体，但相互之间又具有紧密的联系。例如，可以利用基准点构建基准曲线、基准轴，以及基准平面等特征，反之，也可以利用基准曲线、基准平面等特征确定基准点。在 Pro/E 5.0 中，基准特征一般不直接参与建模操作，而是作为辅助的放置或定位参照使用。

本课知识：

- ◆ 基准平面
- ◆ 基准轴
- ◆ 基准点
- ◆ 基准曲线
- ◆ 基准坐标系

3.1　基准特征显示设置

在设计中，当需要选择基准特征作为参照对象时，便可以在图形区域显示这些需要的基准特征。当不需要时，为了不妨碍其他特征的创建，往往将一些基准特征隐藏。

各种基准特征的显示效果如图 3-1 所示。

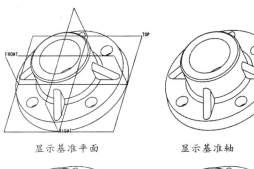

显示基准平面　　　　显示基准轴

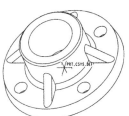

显示坐标系　　　　显示注释元素

图 3-1　基准特征显示效果

基准特征显示的设置有以下三种方法。

1.　使用"基准显示"工具栏

在系统窗口的"基准显示"工具栏中，放置了常用基准特征的显示复选按钮，如图 3-2 所示，从左到右分别为"基准平面开 / 关"按钮、"基准轴开 / 关"按钮、"基准点开 / 关"按钮、"坐标系开 / 关"按钮和"打开或关闭 3D 注释及注释

元素"按钮。当选中相应按钮时，在图形区域中便显示相应的基准特征，反之，基准特征在图形中不会显示。

图 3-2　"基准显示"工具栏

2.　通过"环境"对话框

从主菜单栏中选择"工具"→"环境"命令，系统将弹出"环境"对话框，如图 3-3 所示。在"环境"对话框的"显示"选项组中，通过设置相关选项来设置基准平面、基准轴、点符号和坐标系的显示与否。

3.　在模型树上设置

在模型树上右击某基准特征节点，从快捷菜单中选择"隐藏"命令，即可隐藏该基准特征。如果要显示已隐藏的基准特征，则可以在模型树上右击该基准特征，并从快捷菜单中选择"取消隐藏"命令，如图 3-4 所示。

图 3-3　"环境"对话框　　　图 3-4　在模型树上的显示

3.2 基准平面

基准平面是指程序或者用户定义的用于作为参照基准的平面，基准平面是最常见的一种基准特征，既可以用作特征的草绘平面或视图参照平面，也可以用作尺寸定位或约束参照，还可以作为特征的终止平面、镜像平面，以及创建基准轴和基准点的参照使用。

如图3-5所示为借助基础平面创建的拉伸实体。

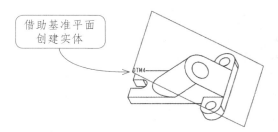

图3-5 借助基准平面创建实体

如图3-6所示的模型，借助基准平面作为镜像平面。

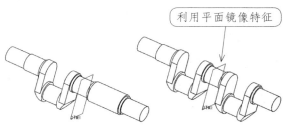

图3-6 借助基准平面镜像模型

在新建使用 mmn_part_solid 公制模板的 Pro/E 零件文件时，系统已经定义了三个相互正交的基准平面，即 TOP、FRONT 和 RIGHT 基准平面，如图3-7所示。

在一些复杂的零件设计中，仅有这三个基准平面往往不能满足设计要求，还需要根据实际情况创建新的基准平面。对于新的基准平面，系统将以默认的名字命名，即其名称为 DTM#（# 为新建基准平面的序号），如 DTM1、DTM2、DTM3……当然，用户也可以对其重新命名。

创建基准平面的流程如下。

❶ 单击基准工具栏中的"基准平面"按钮 ，打开如图3-8所示的"基准平面"对话框。

❷ 分别设置该对话框中的 3 个选项卡，即"放置"选项卡、"显示"选项卡和"属性"选项卡，如图3-9所示。

▷ "放置"选项卡：用来调整基准平面的放置位置。

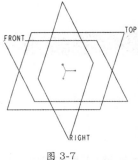 

图3-7　　　　　　　图3-8

系统默认的三个基准平面　　"基准平面"对话框

图3-9 "显示"选项卡和"属性"选项卡

▷ "显示"选项卡：用来调整基准平面的方向和大小。

❸ 设置好基准平面的各参数后，单击"确定"按钮即可创建基准平面。

提示：

在平面几何中，为了满足三维设计的需要，系统特为基准平面定义了方向，并以黄色和红色显示，其中黄色表示基准平面的正法线方向，相当于模型从表面指向实体以外的方向；红色表示负法线方向，相当于模型从表面指向实体的方向。

在 Pro/E 中，基准平面属于二维特征，没有质量和体积，但其面积是可以无限大的。创建基准平面时，根据 3 点可以确定一个平面的原理，可以衍生出以下几种创建方法。

1. 通过三点

该方式为，在三维建模空间选取任意三点，系统将根据这三个点创建基准平面，其中空间的三个点可以是基点、实体模型上的顶点，以及曲面、曲线上的边界点等类型。

案例 3-1　通过三点创建基准平面

❶ 单击"打开"按钮 🗁，打开素材库中的 anli3_1 文件。单击"基准平面"按钮 ▱，打开"基准平面"对话框。在模型中按住 Ctrl 键依次选取 3 点，如图 3-10 所示。

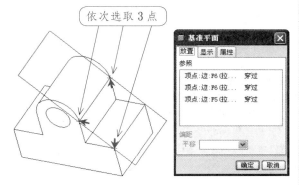

图 3-10　选取 3 点作为参照

❷ 单击"基准平面"对话框中的"确定"按钮，创建基准平面，如图 3-11 所示。

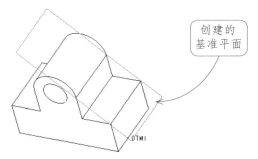

图 3-11　新建基准平面

2. 通过两条直线

利用该方式创建基准平面时，根据空间两条直线的垂直或者平行关系，可以创建通过两条直线，或者过一条直线，垂直于另外一条直线的基准平面，其中此类直线可以是实体边线、由曲面抽取的直线边界等类型。

案例 3-2　通过两条直线创建基准平面

❶ 单击"打开"按钮 🗁，打开素材库中的 ANLI3_2 文件。单击"基准平面"按钮 ▱，打开"基准平面"对话框。

❷ 按住 Ctrl 键选择实体的两条对角边。

❸ 单击"确定"按钮，完成了基准平面的建立，如图 3-12 所示。

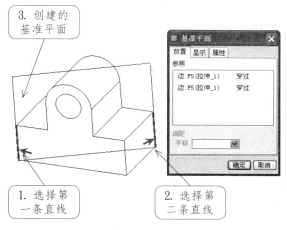

图 3-12　过两条直线定义基准平面

3. 通过一个面

该方式是将参照平面沿法向方向偏移一定距离创建基准平面。在绘图区可以选取实体的平整表面、基准平面，或者其他形状的任意平面作为放置参照对象。

案例 3-3　通过面创建基准平面

❶ 单击"打开"按钮 🗁，打开素材库中的 ANLI3_3 文件。单击"基准平面"按钮 ▱，打开"基准平面"对话框。

❷ 在模型中选择一个平面，在"平移"文本框中输入偏移值（正负值可定义方向）。

❸ 单击"确定"按钮，完成基准平面的创建，如图 3-13 所示。

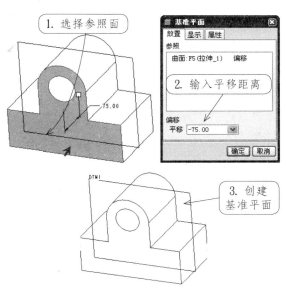

图 3-13　通过一个平面定义基准平面

4. 通过一点一面

该方式通过三维空间中的一个点和一个面创建基准平面,该基准平面穿过该点,且与选取的参照平面是垂直、平行或者相切的,其中选取的参照平面可以是基准平面、实体平整表面、创建的任意形状平面,以及圆弧曲面等类型。

案例 3-4 通过点和面创建基准平面

❶ 单击"打开"按钮,打开素材库中的 anli3_4 文件。单击"基准平面"按钮,打开"基准平面"对话框。

❷ 在模型中选择实体的一个顶点,按住 Ctrl 键再选择一个平面。

❸ 在参照中,平面可以与基准平面垂直或者平行方式放置,这样创建出的基准平面也不同,单击"确定"按钮,完成基准平面的创建。如图 3-14 所示为"法向"方式放置,如图 3-15 所示为"平行"方式放置。

图 3-14 "法向"放置基准平面

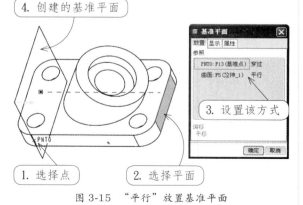

图 3-15 "平行"放置基准平面

5. 通过一条直线和一个平面

该方式根据放置参照与创建基准平面的关系,可以通过旋转一定角度、平行该平面沿法向偏移一定距离、垂直于该参照平面等方式创建基准平面,

其中选取的参照平面可以是基准平面、实体表面、任意形状的屏幕,以及圆弧形曲面等类型。

案例 3-5 通过直线和面创建基准平面

❶ 单击"打开"按钮,打开素材库中的 anli3_5 文件。单击"基准平面"按钮,打开"基准平面"对话框。

❷ 先在模型中选择一条线,按住 Ctrl 键选择实体的一个平面。

❸ 在参照中出现了 3 种放置方式:偏移、法向、平行。这里只讲述偏移的放置,其他方式与前面所讲一致。设置放置方式为偏移,输入旋转角度。单击"确定"按钮,完成平面的创建,如图 3-16 所示。

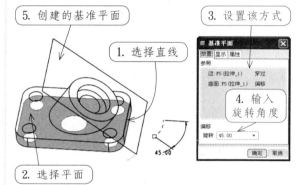

图 3-16 一条直线和一个面定义基准平面

3.3 基准轴

基准轴也常用作特征创建的参照,特别在创建圆孔、径向阵列和旋转等特征时是一种重要的辅助基准特征。通过"基准轴"命令所创建的基准轴,用户可对其进行重定义、隐含、遮蔽或删除等操作,系统对新轴自动命名为 A_1、A_2、A_3、A_4……

如图 3-17 所示为零件建模,以基准轴作为孔的放置参照。

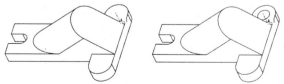

图 3-17 以基准轴作为放置参照创建孔

在环形阵列中需要一根中心轴作为参照,如图 3-18 所示为以基准轴作为阵列参照,创建阵列特征。

创建基准轴的方法与绘制空间直线类似,主要有以下 5 种方式。

图 3-18 以基准轴作为阵列参照创建阵列特征

1. 通过两点创建基准轴

该方式是最常见的一种，主要是利用两点确定一条直线的原理创建基准轴。在 Pro/E 5.0 中，通过的两点可以是空间模型中任意两点，包括已存在的端点、中点、圆心点、交点，以及创建的基准点等类型。

案例 3-6 通过两点创建基准轴

❶ 在工具栏中单击"打开"按钮 ，打开素材库中的 anli3_6 文件。单击"基准轴"按钮 ，打开"基准轴"对话框。

❷ 在模型中选择一个点，并在按住 Ctrl 键的同时选择另一个点。

❸ 两个点的约束类型选项默认为"穿过"，单击"确定"按钮，完成基准轴的创建，如图 3-19 所示。

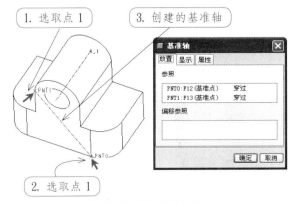

图 3-19 两点定义基准轴

2. 过两个相交平面创建基准轴

由于两个平面相交，且只有一条公共交线，因此可以通过两个不平行平面创建穿过两个相交平面的基准轴，其中两个平面可以是基准平面、实体表面和创建的任意形状平面等类型。

案例 3-7 通过两个平面创建基准轴

❶ 在工具栏中单击"打开"按钮 ，再打开素材库中的 anli3_6 文件。单击"基准轴"按钮 ，打开"基准轴"对话框。

❷ 在模型中选择一个平面，并在按住 Ctrl 键的同时选择另一个平面。

❸ 两个点的约束类型选项默认为"穿过"，单击"确定"按钮，完成基准轴的创建，如图 3-20 所示。

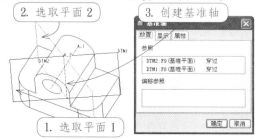

图 3-20 两个平面定义基准轴

3. 过平面上一点且垂直于平面创建基准轴

由于通过平面上一个点，且只有一条直线与已知平面垂直，因此可以通过此原理创建穿过该点且垂直于平面的基准轴。通常情况下，可以选取实体边线上的顶点、交点，以及该平面上创建的基准点等类型。

案例 3-8 通过面和点创建基准轴

❶ 在工具栏中单击"打开"按钮 ，打开素材库中的 anli3_6 文件。单击"基准轴"按钮 ，打开"基准轴"对话框。

❷ 在模型中选择一个平面上的一点，再按住 Ctrl 键选择一个平面。

❸ 两个点的约束类型选项默认为"穿过"，单击"确定"按钮，完成基准轴的创建，如图 3-21 所示。

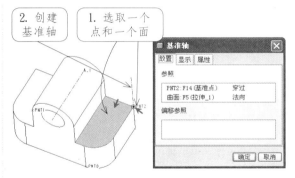

图 3-21 通过平面上的一点定义基准轴

4. 通过曲线上一点并与曲线相切创建基准轴

在一个平面内，由于通过曲线上一点并与该曲线相切，且只有一条直线可以满足此条件，因此，通过该原理可以创建通过该点且与曲线相切的基准轴，其中通过的曲线包括圆、圆弧、椭圆，以及样条曲线等类型。

案例 **3-9** 通过线和点创建基准轴

❶ 单击工具栏中的"打开"按钮 ，打开素材库中的 anli3_6 文件。单击"基准轴"按钮 ，打开"基准轴"对话框。

❷ 在模型中选择一个点，并按住 Ctrl 键选择与点相切的一条曲线。

❸ 此时点的约束类型默认为"穿过"，曲线的约束类型默认为"相切"，单击"确定"按钮，完成基准轴的创建。如图 3-22 所示。

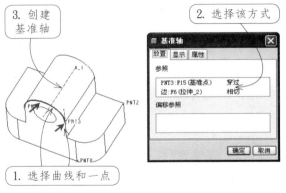

图 3-22 创建通过曲线上一点并与曲线相切的基准轴

5. 通过圆柱形曲面创建基准轴

这是一种最常见的创建轴的方法，对于创建圆柱、圆台、孔等其他具有回转特性的特征，一般是随着实体特征的完成，系统将自动生成基准轴，并自动编号，例如，A_1、A_2、A_3 等。而且对于模型中的倒圆角、圆弧过渡曲面等特征，也可以根据实体的圆弧曲面部分，创建与轴线同轴的基准轴。具体方法如下。

案例 **3-10** 通过曲面创建基准轴

❶ 单击工具栏上的"打开"按钮 ，打开素材库中的 anli3_6 文件。单击"基准轴"按钮 ，打开"基准轴"对话框。

❷ 在模型中选择一个圆柱面。

❸ 此时放置的约束类型有"穿过"和"法向"，选择"穿过"方式。单击"确定"按钮，完成基准轴的创建，如图 3-23 所示。

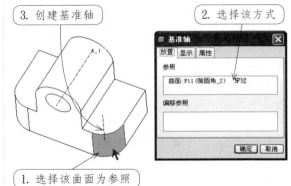

图 3-23 创建通过圆柱曲面的基准轴

3.4 基准点

基准点主要用来进行空间的定位，以及辅助创建其他基准特征。默认状态下，基准点以"×"显示，依次顺序命名为 PNT0、PNT1、PNT2……在 Pro/E 中，基准点主要有以下 3 种类型。

▷ 一般基准点 ：在图元上，图元相交处或者由某一个图元偏移所创建的基准点。

▷ 偏移坐标系基准点 ：通过选定坐标系偏移所创建的基准点。

▷ 域点 ：标记一个几何域的域点。域点是行为建模中用于分析的点。

1. 创建一般基准点

在创建基准点时，根据选取的不同参照对象，可以通过多种方式来创建基准点。

技巧:

在菜单栏中选择"视图"→"显示设置"→"基准显示"命令，在打开的"基准显示"对话框中的"点符号"下拉列表中可以选择点的显示方式：十字形、点、三角形或正方形。

案例 **3-11** 创建基准点

其操作步骤如下。

❶ 单击工具栏上的"打开"按钮 📂，打开素材库中的 anli3_11 文件。

❷ 在曲线或边线上创建基准点。在"基准"工具栏中单击"点"按钮 ，根据系统提示，选取如图 3-24 所示的参照边。设置其约束类型为"在…上"，偏移方式为"比率"，输入偏移值为 0.5，然后单击"确定"按钮，即可创建基准点 PNT0。

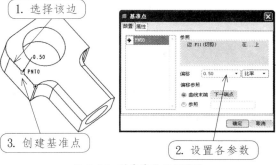

图 3-24 创建基准点 PNT0

❸ 在圆弧的中心处创建基准点。继续单击"点"按钮 ，选取如图 3-25 所示的圆弧，然后在该对话框中设置约束类型为"中心"，最后单击"确定"按钮，即可创建基准点 PNT1。

图 3-25 创建基准点 PNT1

❹ 在相交曲线的交点处创建基准点。继续单击"点"按钮 ，按住 Ctrl 键选取如图 3-26 所示的两条参照曲线，然后在该对话框中设置约束类型为"在…上"，单击"确定"按钮，即可创建基准点 PNT2。

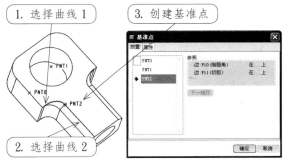

图 3-26 创建基准点 PNT2

❺ 创建偏移曲面基准点。继续单击"点"按钮 ，选取如图 3-27 所示的曲面作为放置参照曲面。

图 3-27 选择放置参照曲面

❻ 激活"偏移参照"收集器，然后按住 Ctrl 键选取如图 3-28 所示的两个曲面作为偏移参照曲面，设置偏移距离为 6 和 9，最后单击"确定"按钮，即可创建基准点 PNT3。

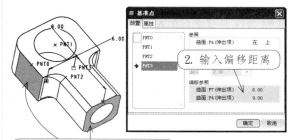

图 3-28 创建基准点 PNT3

❼ 在曲线和曲面的相交处创建基准点。根据系统提示，按住 Ctrl 键选取如图 3-29 所示的曲线和 RIGHT 基准平面作为放置参照，单击"确定"按钮，即可创建基准点 PNT4。

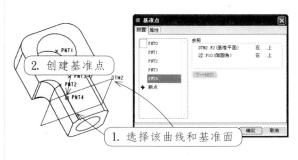

图 3-29 创建基准点 PNT4

2. 创建偏移坐标系基准点

该方式是通过设置对于所选择参照坐标系的偏移距离，而确定的一系列基准点，其中参照坐标系包括笛卡儿、圆柱和球坐标 3 种类型。

使用"偏移坐标系基准点"工具 ，可以通过选定的坐标系来创建一类基准点。

案例 3-12　通过偏移坐标系创建基准点

这类基准点的创建方法及其步骤如下。

❶ 单击工具栏中的"打开"按钮 ，打开素材库中的 anli3_12 文件，如图 3-30 所示。

❷ 单击"偏移坐标系基准点"按钮 ，打开"偏移坐标系基准点"对话框，如图 3-31 所示。"偏移坐标系基准点"对话框中具有两个选项卡，即为"放置"选项卡和"属性"选项卡，在这里主要介绍"放置"选项卡。

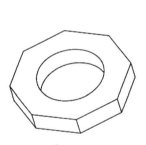

图 3-30　　　　　　　图 3-31
打开素材文件　　"偏移坐标系基准点"对话框

"参照"收集器：用来收集选择的参照坐标系，在收集器框中单击可以将其激活，此时可以重新选择新的参照坐标系。

"类型"下拉列表：从该下拉列表中选择坐标系的类型，可供选择的坐标系选项有"笛卡儿"、"圆柱"和"球坐标" 3 种，其中"笛卡儿"为默认选项。选中"使用非参数矩阵"复选框，表示要通过去除尺寸将偏移坐标系基准点转换为非参数矩阵。

点表：点表是用来设置和管理偏移坐标系基准点的相关参数，单击点表中的第一空白行，可以添加一个基准点，并可以在相应的单元格中修改坐标偏移值。如果要删除某偏移坐标系基准点，可以在点表中右击该点所在的行，并在快捷菜单中选择"删除"命令。

❸ 从"类型"下拉列表中选择坐标系类型。例如，选择"笛卡儿"选项。

❹ 选择参考坐标系。例如，在模型中选择 PRT_CSYS_DEF 坐标系。

❺ 单击点表中的第一空白行，此时可以根据之前选择的坐标系类型来修改偏移坐标系基准点的相应偏移值，也就是修改偏移坐标系基准点在参考坐标系中的坐标值，如图 3-32 所示。采用同样的方法可以继续添加新的偏移坐标系基准点。

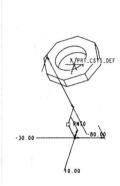

图 3-32　定义偏移坐标系基准点

3. 创建域点

域基准点主要用在用户定义的分析（UDA）中，不能作为规则建模的参照。域基准点不需要标注位置尺寸，只需要在工作区域中选取参照即可。

案例 3-13　创建域基准点

具体创建方法及其步骤如下。

❶ 在"文件"工具栏中单击"打开"按钮 ，打开素材库中的 anli3_12 文件。

❷ 单击 （域基准点）工具按钮，打开"域基准点"对话框。

❸ 选取参照（点的放置位置）创建域基准点，单击"确定"按钮，完成域基准点的创建，如图 3-33 所示。

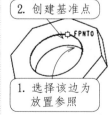

图 3-33　创建域基准点

提示:

创建的域基准点不是以 PNT 作为标志的,而是使用 FPNT 作为名称的。域基准点在一般的模型设计中使用频率不高,对于初学者,只需掌握前面两种基准点工具的使用方法即可。

3.5 基准曲线

在 Pro/E 5.0 中,基准曲线既可以用作创建扫描、混合、扫描混合等特征的轨迹路径或界面轮廓,也可以用于构建基准轴、基准平面或者其他外形曲面。一般情况下,基准曲线表现为空间任意位置点组成的三维曲线。例如,螺旋线、规则曲线等类型。此外,在同一个平面内,也可以是样条曲线、双曲线或抛物线等不规则曲线。

基准曲线的自由度较大,它的创建方法有多种,较常用的方法有以下 9 种。

▷ 通过草绘方式创建基准曲线

▷ 通过曲面相交创建基准曲线

▷ 通过多个空间点创建基准曲线

▷ 利用数据文件创建基准曲线

▷ 用几条相连的曲线或边线创建基准曲线

▷ 用剖面的边线创建基准曲线

▷ 用投影创建位于指定曲面上的基准曲线

▷ 利用已有的曲线或曲面偏移一定距离,创建基准曲线

▷ 利用公式创建基准曲线

如果在基准特征工具栏中,单击"草绘"按钮或者执行菜单栏中的"插入"→"模型基准"→"草绘"命令,将打开"草绘"对话框。设置完草绘平面与草绘参照后进入草绘环境,此时可以绘制基准曲线;如果单击基准特征工具栏中的"曲线"按钮或者执行菜单中的"插入"→"模型基准"→"曲线"命令,将展开"曲线选项"菜单,如图 3-34 所示。"曲线选项"菜单命令的含义如下。

图 3-34 "曲线选项"菜单

▷ 通过点:通过一系列参考点建立基准曲线。

▷ 自文件:通过编辑 ibl、iges、set 等文件,

绘制一条基准曲线。

▷ 使用剖截面:用截面的边界来建立基准曲线。

▷ 从方程:通过输入方程式来建立基准曲线。

下面详细介绍这 5 种常用的基准曲线的创建方法。

1. 草绘基准曲线

草绘基准曲线是在草绘环境中,利用各种草绘工具绘制的几何曲线,包括样条曲线、圆弧、直线段等类型,可以由一个或多个开放或闭合的曲线段组成。

案例 3-14 通过草绘创建基准曲线

❶ 在工具栏中单击"草绘"按钮 ,弹出"草绘"对话框。

❷ 利用"放置"选项卡,定义草绘平面和草绘方向。可以在模型中选择基准平面或者零件表面作为草绘平面。一般情况下,当定义草绘平面后,系统就会自动提供默认的草绘方向,也可以根据设计要求定义新的草绘方向。单击"草绘"按钮,进入草绘环境。

❸ 绘制曲线(可以是样条曲线、圆弧曲线等)。

❹ 单击"完成"按钮 ,退出草绘器,完成基准曲线的绘制,如图 3-35 所示。

图 3-35 草绘基准曲线

2. 通过点创建基准曲线

该方式与草绘基准曲线有很大的区别,用户需要实线定义一系列起始点、终止点或中间节点等类型的点,然后再按照指定方式经过所选取的点创建

基准曲线，其中可以选择已有模型顶点或创建基准点等类型作为基准曲线的经过点。

案例 3-15 通过点创建基准曲线

❶ 单击工具栏上的"打开"按钮 ，打开素材库中的 anli3_12 文件。

❷ 单击"曲线"按钮 ，打开"曲线选项"菜单管理器，如图 3-36 所示。

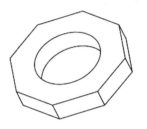

图 3-36 "曲线选项"菜单管理器

❸ 从"曲线选项"菜单中选择"通过点"→"完成"命令。此时，弹出"曲线：通过点"对话框和"连结类型"菜单，如图 3-37 所示。

图 3-37 "曲线：通过点"对话框

❹ 选择默认的"样条"→"整个阵列"→"添加点"命令。在图形区域中依次选取如图 3-38 所示的模型的 8 个顶点，并在"连结类型"菜单中选择"完成"命令。

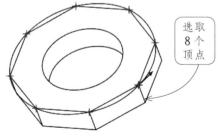

图 3-38 指定曲线要经过的点

❺ 最后在"曲线：通过点"对话框中单击"确定"按钮，完成基准曲线的创建，如图 3-39 所示。

3. 自文件创建基准曲线

在"曲线选项"菜单中利用"自文件"命令，

可以读取 IBL、IGES、VDA 等格式的文件创建基准曲线，并且一次性可读取文件中的一条或多条曲线，多条曲线之间可以相连或间断。

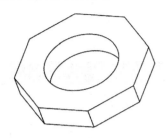

图 3-39 创建基准曲线

案例 3-16 通过导入文件创建基准曲线

❶ 单击工具栏上的"打开"按钮 ，打开素材库中的 anli3_12 文件。

❷ 在"基准"工具栏中单击"曲线"按钮 ，在弹出的"曲线选项"菜单中选择"自文件"→"完成"选项。

❸ 系统弹出"得到坐标系"菜单管理器和"选取"菜单，如图 3-40 所示，根据系统提示，选取绘图区中的坐标系。

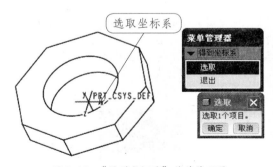

图 3-40 "得到坐标系"菜单管理器

❹ 此时系统弹出"打开"对话框，选择"基准曲线"中的 chuangjianjizhunquxian.igs 文件。单击"打开"按钮，即可在模型中看到根据导入文件创建的基准曲线，结果如图 3-41 所示。

4. 使用剖截面创建基准曲线

该方式是利用平面横截面与零件轮廓的相交边界线创建的基准曲线，也可以直接选取横截面的边界线，形成新的基准曲线。

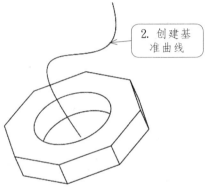

图 3-41 创建基准曲线

案例 3-17 通过剖截面创建基准曲线

❶ 单击工具栏上的"打开"按钮，打开素材库中的 anli3_17 文件，如图 3-42 所示。

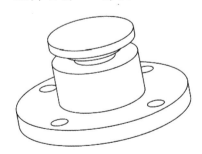

图 3-42 使用剖截面创建基准曲线实例

❷ 在"基准"工具栏中单击"曲线"按钮，在弹出的"曲线选项"菜单中选择"使用剖截面"→"完成"选项。

❸ 打开"截面名称"菜单管理器，在该菜单中列出了所有可用的平面横截面。选择名称为 Xsec0001 的剖截面，模型图中将出现与剖截面轮廓相同的一条曲

线，如图 3-43 所示。

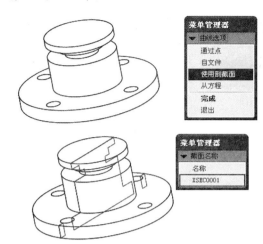

图 3-43 利用剖截面创建基准曲线

提示：

在使用剖截面创建基准曲线时，实体模型中必须存在剖截面。可以利用菜单栏中的"视图"→"视图管理器"命令，打开"视图管理器"对话框，切换至"X 截面"选项卡，并利用"新建"工具新建一个剖截面。

5. 从方程创建基准曲线

此类曲线是根据输入数学方程式的方式创建基准曲线的，主要用于具有某种特定形状，而且具有一定规律的情况，如机翼、叶片、波纹管等。创建该基准曲线时，首先要选择参照的坐标系，然后选择坐标值输入的类型，包括：笛卡儿、圆柱和球坐标 3 种类型，接着在打开的记事本编辑窗口中输入曲线方程。下面用一个实例具体讲解创建的方法。

案例 3-18 通过方程创建基准曲线

❶ 单击"新建"按钮，新建一个零件文件，在"基准"工具栏中单击"曲线"按钮，在弹出的"曲线选项"菜单中选择"从方程"→"完成"选项。

❷ 系统会自动打开"得到坐标系"菜单管理器和"曲线：从方程"对话框，在绘图区中选择系统给定的坐标系，然后在弹出的"设置坐标类型"菜单管理器中，选择"圆柱"选项，如图 3-44 所示。

❸ 此时，系统将弹出一个记事本窗口，如图 3-45 所示，并根据记事本中的样板，编辑所需要的基准曲线，如图 3-46 所示。

❹ 编辑完成后关闭记事本，此时系统会提示是否对记事本进行保存，单击"是"按钮。最后单击"曲线：从方程"菜单栏中的"确定"按钮，完成基准曲线的创

建，如图 3-47 所示。

图 3-44 定义各选项

图 3-46 编辑记事本

图 3-45 打开的记事本窗口

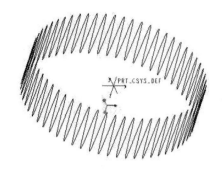

图 3-47 从方程创建的基准曲线

3.6 基准坐标系

在 Pro/E 5.0 中，基准坐标系包括：笛卡儿、圆柱和球坐标 3 种类型，坐标系一般由 1 个原点和 3 个坐标轴构成，并且 3 个坐标轴之间遵循"右手定则"，只需要确定两个坐标轴即可自动推断出第 3 个坐标轴。在常规的三维模型设计中，使用系统默认的笛卡儿坐标系即可。

3.6.1 坐标系对话框

在主菜单栏中选择"插入"→"模型基准"→"坐标系"命令，或直接在"基准"工具栏中单击"坐标系"按钮，系统弹出如图 3-48 所示的"坐标系"对话框。

图 3-48 "坐标系"对话框

1. "原始"选项卡

如图 3-48 所示为"原始"选项卡，该选项卡用于显示选取的参照、坐标系统偏移类型等。该选项卡中各选项的含义如下。

■ 参照

该选项可以随时激活，设定或更改参照及约束类型。这些参照可以是平面、边、轴、曲线、基准点或坐标系等。

■ 偏移类型

在该下拉列表中提供了偏移坐标系的几种方式，具体含义如下。

▷ 笛卡儿：选择该选项，表示允许通过设置 X、Y 和 Z 值偏移坐标系。

▷ 圆柱：选择该选项，表示允许通过设置半径、θ 和 Z 值偏移坐标系。

▷ 球坐标：选择该选项，表示允许通过设置半径、θ 和 ϕ 值偏移坐标系。

▷ 自文件：选择该选项，表示允许从转换文件输入坐标系的位置。

2. "定向"选项卡

该选项卡用来确定新建坐标系的方向,如图 3-49 所示。"定向"选项卡中的选项随着"原始"选项卡的变化而变化。该选项卡中各选项的含义说明如下。

图 3-49 "定向"选项卡

▷ 参考选取:选择该选项,允许通过选取坐标系中的任意两根轴的方向,参照定向坐标系。

▷ 所选坐标轴:选择该选项,以相对于所选坐标系选择一定角度的方式定向坐标系。

▷ 设置 Z 垂直于屏幕:单击该按钮即可将坐标系的 Z 轴设置为垂直于屏幕。

3.6.2 创建基准坐标系

创建基准坐标系时,只需要确定一个原点和两个坐标轴即可,坐标系被命名为 CS0、CS1、CS2、CS3 等,并且以 X、Y、Z 表示,通常按照"先确定原点再定向"的原则创建坐标系,主要有以下 4 种创建方法。

1. 通过三个平面创建坐标系

通过该方式创建坐标系时,三个平面的交点确定坐标系的原点位置,选取第一个平面的法向方向指定 X 轴方向,第二个平面确定 Y 轴方向,第三个平面将坐标系定位。

案例 3-19 通过三个平面创建坐标系

❶ 在"文件"工具栏中单击"打开"按钮 ,打开素材 anli3_19 文件,如图 3-50 所示。

❷ 在"基准"工具栏中单击"坐标系"按钮 ,按住 Ctrl 键依次选取如图 3-51 所示的三个相交平面,其中 X 轴垂直于选取的第一个平面 RINGHT,Y 轴垂直于选取的第二个平面 TOP,Z 轴垂直于选取的第三个平面。

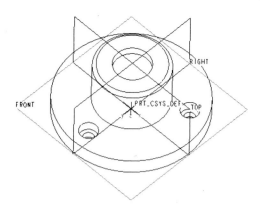

图 3-50 创建坐标系示例

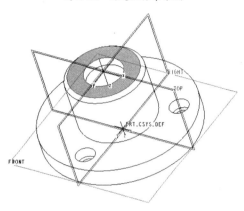

图 3-51 选取相交平面

❸ 如图 3-52 所示,单击"坐标系"对话框中的"确定"按钮,即可完成坐标系的创建,结果如图 3-53 所示。

图 3-52 "坐标系"对话框

2. 通过一点两轴创建坐标系

该方式是在绘图区选取坐标系原点和任意两个轴向,然后根据"右手定则"确定第三个轴向,从而创建基准坐标系。

案例 3-20　通过一点两轴创建坐标系

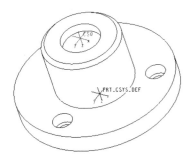

图 3-53　创建坐标系

❶ 在"文件"工具栏中单击"打开"按钮 ，打开素材 anli3_20 文件，如图 3-54 所示。

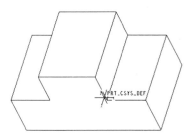

图 3-54　创建坐标系实例

❷ 在"基准"工具栏中单击"坐标系"按钮 ，单击鼠标左键选取如图 3-55 所示的点作为创建新坐标系的原点，如图 3-56 所示。

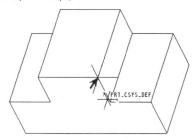

图 3-55　选取坐标系原点

图 3-56　"原始"选项卡

❸ 在"坐标系"对话框中单击"定向"选项卡，选择如图 3-57 所示的边来确定 X 轴轴向，并单击"反向"按钮，如图 3-58 所示。

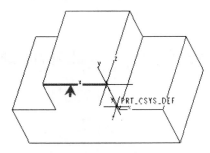

图 3-57　选取参照

图 3-58　"定向"选项卡

❹ 选择如图 3-59 所示的边来确定 Y 轴向，如图 3-60 所示，再单击该对话框中的"确定"按钮，即可完成基准坐标系的创建，结果如图 3-61 所示。

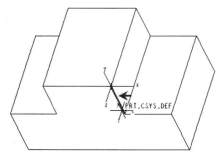

图 3-59　选取参照

3.　通过两轴线创建坐标系

该方式是在绘图区选择两个基准轴、实体边或曲线来创建基准坐标系，其中相交点或最短距离处被确定为原点，原点落在所选择的第一条直线上。

案例 3-21　通过两轴线创建坐标系

❶ 在"文件"工具栏中单击"打开"按钮 ，打开素材

anli3_20 文件，如图 3-62 所示。

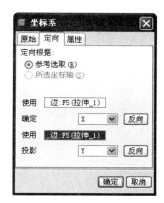

图 3-60 "定向"选项卡

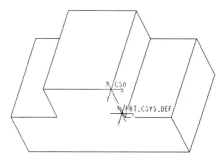

图 3-61 创建基准坐标系

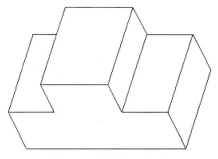

图 3-62 创建坐标系示例

❷ 在"基准"工具栏中单击"坐标系"按钮，按住 Ctrl 键选取如图 3-63 所示的边来确定坐标系的原点，如图 3-64 所示。

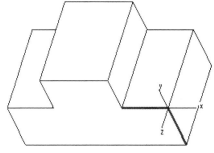

图 3-63 选取坐标系原点

❸ 在"坐标系"对话框中单击"定向"选项卡，单击"X"

轴选项右侧的"反向"按钮，如图 3-65 所示。

图 3-64 选取参照

图 3-65 设置 X 轴方向

❹ 单击该对话框中的"确定"按钮，即可完成基准坐标系的创建，结果如图 3-66 所示。

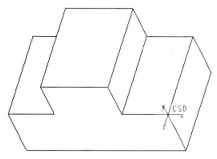

图 3-66 创建基准坐标系

4. 通过偏移和旋转创建坐标系

在 Pro/E 中，用户可以通过已存在的坐标系为参照来创建新的坐标系，根据对已存在坐标系的操作方式，可以分为偏移和旋转两种方法。

案例 3-22 通过偏移和旋转创建坐标系

❶ 在"文件"工具栏中单击"打开"按钮，打开素材

anli3_22 文件，如图 3-67 所示。

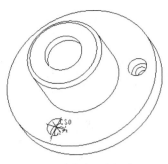

图 3-67 创建基准坐标系示例

❷ 在"基准"工具栏中单击"坐标系"按钮 ⊠，在绘图区内选取坐标系 CS0，然后在 Y 轴文本框中输入 -30，Z 轴文本框中输入 -30，如图 3-68 所示。单击"确定"按钮，即可创建基准坐标系，结果如图 3-69 所示。

图 3-68 "坐标系"对话框

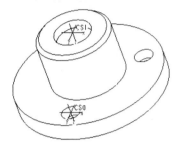

图 3-69 创建坐标系

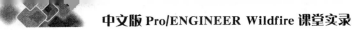

3.7 经典实例

基准特征主要用来辅助建立三维模型，在实际设计中合理、巧妙地应用基准特征可以使一些复杂的三维零件的建模工作变得直观而简单。下面将用实例来讲解基准特征的应用。

3.7.1 创建管道接口

如图 3-70 所示为管道接口模型，通过拉伸创建管道接口底板，再创建基准平面，然后在基准平面上创建管道接口的连接圆柱，最后通过创建孔工具来创建圆柱通孔。

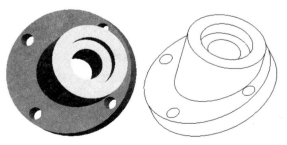

图 3-70 管道接口

具体的创建步骤如下。

❶ 在"文件"工具栏中单击"新建"按钮 □，系统弹出"新建"对话框，在"类型"选项区中选择"零件"选项，

在"子类型"选项区中选择"实体"选项，接着在"名称"文本框中输入 3_7_1gdjk，再取消"使用缺省模板"选项前面的复选框，如图 3-71 所示，最后单击"确定"按钮。

图 3-71 "新建"对话框

❷ 此时系统弹出"新文件选项"对话框，选择模板类型为"mmns_part_solid"，如图 3-72 所示。单击"确定"按钮，系统进入零件模块工作界面。

❸ 在工具栏中单击"拉伸"按钮，系统弹出"拉伸"操控板，在操板中单击"放置"按钮，系统弹出"放置"面板，如图 3-73 所示。

图 3-72 "新文件选项"对话框

图 3-73 "拉伸"操控板

❹ 在"放置"面板中单击"定义"按钮，系统弹出"草绘"对话框，根据系统提示，选择基准平面TOP作为草绘平面，如图 3-74 所示，单击"草绘"按钮。

图 3-74 设置草绘平面

❺ 系统进入草绘工作界面。在"草绘"工具栏中单击"圆心和点"按钮 ⊙，绘制拉伸截面，如图 3-75 所示，单击工具栏中的"确定"按钮 ✓。

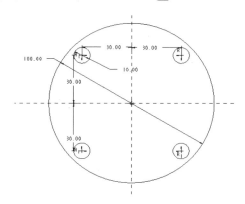

图 3-75 绘制草绘截面

❻ 在操控板中输入"拉伸深度"为 15，拉伸方向向

上，如图 3-76 所示。单击操控板中的"确定"按钮 ✓，结果如图 3-77 所示。

图 3-76 设置拉伸深度

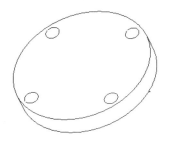

图 3-77 创建连接底板

❼ 在"基准"工具栏中单击"轴"按钮 ⁄，系统弹出"基准轴"对话框，并提示"选取2个参照以放置轴"。

❽ 根据系统提示，按住 Ctrl 键在绘图区内选取基准平面 TOP 和 RIGHT 作为创建基准轴的参照平面，如图 3-78 所示。单击"基准轴"对话框中的"确定"按钮，完成基准轴 A_6 的创建，结果如图 3-79 所示。

图 3-78 "基准轴"对话框

❾ 在"基准"工具栏中单击"平面"按钮 ▱，系统弹出"基准平面"对话框，并提示"选取3个参照放置平面"。

❿ 根据系统提示，按住 Ctrl 键在绘图区内选取 A_6 轴和基准平面 TOP，设置旋转角度为 30，如图 3-80 所示。单击"确定"按钮，完成基准平面 DTM1 的创建，如图 3-81 所示。

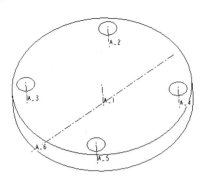

图 3-79　创建基准轴

图 3-80　"基准平面"对话框

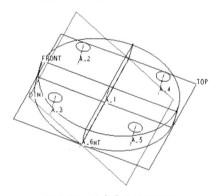

图 3-81　创建基准面 DTM1

出"草绘"对话框，根据系统提示，选择基准平面
DTM2 作为草绘平面，如图 3-86 所示，单击"草
绘"按钮。

图 3-82　"基准平面"对话框

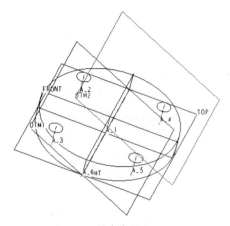

图 3-83　创建基准面 DTM2

图 3-84　"基准平面"对话框

❶❶ 平移基准平面 DTM1。在"基准"工具栏中单
击"平面"按钮，然后在绘图区域选取基准平面
DTM1 作为参照，设置"偏移距离"为 50，如图
3-82 所示，单击"确定"按钮，完成基准平面 DTM2
的创建，如图 3-83 所示。

❶❷ 在"基准"工具栏中单击"平面"按钮，
根据系统提示，按住 Ctrl 键在绘图区内选取 A_6
轴和基准平面 DTM1，设置"旋转角度"为 90，
如图 3-84 所示。单击"确定"按钮，结果如图
3-85 所示。

❶❸ 在工具栏中单击"拉伸"按钮，系统弹出"拉
伸"操控板，在操控板中单击"放置"按钮，系统
弹出"放置"面板。

❶❹ 在"放置"面板中单击"定义"按钮，系统弹

❶❺ 系统进入草绘工作界面。在"草绘"工具栏中单
击"圆心和点"按钮，绘制拉伸截面，如图 3-87 所
示，单击工具栏中的"确定"按钮。

❶❻ 在操控板中单击"选项"按钮，在弹出的面板
中设置拉伸类型为"到选定的"，并选取圆柱形
连接底板的上表面作为拉伸截止面，如图 3-88 所
示。单击操控板中的"确定"按钮，结果如图 3-89
所示。

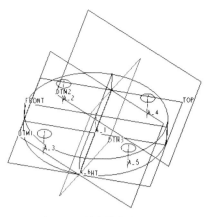

图 3-85 创建基准面 DTM3

图 3-86 "草绘"对话框

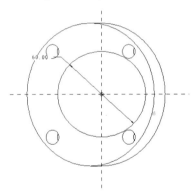

图 3-87 绘制草绘截面

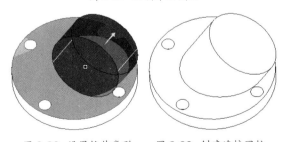

图 3-88 设置拉伸类型　　图 3-89 创建连接圆柱

❶❼ 在"编辑特征"工具栏中单击"孔"按钮，系统弹出"孔"操控板，根据系统提示，选取如图 3-90 所示的曲面和轴 A_7，设置"圆孔直径"为 25，在"拉伸孔类型"下拉列表中，选择"钻孔至与所有曲面相交"

选项。单击操控板中的"确定"按钮，结果如图 3-91 所示。

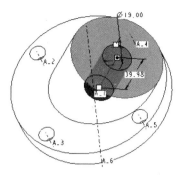

图 3-90 选取参照

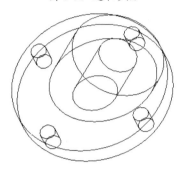

图 3-91 创建连接圆柱孔

❶❽ 采用同样的方法，选取如图 3-92 所示的曲面和轴 A_7，设置"圆孔直径"为 40，"拉伸深度"为 10。单击"确定"按钮，结果如图 3-93 所示。

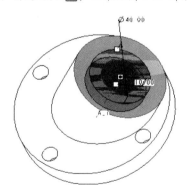

图 3-92 选取参照

图 3-93 创建连接圆柱孔

3.7.2 创建机械锁销

本实例将创建机械锁销实体模型，如图 3-94 所示。创建该机械锁销实体零件，主要利用"旋转"、"拉伸"、"基准平面"，以及"基准轴"工具。

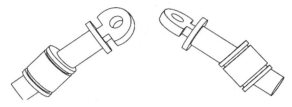

图 3-94 机械锁销实体模型

具体创建步骤如下。

❶ 单击"新建"按钮，新建名为 3_7_2jixiesuoxiao 的零件文件，进入零件设计环境。单击"旋转"按钮，打开"旋转"操控板。单击"放置"→"定义"按钮，选择 TOP 平面作为草绘平面，绘制封闭的旋转截面，如图 3-95 所示。

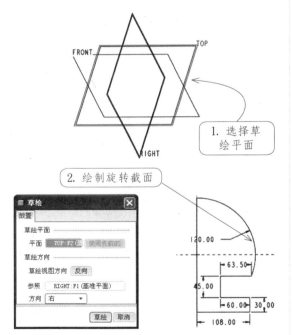

图 3-95 绘制旋转截面

❷ 单击"完成"按钮，返回"旋转"操控板，单击"确定"按钮，完成旋转特征的创建，如图 3-96 所示。

图 3-96 创建旋转特征

❸ 单击"拉伸"按钮，打开"拉伸"操控板，单击"放置"→"定义"按钮，打开"草绘"对话框。选择如图 3-97 所示的平面为草绘平面，绘制拉伸截面。

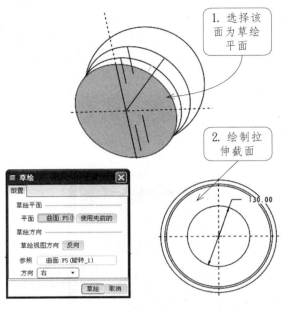

图 3-97 绘制拉伸截面

❹ 单击"完成"按钮，返回"拉伸"操控板，定义"拉伸深度"为 550，单击"确认"按钮，完成拉伸特征的创建，如图 3-98 所示。

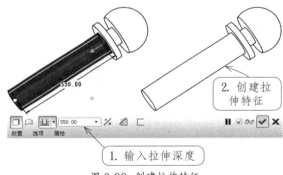

图 3-98 创建拉伸特征

❺ 单击"平面"按钮，打开"基准平面"对话框，选择 FRONT 平面作为参照，输入偏移值为 450，单击"确定"按钮，完成基准平面的创建，如图 3-99 所示。

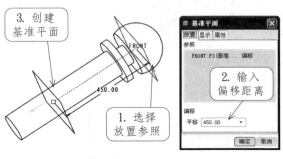

图 3-99 创建基准平面 DTM1

❻ 单击"基准轴"按钮，打开"基准轴"对话框，按住 Ctrl 键，在绘图区中选取 DTM1 基准平面和 RIGHT 基准平面作为参照创建基准轴，如图 3-100 所示。

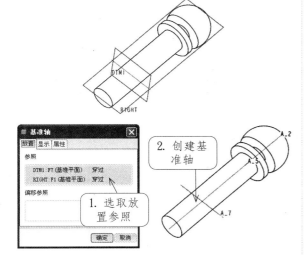

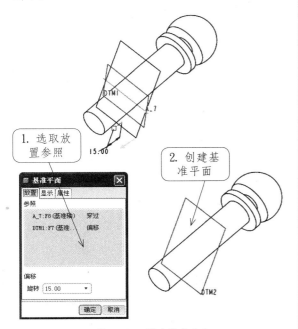

图 3-100　创建基准轴

❼ 单击"平面"按钮，打开"基准平面"对话框，选择刚创建的基准轴 A_7 和 DTM1 平面作为参照，输入"旋转角度"为 15，创建基准平面 DTM2，如图 3-101 所示。

图 3-101　创建基准平面

❽ 单击"拉伸"按钮 ，打开"拉伸"操控板，单击"放置"→"定义"按钮，打开"草绘"对话框。选择 DTM2 平面作为草绘平面，绘制拉伸截面，单击"完成"按钮 ，返回"拉伸"操控板。设置拉伸深度类型为"对称" ，输入"拉伸深度"为 220，单击"确定"按钮 ，创建拉伸特征，如图 3-102 所示。

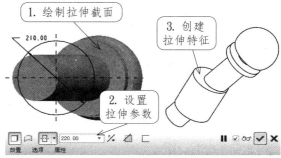

图 3-102　创建拉伸特征

❾ 单击"平面"按钮，打开"基准平面"对话框，选择 DTM2 平面作为参照，输入偏移值为 80，单击"确定"按钮，创建基准平面 DTM3，如图 3-103 所示。

图 3-103　创建基准平面 DTM3

❿ 选取刚创建的 DTM3 平面，单击"镜像"按钮 ，打开"镜像"操控板，选取 DTM2 平面作为镜像平面，单击"确定"按钮 ，创建平面 DTM4，如图 3-104 所示。

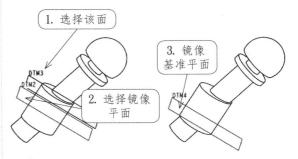

图 3-104　镜像复制基准平面

⓫ 单击"拉伸"按钮 ，打开"拉伸"操控板，单击"放置"→"定义"按钮，选择 DTM3 平面作为草绘平面，进

入草绘环境，绘制拉伸截面，单击"完成"按钮，返回"拉伸"操控板，设置深度类型为"对称"，输入"拉伸深度"为14，单击"加厚草绘"按钮，输入厚度值为15，并单击"去除材料"按钮，单击"确定"按钮，创建拉伸特征，如图3-105所示。

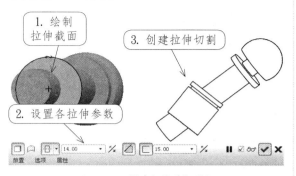

图 3-105　创建拉伸剪切特征

❶❷采用同样的方法，以DTM4平面作为草绘平面，创建拉伸特征，如图3-106所示。

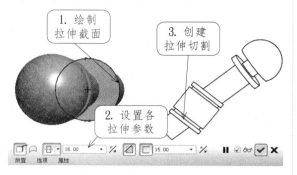

图 3-106　创建拉伸剪切特征

❶❸再次单击"拉伸"按钮，打开"拉伸"操控板，单击"放置"→"定义"按钮，选择TOP平面作为草绘平面，进入草绘环境。绘制拉伸截面，单击"完成"按钮，返

回"拉伸"操控板，选择"对称"形式，输入"深度"为260，单击"去除材料"按钮，单击"确定"按钮，创建拉伸特征，如图3-107所示。

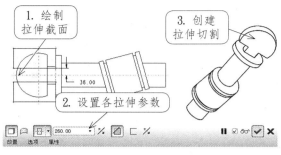

图 3-107　创建拉伸切除特征

❶❹继续单击"拉伸"按钮，打开"拉伸"操控板，单击"放置"→"定义"按钮，选择刚拉伸剪切的表面为草绘平面，绘制"拉伸"截面，单击"完成"按钮，返回"拉伸"操控板，设置拉伸深度类型为"穿透"，单击"去除材料"按钮，单击"确定"按钮，创建拉伸剪切特征，如图3-108所示。至此完成整个机械锁销零件的创建。

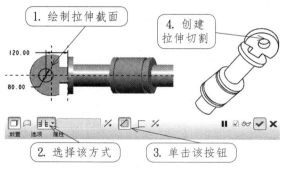

图 3-108　创建拉伸剪切特征

3.8　课后练习

3.8.1　创建阶梯轴零件

利用本章所学的基准命令与简单的旋转操作，创建如图3-109所示的阶梯轴。

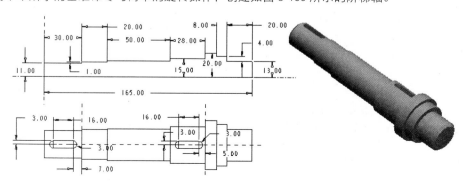

图 3-109　阶梯轴零件

操作提示

❶ 绘制截面草图。单击"草绘"按钮 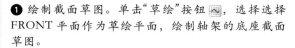，选择选择 TOP 平面作为草绘平面，绘制封闭的旋转截面。

❷ 创建回转体。单击"旋转"按钮 ，打开"旋转"操控板，选择上一步绘制的截面。

❸ 创建基准平面。单击"平面"按钮 ，选择 FRONT 平面作为参照，设置偏移距离为 11 和 15。

❹ 创建拉伸体。单击"拉伸"按钮 ，选择上一步创建的基准平面为放置平面，绘制键槽的截面草图，并进行拉伸修剪。

❺ 同理创建第二个键槽。

3.8.2 创建轴架模型零件

利用本章所学的基准命令与简单的拉伸操作，创建如图 3-110 所示的轴架，尺寸自定。

图 3-110 轴架零件模型

操作提示

❶ 绘制截面草图。单击"草绘"按钮 ，选择选择 FRONT 平面作为草绘平面，绘制轴架的底座截面草图。

❷ 创建拉伸体。单击"拉伸"按钮 ，打开"拉伸"操控板，选择上一步绘制的截面，创建底座。

❸ 创建底座上孔。同样应用拉伸工具，选择"除料"选项，创建底座上的两个孔。

❹ 创建拉伸体。单击"拉伸"按钮 ，绘制轴架的连接部分截面，应用对称拉伸的方法创建连接部分。

❺ 创建拉伸体。单击"拉伸"按钮 ，绘制一个截面圆，应用两侧拉伸的方法创建圆柱体部分。

第④课 基础特征

基础特征

基础特征也称作"基本特征"，此类特征是构建空间实体或曲面的最基本元素，相当于零件模型的初始胚件，它一般是通过对草绘剖截面的拉伸、旋转、扫描等操作生成的。通常情况下，设计者都是使用这些特征来创建零件的基本形状，然后再为其添加较为复杂的特征，从而生成整个零件模型的。

在 Pro/E 5.0 中，基础特征主要包括拉伸特征、旋转特征、扫描特征和混合特征4种。本章主要介绍各种基础特征的概念、特征工具的使用方法等相关知识，结合零件的具体造型，详细讲解基础特征的创建方法。

本课知识:

◆ 特征的概念
◆ 拉伸特征的创建方法
◆ 旋转特征的创建方法

◆ 扫描特征的创建方法
◆ 混合特征的创建方法

4.1 特征概述

Pro/E 是一款基于特征的实体建模软件，它利用每次独立创建一个模型的方式来创建整体模型，也就是说特征是组成实体模型的基本单元，所有模型的设计都是从构建特征开始的，它在构建模型实体的同时，还具有反映模型信息、调整特征之间的关系等功能。

在 Pro/E 中，特征不仅包括拉伸、旋转等基础特征，还包括抽壳、拔模、倒圆角等工程特征，同时还包括作为辅助几何元素的基准特征，以及具有扭曲、折弯、雕刻等功能的高级造型特征。因此，在 Pro/E 中，特征是一个广义的概念范畴，它对于实体建模起着决定性的作用。

根据特征的生成方式及应用特点，可以将其分为实体特征和虚拟特征两大类。

1. 实体特征

此类特征具有实际的体积和质量，是形成模型的主体。它可以通过增加材料或去除材料的方法获得。依据成型的方法，它又可以分为基础特征和点放特征。

■ 基础特征

基础特征是所有基本实体的构成基础，此类特征也是本章要详细介绍的特征类型。它主要包括拉伸、旋转、扫描、混合等造型方法，也是零件的主要轮廓特征，可以通过不同的造型方法，直接创建出具有零件基础轮廓的特征，如图 4-1 所示。

■ 点放特征

点放特征是通过指定特征的类型和放置位置，

并赋予必要的尺寸参数而形成的特征，它主要包括直孔、边的倒圆角、边的倒角和抽壳4种类型。其中，抽壳的效果如图 4-2 所示。

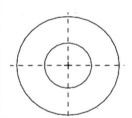

图 4-1 拉伸基础特征

图 4-2 点放抽壳特征

2. 虚拟特征

此类特征是零件构建过程中所需要的参考，相当于几何学中的辅助点、线或者面。它主要由基准特征、曲面特征和修饰特征组成，而其中的基准特征又包括：基准平面、基准轴、基准点、基准坐标系和基准曲线等。曲面特征主要用于实体模型构建的参考，而修饰特征主要用于实体必要的修饰，以达到理想的设计效果。

4.2 拉伸特征

拉伸特征是指将草绘截面沿着草绘平面的法向方向，单侧或者双侧拉伸形成的特征。在工程实战中，拉伸操作是最简单、最常用的一种造型方法，多数零件造型、工业用品等模型都可以看作是多个拉伸特征相互叠加和切除的结果。

4.2.1 拉伸操控板

在 Pro/E 中，利用"拉伸"工具不仅可以创建实心实体、曲面和薄壁实体 3 种类型特征，还可以向模型中添加材料、切除材料或内部减去材料。而对于任何一种拉伸特征类型，都可以构建成实体的重要特征部分。因此，对于创建实体模型的基础特征，拉伸特征的应用非常广泛。

在建模环境中，在主菜单栏中选择"插入"→"拉伸"命令，或直接在"基础特征"工具栏中单击"拉伸"按钮 ，系统将弹出"拉伸"操控板，如图4-3所示，该操控板中各选项含义说明如下。

图 4-3　"拉伸"操控板

1. 功能按钮介绍

▷ □：拉伸为实体。

▷ ◻：拉伸为曲面。

▷ ⊏：加厚草绘。

▷ ◢：去除材料。

▷ ％：调整拉伸方向。

▷ ⊥：从草绘平面，以指定的深度值拉伸。

▷ ⊟：在草绘平面的两侧各将剖面拉伸为设定距离的一半。

▷ ⊫：将截面拉伸至下一个曲面。

▷ ⊯：拉伸至与所有曲面相交，即穿透所有。

▷ ⊨：拉伸至与选定的曲面相交。

▷ ⊞：拉伸至选定的点、曲线、平面或曲面。

2. "属性"选项

在"属性"面板中不仅可以重新定义拉伸特征

的名称，还可以通过单击"显示此特征的信息"按钮 ，打开"信息"窗口，在该窗口中可以查看该拉伸特征的依附草图平面、特征参数、材料，以及方向等信息。

另外，在"特征控制"面板中还可以通过单击"暂停"按钮 ，暂停当前操作，以执行其他对象操作；单击"预览"按钮 ，可以预览当前特征的生成效果；单击"确定"按钮 ，应用并确定对象执行的特征操作或编辑修改；单击"取消"按钮 ，可以取消特征的创建或重定义。

4.2.2 创建拉伸特征

创建拉伸特征的一般流程如下。

❶ 定义拉伸草绘截面。

❷ 指定拉伸深度。

❸ 设置"拉伸操控"面板上的其他参数。

下面详细讲解拉伸特征的创建步骤及方法。

1. 定义拉伸草图截面

定义草绘平面是定义拉伸特征草绘截面的基础。草绘平面可以是系统默认或创建的基准平面，也可以是实体模型的表面。

在"拉伸"操控板中单击"放置"按钮，系统弹出"放置"面板，在该面板中单击"定义"按钮，系统弹出"草绘"对话框，选取草绘平面，如图4-4所示，再单击"草绘"按钮，即可完成草绘平面的定义。

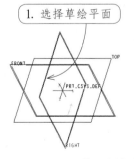

图 4-4　定义草绘平面

2. 设置拉伸深度

通过设置拉伸深度，可以使模型尽可能实现参数化驱动。在 Pro/E 中，系统提供了 6 种不同的拉伸深度类型，分别为盲孔、对称、到下一个、穿透、穿至和到选定的。

在"拉伸"操控板中单击"盲孔"按钮 ⚊⚊
右侧的扩展按钮，或单击"选项"面板中的"第
一侧"右侧的扩展按钮，即可弹出盲孔、对称、
到下一个、穿透、穿至和到选定的 6 种截止方式
的级联菜单。

■ **盲孔** ⚊⚊

该类型是最常用的一种深度设置方式，也是系
统默认的方式。利用该方式需要用户设置一个数值
来指定拉伸的深度，以拉伸截面所在平面的一侧或
两侧为拉伸方向，创建出拉伸特征。

绘制完草绘截面后，在"拉伸"操控板中单击
"选项"按钮，系统弹出"选项"面板，在该面板
中的"第1侧"和"第2侧"下拉列表中选择该类型，
并设置相应的拉伸深度值，如图 4-5 所示。

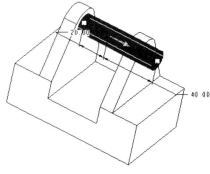

图 4-5 利用"盲孔"方式设置深度

■ **对称** ⬚

该类型是按指定的深度值为拉伸深度总值，以
拉伸截面所在平面为对称面，向其两侧沿该平面的
法向方向对称拉伸的一种方式。

绘制完草绘截面后，在"拉伸"操控板中单击"盲
孔"按钮 ⚊⚊ 右侧的扩展按钮，选择"对称拉伸" ⬚
或直接单击"选项"按钮，在弹出的"选项"面板
中单击"第1侧"选项右侧的下拉按钮中，选择该
类型，再指定拉伸深度值，如图 4-6 所示。

■ **到下一个** ⚊⚊

该类型是指将拉伸草绘截面沿着拉伸方向碰到
的第一个表面作为拉伸截止面，创建出拉伸特征，
其中草绘轮廓不能超出终止模型表面的边界。

绘制完草绘截面后，在"拉伸"操控板中单击"盲
孔"按钮 ⚊⚊ 右侧的扩展按钮，或直接单击"选项"
按钮，在弹出的"选项"面板中单击"第1侧"选
项右侧的三角下拉按钮，选择该类型，如图 4-7 所示。

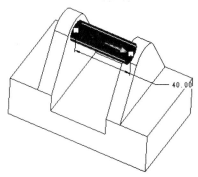

图 4-6 利用"对称"方式设置深度

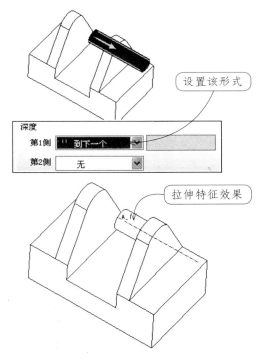

图 4-7 以"到下一个"方式设定拉伸深度

■ **穿透** ⚊⚊

该类型是指将拉伸截面穿越拉伸方向上的所有
曲面，并创建出拉伸特征。一般用于创建拉伸剪切
特征。

绘制完草绘截面后，在"拉伸"操控板中单击"盲
孔"按钮 ⚊⚊ 右侧的扩展按钮，或直接单击"选项"按
钮，在弹出的"选项"面板中单击"第1侧"选项右侧的
三角下拉按钮，选择"穿透"类型，如图 4-8 所示。

■ **穿至** ⚊⚊

利用该方式创建拉伸实体时，能够以指定实体

的表面为截止面的方式定义拉伸深度，创建出所指定截止面之间的拉伸实体。

　　绘制完草绘截面后，在"拉伸"操控板中单击"盲孔"按钮右侧的扩展按钮，或直接单击"选项"按钮，在弹出的"选项"面板中单击"第 1 侧"选项右侧的三角下拉按钮，选择该类型，根据系统提示选取终止面，如图 4-9 所示。

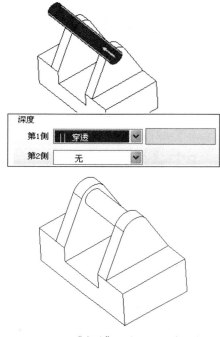

图 4-8 以"穿透"方式设置拉伸深度

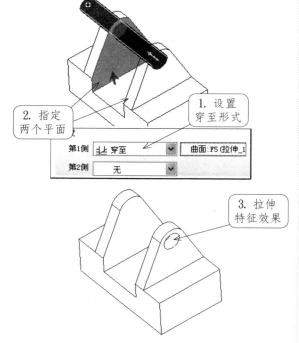

图 4-9 "穿至"方式设置拉伸深度

■ 到选定项

　　利用该类型创建拉伸特征的方法与上面介绍的"穿至"方式非常相似。该类型是以选取的点、曲线或曲面为终止参照，从而限制拉伸的深度。

　　绘制完草绘截面后，在"拉伸"操控板中单击"选项"按钮，系统弹出"选项"面板，在该面板中的"第 1 侧"下列列表中选择该类型，并选取相应的参照对象，如图 4-10 所示。

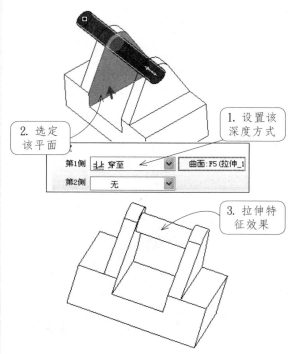

图 4-10 以"到选定项"方式设置拉伸深度

3. 调整拉伸方向

　　创建拉伸特征时，在图形中出现的黄色箭头，表示拉伸的方向。单击该箭头或在操作面板上单击"反向"按钮，即可调整拉伸特征的生成方向，如图 4-11 所示。

提示：

这里还可以通过输入拉伸深度正、负值的方式，改变拉伸特征的生成方向。输入正值时，生成的方向与箭头的指向一致；负值时，与箭头方向相反。

4.2.3 拉伸特征类型

　　在 Pro/E 中，利用"拉伸"工具可以创建出具有简单、规则形状特点的实体、曲面或薄壁 3 种类型特征。此类特征既可以基于草绘截面创建特征，又可以在原有特征基础上创建叠加或修剪特征。下面用实例方式详细介绍各类特征的创建方法和注意事项。

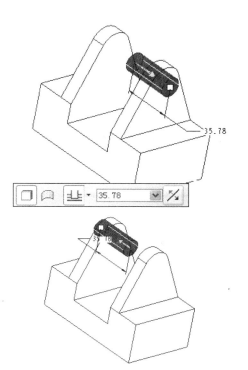

图 4-11 调整拉伸方向

1. 创建拉伸实体特征

案例
4-1 创建拉伸实体特征

❶ 在"文件"工具栏中单击"新建"按钮□，系统弹出"新建"对话框，在"类型"选项区中选择"零件"选项，在"子类型"选项区中选择"实体"选项，接着在"名称"文本框中输入 anli4_1，再取消"使用缺省模板"选项前面的复选框，如图 4-12 所示，单击"确定"按钮。

图 4-12 "新建"对话框

❷ 接着系统弹出"新文件选项"对话框，选择模板类型为 mmns_part_solid，如图 4-13 所示，再单击"确定"按钮，系统进入零件模块工作界面。

图 4-13 "新文件选项"对话框

❸ 在主菜单中选择"插入"→"拉伸"命令，或直接在"基础特征"工具栏中单击"拉伸"按钮 ，系统弹出"拉伸"操控板，并提示"选取一个草绘"，如图 4-14 所示。

图 4-14 "拉伸"操控板

❹ 在该操控板中单击"放置"按钮，系统弹出"放置"面板，如图 4-15 所示，在"该面板中单击"定义"按钮，系统弹出"草绘"对话框，如图 4-16 所示。

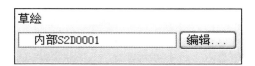

图 4-15 "放置"面板

图 4-16 "草绘"对话框

❺ 根据系统提示"选取一个平面或曲面定义草绘平面"，选择基准面 FRONT 作为草绘平面，如图 4-17 所示，再单击该对话框中的"草绘"按钮，系统进入草绘工作环境，如图 4-18 所示。

❻ 在"草绘"工具栏中单击"直线"按钮 和"圆弧"按钮 ，绘制拉伸截面，如图 4-19 所示。

图 4-17 设置草绘平面

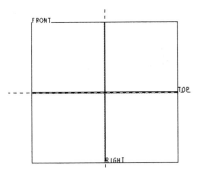

图 4-18 草绘环境

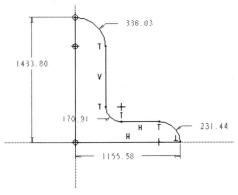

图 4-19 草绘拉抻截面

❼ 框选拉伸截面的所有尺寸，再单击"修改"按钮 囝，系统弹出"修改尺寸"对话框，取消该对话框中"再生"选项前面的复选框，并输入修改的尺寸值，如图 4-20 所示。单击该对话框中的"确定"按钮 ☑，结果如图 4-21 所示。

❽ 绘制完草绘截面后，在工具栏中单击"完成"按钮 ☑，退出草绘模式，返回到"拉伸"操控板。

❾ 在操控板中单击"盲孔"按钮 ➌ 右边的三角下拉按钮，在弹出的下拉列表中选择"对称"选项 ⊟，并在"拉伸深度"文本框中输入 100，如图 4-22 所示。

❿ 设置完拉伸系数后，在操控板中单击"确定"按钮 ☑，即可完成拉伸特征的创建，结果如图 4-23 所示。

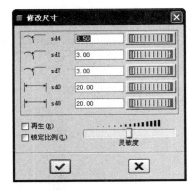

图 4-20 "修改尺寸"对话框

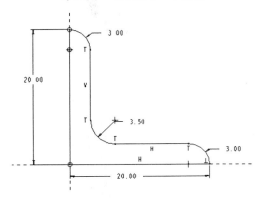

图 4-21 修改结果

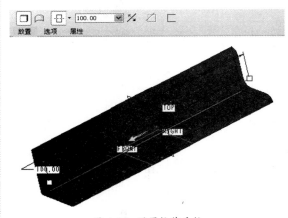

图 4-22 设置拉伸系数

2. 创建拉伸曲面特征

曲面特征常用作其他特征的辅助特征。利用"拉伸"工具可以创建具有拉伸草绘截面形状，以截面所在平面的法向方向为延伸方向的简单曲面特征，如图 4-24 所示。拉伸曲面特征与后面介绍的曲面特征不同，它具有实体的大小和质量。拉伸曲面特征将在第 7 章中具体介绍，这里不再详细讲解。

3. 创建拉伸薄壁特征

拉伸薄壁特征具有实体的大小和质量，是实体特征的一种特殊类型。此类特征可以通过"拉伸"

控制面板中的"加厚草绘"工具创建。

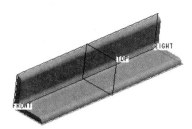

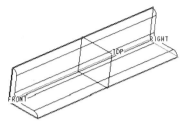

图 4-23 创建拉伸特征

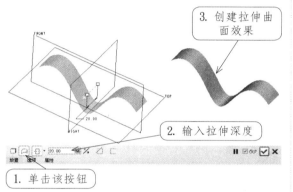

3. 创建拉伸曲面效果

2. 输入拉伸深度

1. 单击该按钮

图 4-24 创建拉伸曲面

创建薄壁特征的操作方法与前面介绍的拉伸实体方法基本相同，不同之处在于，在打开的"拉伸"操作面板中选择"实体"类型后，单击"加厚草绘"按钮 ⊏，并指定壁厚，然后定义草绘截面，即可创建薄壁特征，如图 4-25 所示。

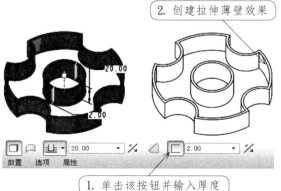

2. 创建拉伸薄壁效果

1. 单击该按钮并输入厚度

图 4-25 创建薄壁特征

4. 创建拉伸剪切特征

拉伸剪切特征也是利用拉伸的方法，将原有模型上的部分材料去除，从而产生新的造型。该特征是拉伸特征的一种类型，是依附于实体特征的子特征，只有在已有的实体特征基础上才可以执行剪切操作。

提示：

在操控板中，通过"加厚草绘"工具右侧的"方向"工具，可以切换壁厚生成的方向。在 Pro/E 5.0 中，共有向外、居中和向内 3 种生成方式，其中居中是默认的生成方向，它是对称生成薄壁特征的方式。

案例 4-2　创建拉伸修剪特征

❶ 单击工具栏上的"打开"按钮 ，打开素材库中的 anli4_2 文件。单击工具栏中的"拉伸"按钮 ，系统弹出"拉伸"操控板，在操控板中单击"放置"→"定义"按钮，选择如图 4-26 所示的平面作为草绘平面，单击"草绘"按钮进入草绘环境。

图 4-26 选取草绘平面

❷ 系统进入草绘工作环境，利用"圆"工具 ⭕ 绘制拉伸截面，如图 4-27 所示。

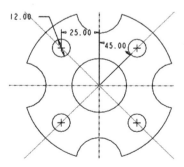

图 4-27 绘制同心圆

❸ 单击"完成"按钮 ✓，返回"拉伸"操控板。选择"穿透"方式 ，并单击"反向"按钮 ⅔ 修改拉伸方向，然后单击"去除材料"按钮 ，最后单击"确定"按钮 ，创建拉伸特征，如图 4-28 所示。

图 4-28 创建拉伸切除特征

提示：

拉伸剪切特征仅仅针对拉伸为实体特征的去除材料操作，它包括实心实体和薄壁特征 2 种类型。如果拉伸为曲面特征，将无法执行去除材料的操作。

4.3 旋转特征

旋转特征是在草绘截面周围围绕一条旋转中心线旋转生成的特征，该工具主要用于生成回转体类模型特征，如盘类、端盖、齿轮类零件。它与拉伸特征一样，可以创建实体、曲面、薄壁，以及旋转剪切 4 种类型。本节将详细介绍旋转特征的创建方法。

4.3.1 旋转操控板

在 Pro/E 中，利用"旋转"操作面板，可以指定用于旋转的草绘截面，并将该截面绕着中心轴按指定的旋转方向和角度旋转，形成旋转特征。利用该操作可以在模型中增加或去除材料，例如轴类零件上的轴肩或割槽特征，都可以通过旋转工具添加或去除材料操作获得。下面具体介绍旋转特征的操作面板。

在建模环境中，在主菜单栏中选择"插入"→"旋转"命令，或直接在"基础特征"工具栏中单击"旋转"按钮，系统将弹出"旋转"操控板，如图 4-29 所示，该操控板中各选项的含义说明如下。

图 4-29 "旋转"操控板

1. 功能按钮功能

▷ □：旋转为实体。

▷ ◢：旋转为曲面。

▷ ⊏：加厚草绘。

▷ ◢：去除材料。

▷ ％：调整旋转方向。

▷ ⊥⊥：从草绘平面以指定的角度值旋转。

▷ 日：在草绘平面的两个方向上以指定角度值的一半，在草绘平面的两侧旋转。

▷ ⊥⊥：旋转至选定的点、平面或曲面。

2. "属性"选项

在"属性"面板中不仅可以重新定义旋转特征的名称，还可以通过单击"显示此特征的信息"按钮 ⓘ，在该信息窗口中查看该旋转特征的依附草图平面、特征参数、材料，以及方向等信息。

另外，在特征控制面板中还可以通过单击"暂停"按钮 Ⅱ，暂停当前操作，以执行其他对象操作；单击"预览"按钮 ∞，可以预览当前特征的生成效果；单击"确认"按钮 ☑，应用并确定对象执行的特征操作或编辑修改；单击"取消"按钮，可以取消特征的创建或重定义。

4.3.2 旋转特征创建

旋转特征的创建步骤如下。

❶ 定义旋转面和旋转轴。

❷ 定义旋转角度。

❸ 设置旋转操控板上的其他参数。

下面将详细讲解旋转特征的创建步骤及其方法。

1. 定义旋转面和旋转轴

旋转面和旋转轴的定义与拉伸操作相同，不仅可以指定图中已有的草绘截面图形为旋转截面，还可以利用"位置"面板进入草绘环境，并绘制旋转草绘截面和旋转轴。

在"旋转"操控板中单击"位置"按钮，系统弹出"位置"面板。单击"定义"按钮，根据系统提示，选择草绘平面和草绘参照，然后单击"草绘"按钮，即可绘制旋转截面和旋转轴，其中，所绘制的旋转截面必须位于旋转轴的一侧，系统默认创建的第一条中心线为旋转轴，如图 4-30 所示。

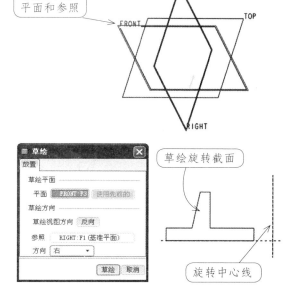

图 4-30 定义旋转截面和旋转轴

2. 指定旋转角度

定义旋转草图截面和旋转轴后，可以在"选项"面板，或"旋转"操控板上指定旋转角度的设置方式和角度，其中包括以下 3 种设置方式。

■ （变量）

该方式是最常用的一种角度设置方式，也是系统默认的方式，指定旋转草绘截面和旋转轴后，在特征操控板的文本框中，或在"选项"面板中设置角度值。即可使草绘截面单向旋转该角度创建的旋转特征，如图 4-31 所示。

■ （对称）

该方式能够以旋转草绘截面所在平面为中间平面，向平面的两侧旋转指定角度值的一半，创建旋转特征，如图 4-32 所示。

■ （到选定项）

该方式能够以选取的点、平面或基准平面为

终止参照，创建草绘截面至参照对象之间的旋转特征。

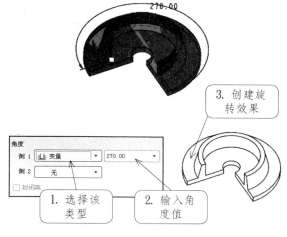

图 4-31 利用"变量"方式定义旋转角度

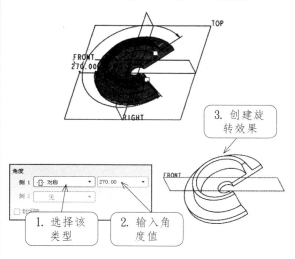

图 4-32 利用"对称"方式定义旋转角度

指定旋转类型及草绘平面后，在"选项"面板或"旋转"操控板中选择"倒选定项"选项，并在图中选取一个参照平面，单击"完成"按钮 ✓，创建出旋转特征，如图 4-33 所示。

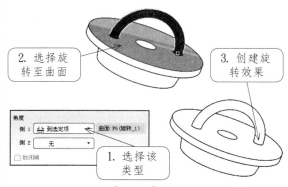

图 4-33 利用"旋转至"方式定义旋转角度

3. 调整旋转方向

创建旋转特征时，在图形中出现的双侧箭头，表示旋转的方向。单击该箭头或在操作面板中单击"反向"按钮 ⫽ ，即可调整旋转特征的生成方向。如图 4-34 所示。

图 4-34 改变方向对比图

4.3.3 旋转特征类型

旋转特征与前面介绍的拉伸特征的创建方法基本相同，都需要先指定草绘截面，再设置旋转方式和角度，并创建旋转特征。利用"旋转"工具同样可以创建实体、曲面、薄壁及剪切 4 种类型的特征。下面分别讲述各种类型旋转特征的创建方法，以便熟练掌握旋转工具的使用方法。

1. 创建旋转实体特征

下面以如图 4-35 所示的模型为例，具体讲解旋转实体特征的创建方法。

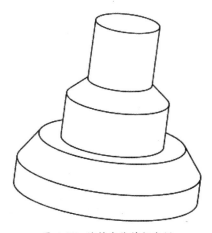

图 4-35 旋转实体特征实例

案例 4-3 创建旋转实体特征

■ **设置工作目录及新建文件**

❶ 在主菜单栏中选择"文件"→"设置工作目录"命令，然后在打开的"选取工作目录"对话框中设置工作目录文件夹，最后单击"确定"按钮。

❷ 在菜单栏中单击"新建"按钮 ，打开"新建"对话框，在类型选项中选择"零件"选项，输入文件名 anli4_3，去掉"使用缺省模板"复选框的勾选，然后选择 mmns_part_solid 模板。单击"确定"按钮，进入建模工作界面，如图 4-36 所示。

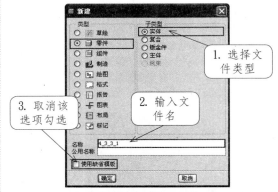

图 4-36 新建文件

■ **创建旋转特征**

❸ 在主菜单中选择"插入"→"旋转"命令，或直接在"基础特征"工具栏中单击"旋转"按钮 ，系统弹出"旋转"操控板，此时在信息栏中提示"选取一个草绘"，单击操控板上的"放置"→"定义"按钮，选择 FRONT 平面作为草绘平面，进入草绘环境，如图 4-37 所示。

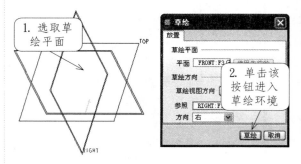

图 4-37 定义草绘平面

❹ 在"草绘"工具栏中单击"中心线"按钮 ，绘制第一条中心线作为旋转轴。依次绘制出如图 4-38 所示的旋转截面，单击"完成"按钮 。

❺ 返回到"旋转"操控板,在其中输入360,并单击"确定"按钮 ☑,结果如图4-39所示。

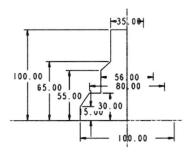

图 4-38 旋转草绘截面

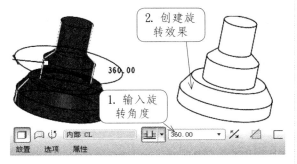

图 4-39 创建旋转实体特征

2. 创建旋转薄壁和曲面特征

在绘制截面草图之前,如果单击"曲面"按钮 🔲,则创建为曲面特征;单击"实体"按钮 🔲 后,单击"加厚草绘"按钮 🔲,则创建为实体薄壁特征,效果如图4-40所示。

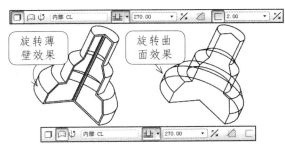

图 4-40 创建薄壁和曲面特征

3. 创建旋转切除特征

创建旋转切除特征的方法与旋转实体特征的方法基本相同,下面以一个实例的方式来具体讲解其创建方法。

❶ 单击"打开"按钮 📂,打开素材库中的anli4_3模型文件。单击工具栏中的"旋转"按钮 🔹,打出"旋转"操控板。单击"放置"→"定义"按钮,选择FRONT平面作为草绘平面,单击"草绘"对话框中的"草绘"按钮,进入草绘环境,如图4-41所示。

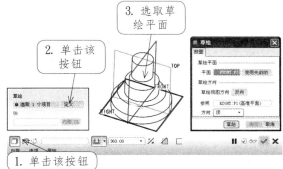

图 4-41 选择草绘平面

❷ 在"草绘"工具栏中单击"中心线"按钮 ┆,绘制第一条中心线作为旋转轴,然后依次绘制出如图4-42所示的旋转截面。

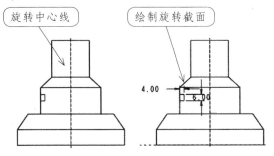

图 4-42 绘制旋转截面

❸ 单击"完成"按钮 ✔,返回到"旋转"操控板,单击"去除材料"按钮 🔳 后,单击"确定"按钮 ☑,完成旋转曲面特征的创建。如图4-43所示。

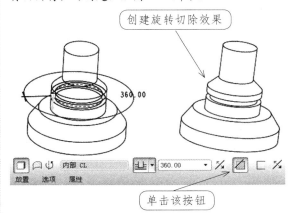

图 4-43 旋转切除特征的创建

4.4 扫描特征

扫描特征是将截面沿着选定的轨迹曲线掠过而生成的实体或曲面特征。创建该特征时,通常需要定义扫描轨迹线、扫描剪切、扫描特征剖截面等参数因素。此外,对于变截面扫描特征,还需要定义原点轨迹、辅助轨迹等参数。

4.4.1 扫描操控板

扫描特征可以看作拉伸特征的一种特殊形式,也可以看作剖截面沿着扫描轨迹线延伸生成的实体或曲面特征。它与拉伸特征相同,扫描特征包括实体、曲面及薄壁 3 种类型,区别在于此时的轨迹线是不确定的曲线,而且扫描的剖截面具有可变性。

要创建扫描特征,可以通过操控板和命令菜单两种方式创建。首先,单击"可变剖截面扫描"按钮 ,打开"扫描"操控板,如图 4-44 所示。

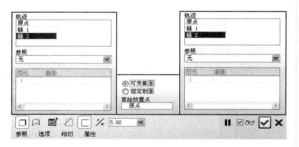

图 4-44 扫描操控板

■ 设置扫描轨迹

在"可变剖面扫描"操控板中单击"参照"按钮,系统弹出"参照"面板,该面板中的"轨迹"选取框自动处于激活状态,根据系统提示,按住 Ctrl 键在绘图区内选取曲线,从而指定原始轨迹曲线,以及辅助轨迹曲线,其中,选取的第一条参照曲线系统默认为原始轨迹曲线,如图 4-45 所示。

图 4-45 设置扫描轨迹

■ 设置扫描特征类型

在"可变剖面扫描"操控板中单击"实体" 或"曲面" 按钮,可以创建实体或曲面类型的扫描特征。单击"实体"按钮 ,并单击"加厚草绘"

按钮 可以创建薄壁实体特征,如图 4-46 所示。

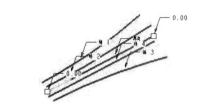

图 4-45 设置扫描轨迹

扫描实体效果 扫描曲面效果 扫描薄壁效果

图 4-46 设置扫描特征类型

■ 创建或编辑扫描剖面

在"可变剖面扫描"操控板中单击"创建或编辑扫描剖面"按钮 ,系统进入草绘工作环境。根据选取的特征类型,绘制的扫描截面可以是开放式和闭合式的,其中创建的扫描特征为实体或薄壁实体特征时,扫描截面必须是闭合式的,如图 4-47 所示。

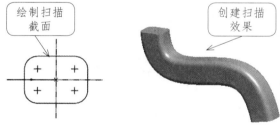

绘制扫描截面

创建扫描效果

图 4-47 绘制扫描截面并创建扫描特征

■ "选项"面板

在操控板中单击"选项"按钮,系统弹出"选项"面板。该面板可以定义生成扫描特征的方式,其中包括可变剖面和恒定剖面 2 种方式,如图 4-48 所示。

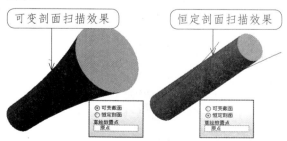

可变剖面扫描效果

恒定剖面扫描效果

图 4-48 恒定剖面扫描和可变剖面扫描效果

4.4.2 创建恒定剖面扫描

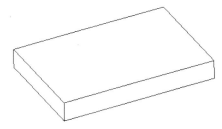

案例 4-5 创建恒定剖面扫描

❶ 在"文件"工具栏中单击"打开"按钮 ⊯，打开 anli4_5 文件，如图 4-49 所示。

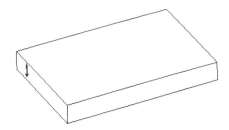

图 4-49 创建扫描特征示例

❷ 在主菜单栏中选择"插入"→"扫描"→"伸出项"命令，系统弹出"扫描轨迹"菜单，在其中选择"草绘轨迹"选项。

❸ 根据系统提示，选择实体特征的上表面作为草绘平面，如图 4-50 所示，接着选择"正向"→"缺省"选项。

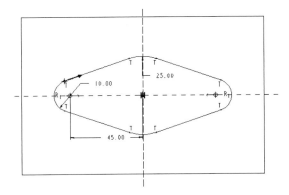

图 4-50 选取草绘平面

❹ 系统进入草绘工作环境。在"草绘"工具栏中单击"圆心和点"按钮 ⊙、"直线相切"按钮 ⊾ 和"删除段"按钮 ⊞，绘制扫描轨迹线，如图 4-51 所示，单击"完成"按钮 ✔。

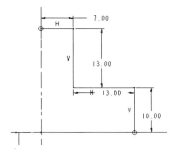

图 4-51 绘制扫描轨迹线

❺ 此时系统弹出"属性"菜单，选择"增加内部因

素"→"完成"选项，系统进入草绘扫描截面工作环境。

❻ 在"草绘"工具栏中单击"直线"按钮 ⊾，绘制扫描截面，如图 4-52 所示，再单击"完成"按钮 ✔。

图 4-52 绘制扫描截面

❼ 最后单击"伸出项：扫描"对话框中的"确定"按钮，如图 4-53 所示，即可创建恒定截面扫描特征，结果如图 4-54 所示。

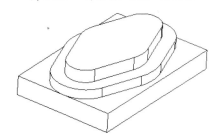

图 4-53 "伸出项：扫描"对话框

图 4-54 创建恒定截面扫描特征

4.4.3 创建可变剖面扫描

　　可变剖面扫描特征是沿轨迹线有规律延伸的，但剖截面呈无规则变化的实体和曲面特征，一般通过扫描轨迹线控制剖截面方式扫掠生成。在绘制剖截面过程中，需要设定草图对象与扫描轨迹线之间的几何约束关系，这样在剖截面沿着原点轨迹扫描时，可以与其他轨迹线保持某种几何关系，以生成形态多变的实体模型。

　　创建可变剖面扫描特征与恒定剖面的方法相同，需要首先利用"草绘"工具 ⬚ 绘制轨迹曲线，如图 4-55 所示。

　　单击"可变剖面扫描"按钮 ⬚，打开"可变截面扫描"操控板。选择"实体"类型 ⬚，单击"参照"

选项，打开"参照"面板并按住 Ctrl 键分别选取直线作为原始轨迹，用 4 条曲线作为边界轨迹。最后单击"创建或编辑剖面"按钮，进入草绘环境。利用"椭圆"工具绘制椭圆，利用该截面与 5 条轨迹线之间的关系，创建可变剖面扫描特征，如图 4-56 所示。

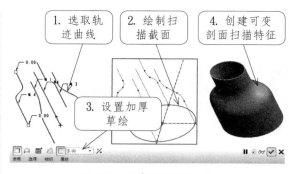

图 4-56　创建可变剖面扫描

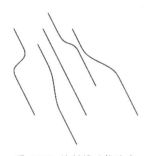

图 4-55　绘制辅助轨迹线

4.5　混合特征

混合特征是以两个或两个以上的剖截面为外形参照，按照指定的混合方式形成连接各剖截面的实体、曲面、剪切和薄壁等特征。该工具可以创建由多个形态各异的草图剖截面所定义的特征。

4.5.1　混合特征分类

选择菜单栏中的"插入"→"混合"→"伸出项"（或者选择"薄板伸出项"、曲面等）命令，打开"混合选项"菜单，如图 4-57 所示。

图 4-57　"混合选项"菜单

在该菜单栏中，可以通过不同的命令来创建平行混合、旋转混合和一般混合 3 种类型的混合曲面。因为在创建混合特征时，系统会根据各截面起始点的位置计算最终生成特征的形状，选择不同的起始点，最后生成的混合特征也不相同。下面分别介绍 3 种混合特征各自的特点。

1.　平行混合

平行混合的特点如下。

▷　在平行混合特征中，各剖面之间是相互平行的，并且在同一个草绘环境中绘制。

▷　其中绘制的剖截面可以通过"切换剖面"命令来切换。

▷　平行混合中的各个草绘截面的段数必须相等的。

▷　截面之间的空间关系可以通过草图剖面之间的深度决定。

2.　旋转混合

旋转混合的特点如下。

▷　旋转混合特征中各个草绘截面围绕 Y 轴方向旋转，旋转角度最大可达 120°。

▷　每个草绘截面需要在独立的草绘环境中绘制，并且需要添加草绘截面旋转坐标系。

▷　各个草绘截面的分段数目必需相同。

▷　混合特征生成时，采用对齐草图剖面坐标系的方式，确定各个草图剖面之间的空间关系。

3.　一般混合

一般混合的特点如下。

▷　一般混合中的各个草绘截面之间在 X 轴、Y 轴和 Z 轴方向上都存在着旋转关系（旋转角度为 -120°～120°），因此草绘截面之间的空间关系十分灵活。

▷ 每个草绘截面在独立的草绘环境中绘制，并且需要在每个草绘截面中设定一个坐标系，各个草绘截面的坐标系原点不会自动对齐，用户可以设定草绘截面坐标系之间的距离，从而最终确定各个草绘截面之间的空间关系。

▷ 与前两种混合特征相同，一般混合特征的各个草绘截面的分段数目必需相同。

4.5.2 混合特征创建

本节具体介绍3种混合特征的创建方法。

1. 创建平行混合特征

平行混合特征是按照平行混合的方式连接草绘剖面而形成的特征。在创建这种混合特征时，需要指定各截面之间的距离来决定混合深度。此时，平行混合特征的截面包括规则截面和投影截面两种类型。

下面以规则截面为例，介绍平行混合特征的创建方法。

案例 4-6　创建平行混合特征

❶ 选择菜单栏中的"插入"→"混合"→"伸出项"命令，打开"混合选项"菜单，并选择"平行"→"规则截面"→"草绘截面"→"完成"选项。

❷ 此时系统弹出"伸出项：混合，平行"对话框和"属性"菜单栏，在"属性"菜单栏中选取"光滑"→"完成"选项。

❸ 在弹出的"设置草绘平面"菜单管理器中选择"新设置"→"平面"选项，在绘图区域中选择FRONT基准平面作为草绘平面。在"方向"管理器中单击"确定"按钮。在"草绘视图"菜单管理器中单击"缺省"选项，进入草绘环境，如图4-58所示。

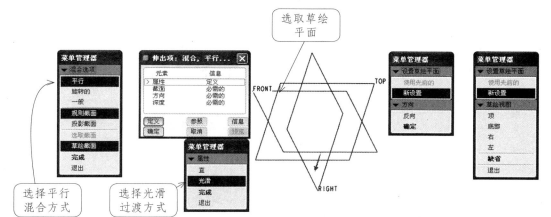

图 4-58　设置草绘平面进入草绘环境

❹ 利用"椭圆"工具绘制第一截面，并利用"分割"工具对椭圆进行分割，如图4-59所示。

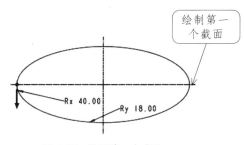

图 4-59　绘制第一个截面

❺ 按住鼠标右键，在弹出的快捷菜单中选择"切换剖面"选项，切换至另一个截面，然后绘制椭圆。利用"分割" 工具将圆截面分割成四等段，此时截面出现第二个箭头，表示第二个截面的起点和起始方向，如图4-60所示。

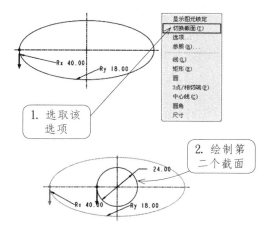

图 4-60　绘制第二个截面

❻ 以同样的方法绘制第三个截面，如图4-61所示。

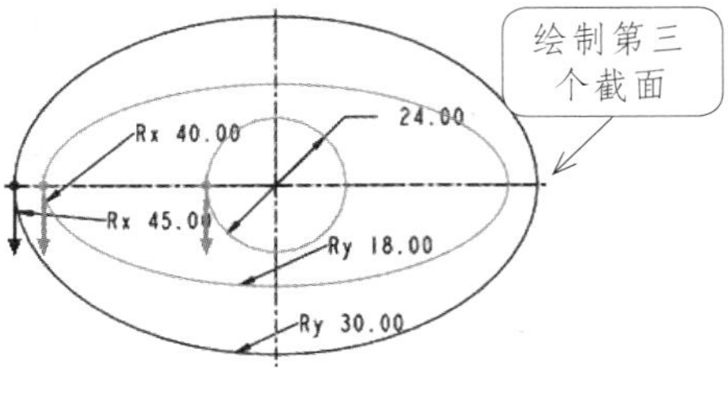

图 4-61 绘制第三个截面

❼ 绘制完成后单击"完成"按钮，系统将弹出如图 4-62 所示的"信息输入窗口"对话框。并且提示输入截面 2 的深度，即为截面 1 与截面的 2 之间的深度，在此输入 50，单击"确定"按钮☑，然后系统提示输入截面 3 的深度，此处输入 60，单击"确定"按钮☑。

图 4-62 输入截面深度值

❽ 最后单击"伸出项：混合，平行，规则截面"对话框中的"确定"按钮，创建平行混合特征，如图 4-63 所示。

图 4-63 创建平行混合特征

2. 创建旋转混合特征

旋转混合特征是按照旋转混合的方式连接各截面形成的特征，其中各个草图的剖截面围绕草绘平面的 Y 轴旋转，但两个相邻草图截面之间的角度不能超过 120°，创建旋转混合特征的操作方法与创建平行混合特征基本相同。

下面以实例的方式具体讲解旋转混合特征的创建方法。

案例 4-7　创建旋转混合特征

❶ 单击主工具栏"打开"按钮，打开素材库中的 anli4_7 文件。选择"插入"→"混合"→"切口"菜单命令，弹出"混合选项"菜单，选择"旋转的"→"规则截面"→"草绘截面"→"完成"选项，如图 4-64 所示。

图 4-64 "混合选项"菜单

❷ 此时，系统将会弹出"伸出项：混合，旋转的，草绘截面"对话框和"属性"菜单管理器。在"属性"菜单管理器中选择"光滑"→"开放"→"完成"选项，弹出"设置草绘平面"菜单，选择模型的侧面作为草绘平面。在弹出的"方向"菜单中，选择"确定"选项，在弹出的"草绘视图"菜单中，选择"缺省"选项，进入草绘环境，如图 4-65 所示。

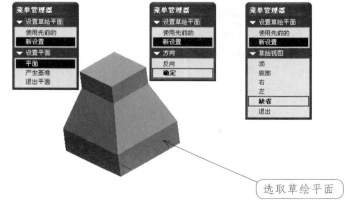

图 4-65 设置草绘平面进入草绘环境

❸ 此时将弹出"参照"对话框,选择RIGHT基准平
面和FRONT基准平面作为尺寸标准的参照,完成
后单击"关闭"按钮,如图4-66所示。

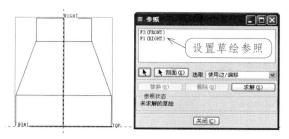

图 4-66 设置草绘参照

❹ 绘制第一个截面。单击"坐标系"按钮,并在水
平中心线上单击,确定坐标系的位置。利用"圆弧"
和"直线"工具绘制截面,如图4-67所示。

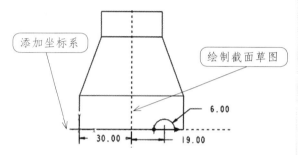

图 4-67 添加坐标系绘制截面

❺ 单击"完成"按钮,系统将弹出"消息输入窗口"
对话框,并在此窗口中输入截面2与截面1之间的
角度为45,如图4-68所示。单击"确定"按钮。

图 4-68 输入角度值

❻ 绘制第二个截面。单击"坐标系"按钮,单击
"中心轴端点椭圆"按钮,绘制椭圆。单击"水平约束"
按钮,并依次单击椭圆中心点和坐标系,使它们
在同一水平线上,然后单击"直线"按钮,连接椭
圆短轴的两个端点,单击"删除段"按钮,修剪多
余图元。最后修改椭圆的长轴、短轴尺寸值及其定
位尺寸值,如图4-69所示。

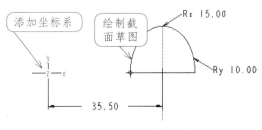

图 4-69 绘制第二个截面

❼ 单击"完成"按钮,系统将弹出"确认"对话框,
单击"是"按钮。系统将弹出"消息输入窗口"文本框,
并在其中输入截面2与截面1之间的角度为100,
单击"确定"按钮,如图4-70所示。

图 4-70 输入截面旋转角度

❽ 绘制第三个截面。单击"坐标系"按钮后,单
击"圆弧"按钮绘制圆弧。单击"水平约束"按钮
后,依次单击椭圆中心点和坐标系,使它们在同一
水平线上,然后单击"直线"按钮,连接半圆弧的
两个端点。最后修改圆弧的半径及其定位尺寸值,
如图4-71所示。

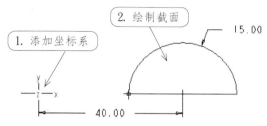

图 4-71 绘制第三个截面

❾ 单击"完成"按钮,系统将弹出"确认"对话框,
然后单击"否"按钮。此时系统将弹出"方向"菜单管
理器,单击"确定"按钮,并单击"切剪:混合,旋转
的,草绘截面"对话框中的"确定"按钮,创建旋转混
合特征,如图4-72所示。

❿ 单击主菜单栏中的"保存"按钮,保存该零
件的模型文件。

3. 创建一般混合特征

一般混合特征实际上是平行混合和旋转混合的
混合体。此类混合特征中的截面要求与前面介绍的
两类混合特征的要求相同,都需要有相同的段数。
但是,创建一般混合特征时,所指定的每个截面可
以绕X轴、Y轴、Z轴旋转,也可以沿着这3个轴平移,
并且每个截面都需要单独草绘,并利用坐标系控制
相对位置。一般混合特征的创建方法与旋转特征的
创建方法类似。

下面以一个实例来具体讲解一般混合特征的创
建方法。

 案例 4-7 创建旋转混合特征

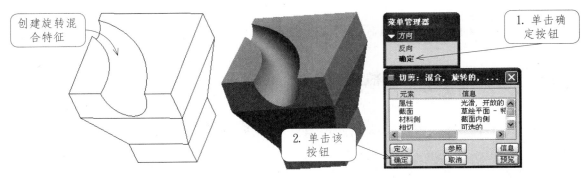

图 4-72 创建旋转混合特征

❶ 在主菜单栏中选择"插入"→"混合"→"伸出项"命令,在弹出的"混合选项"菜单中选择"一般"→"规则截面"→"草绘截面"→"完成"选项。系统弹出"伸出项:混合,一般"对话框和"属性"菜单,在"属性"菜单中选取"光滑"→"完成"选项。系统弹出"设置平面"菜单管理器,选择 TOP 基准面作为草绘平面,在弹出的菜单中选择"确定"→"缺省"选项,进入草绘环境,如图 4-73 所示。

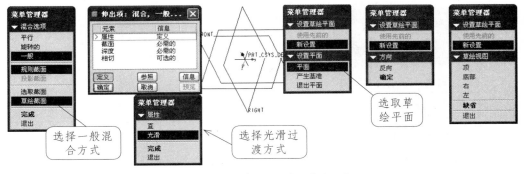

图 4-73 设置草绘平面进入草绘环境

❷ 绘制第一个截面。单击"坐标系"按钮,建立一个坐标系。单击"圆"按钮,绘制圆,并定义圆的大小和位置,如图 4-74 所示。

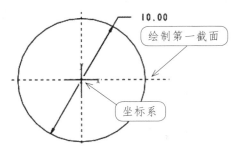

图 4-74 绘制截面

❸ 单击"草绘"工具栏中的"完成"按钮,完成第一个混合截面的绘制。接着系统会弹出 3 个"消息输入窗口"对话框,在其中分别输入 X 轴方向、Y 轴方向、Z 轴方向的旋转角度均为 30,如图 4-75 所示。

❹ 弹出新的草绘窗口,根据系统提示,在"草绘"工具栏中单击"中线和轴椭圆"按钮和"坐标系"按钮,绘制一个椭圆和一个坐标系,并修改尺寸,如图 4-76 所示。

图 4-75 输入 X、Y、Z 轴方向的旋转角度

❺ 单击"草绘"工具栏中的"完成"按钮,完成第二个混合截面的绘制。接着系统弹出"确认"对话框,在其中单击"否"按钮,系统弹出"输入截面 2 深度"文本框,输入深度值为 20,单击"确定"按钮。最后在"伸出项:混合,一般,草绘截面"对话框中单击"确定"按钮,创建出一般混合特征,如图 4-77 所示。

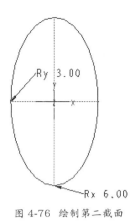

图 4-76 绘制第二截面

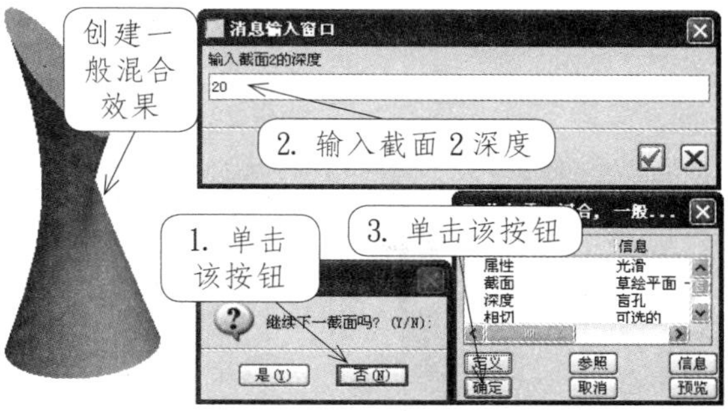

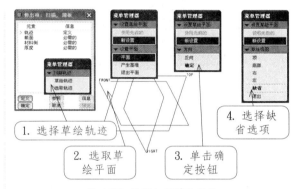

图 4-77 创建一般混合特征

❻ 单击主菜单栏中的"保存"按钮，保存该零件的模型文件。

4.6 实例应用

4.6.1 创建管接头

　　管接头是液压系统中连接管路或将管路装在液压元件上的零件，这是一种在流体通路中能装拆的连接件的总称，主要包括：焊接式、卡套式和扩口式。接头附件主要包括：螺母、卡套、扩口芯子、扩口套、扩口螺母。接头种类分为端直通接头、直通接头、三通接头、弯头、带活螺母接头、铰接接头、堵头、过渡接头等，其材质常用的是不锈钢和铜。

　　创建该管接头模型，如图 4-78 所示，主要利用"扫描"、"拉伸"、"混合"、"倒角"工具创建。

图 4-78 管接头模型

具体创建步骤如下。

❶ 新建文件。单击"新建"按钮，在弹出"新建"对话框中新建一个文件名为 4_6_1guanjietou 的零件文件。进入零件设计环境，选择"插入"→"扫描"→"薄板伸出项"选项，打开"伸出项：扫描，薄板"对话框和菜单管理器。在菜单管理器中选择"草绘轨迹"选项。选择 FRONT 面作为草绘平面，单击"确定"按钮，选择"缺省"进入草绘，如图 4-79 所示。

❷ 绘制扫描轨迹和剖截面。在草绘环境中绘制扫描轨迹，单击"退出"按钮，系统再次进入草绘环境。单击"圆"按钮绘制扫描剖截面，如图 4-80 所示。

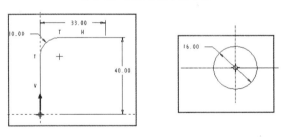

图 4-79 设置扫描草绘平面

图 4-80 绘制扫描轨迹和剖截面图

❸ 创建薄壁扫描特征。在"薄板选项"菜单中选择"确定"选项，在弹出的信息栏中输入薄板的厚度为 3，单击"确认"按钮。最后在"伸出项：扫描、薄板"对话框中单击"确定"按钮，完成薄板扫描的创建，如图 4-81 所示。

❹ 绘制拉伸截面。单击"拉伸"按钮，打开"拉伸"操控板，选取拉伸草绘平面，并进入草绘环境。绘制的拉伸截面草图如图 4-82 所示。

❺ 创建拉伸特征。单击"退出"按钮，返回"拉伸"操控板。设置拉伸深度为 8，单击"确认"按钮，完成拉伸操作，如图 4-83 所示。

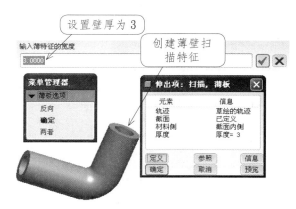

图 4-81 创建薄壁扫描特征

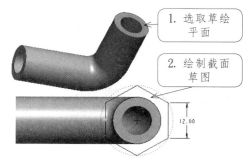

图 4-82 绘制拉伸截面

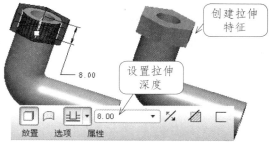

图 4-83 创建拉伸实体

❻ 创建基准平面。单击"平面"按钮 ⬜，弹出"基准平面"对话框。选取 TOP 平面作为参照，设置偏移量为 16，单击"确定"按钮，创建新基准平面 DTM1，如图 4-84 所示。

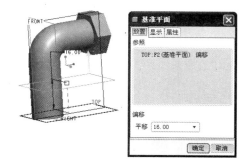

图 4-84 创建基准平面

❼ 创建拉伸特征。单击"拉伸"按钮 ⬜，打开"拉伸"操控板，选择 DTM1 面作为草绘平面进入草绘环境。绘制

拉伸截面，单击"退出"按钮。返回"特征"操控板，设置拉伸深度为 8，单击"确认"按钮 ✓，完成拉伸特征的创建，如图 4-85 所示。

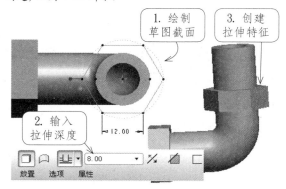

图 4-85 创建拉伸特征

❽ 创建倒角特征。单击"倒角"按钮，打开"倒角"特征操控板，选取倒角的边线。设置倒角形式为 D×D，D 值为 1.2，单击"确认"按钮，完成边倒角的操作，如图 4-86 所示。

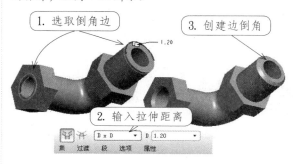

图 4-86 创建倒角

❾ 设置螺旋扫描参数。选择"插入"→"螺旋扫描"→"切口"选项，打开"切剪：螺旋扫描"对话框和相应的菜单管理器，选取 FRONT 平面为草绘平面，进入草绘环境如图 4-87 所示。

图 4-87 设置草图平面

❿ 绘制扫描轨迹和剖切截面。利用"直线"和"倒圆角"工具绘制扫描轨迹。绘制完成后，单击"退出"按

钮，系统会自动弹出"输入节距值"文本框，输入螺纹节距值为0.9，系统会再次进入草绘环境，绘制扫描截面草图，如图4-88所示。

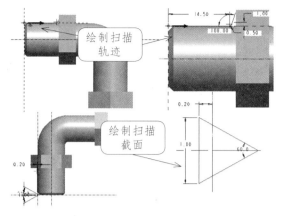

线"和"倒圆角"工具绘制扫描轨迹。绘制完成后，单击"退出"按钮，系统会自动弹出"输入节距值"文本框，输入螺纹节距值为1.1，系统会再次进入草绘环境，绘制扫描截面草图，如图4-91所示。

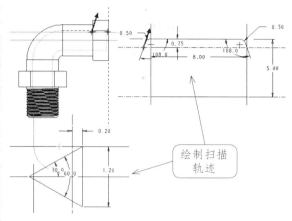

图4-88 绘制扫描轨迹和剖截面

❶❶ 创建螺旋扫描特征。绘制完成后在草绘工具栏中单击"退出"按钮，退出草绘环境。此时系统打开"方向"菜单，设置切剪材料一侧的方向为截面内侧。单击"切剪：螺旋扫描"属性对话框中的"确定"按钮，完成螺旋扫描特征的创建，如图4-89所示。

图4-91 绘制扫描轨迹线和截面

❶❹ 创建螺旋扫描。绘制完成后，单击"退出"按钮，退出草绘环境。将扫描侧定义为截面内侧，单击"切剪：螺旋扫描"对话框中的"确定"按钮，完成螺旋特征的创建。至此完成整个零件的创建，如图4-92所示。

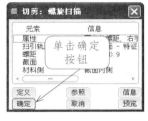

图4-89 创建螺旋扫描特征

❶❷ 设置螺旋扫描参数。选择"插入"→"螺旋扫描"→"切口"选项，打开"切剪：螺旋扫描"对话框和相应的菜单管理器，选取FRONT平面为草绘平面。进入草绘环境，如图4-90所示。

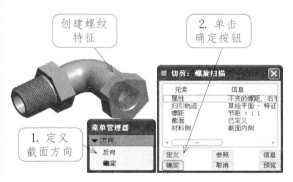

图4-92 创建螺旋扫描特征

4.6.2 创建花瓶

本实例要创建一个花瓶模型，如图4-93所示。该花瓶零件主要利用"拉伸"、"混合"、"扫描"，以及"倒圆角"工具创建。

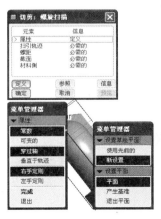

图4-90 设置草绘平面

❶❸ 绘制扫描轨迹和截面。在草绘环境中利用"直

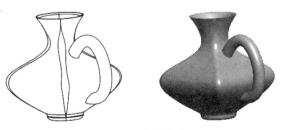

图4-93 花瓶模型

具体的创建步骤如下。

❶ 单击"新建"按钮 ，新建一个文件名为 4_6_2huaping 的零件文件。进入零件设计环境，选择"插入"→"混合"→"薄板伸出项"选项，打开"混合选项"菜单，并选择"平行"→"规则截面"→"草绘截面"→"完成"选项。此时系统弹出"伸出项：混合，平行"对话框和"属性"菜单。在"属性"菜单中选择"光滑"→"完成"选项，打开"设置草绘平面"菜单。在绘图区中选择 FRONT 基准平面作为草绘平面，选择"确定"→"缺省"选项，进入草绘环境，如图 4-94 所示。

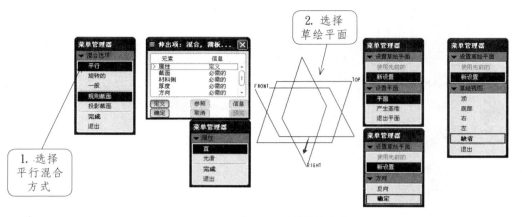

图 4-94 设置草绘平面

❷ 利用"中心线" 和"圆" 工具绘制第一个截面，如图 4-95 所示。

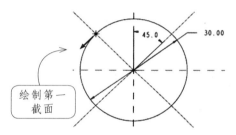

图 4-95 绘制第一个混合截面

❸ 单击鼠标右键，在弹出的快捷菜单中选择"切换截面"选项，系统自动切换到第二个截面，利用"矩形"工具 ，绘制第二个截面草图。以同样的方法，绘制第三、第四截面草图，如图 4-96 所示。

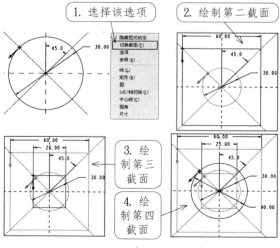

图 4-96 绘制第二、三、四截面

❹ 单击"完成"按钮 ，系统弹出"薄板选项"菜单，选择"确定"选项。系统将会弹出"薄板特征的宽度"对话框，输入宽度值为 2 并按 Enter 键。系统自动弹出"方向"菜单管理器，使用默认的方向，选择"确定"选项。接着系统将弹出输入截面的深度信息对话框，输入截面 2、深度为 40、截面 3 深度为 15、截面 4 深度为 30。最后单击"伸出项：混合，薄板"对话框中的"确定"按钮，创建混合特征，如图 4-97 所示。

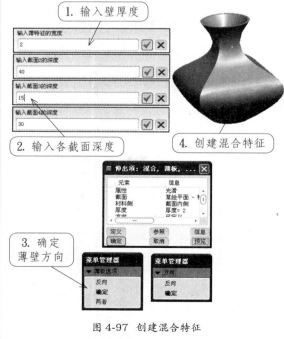

图 4-97 创建混合特征

❺ 在主菜单栏中选择"插入"→"扫描"→"伸出项"命令，系统弹出"扫描轨迹"菜单，在该菜单中选择"草绘轨迹"选项，系统弹出"设置草绘平面"菜单，选择

RIGHT 平面作为草绘平面。选择"确定"→"缺省"选项，系统进入草绘工作环境，如图 4-98 所示。

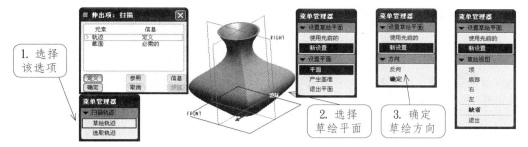

图 4-98 设置草绘平面

❻ 单击"样条曲线"按钮，草绘一条如图 4-99 所示的轨迹线。

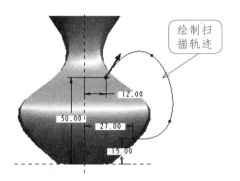

图 4-99 绘制扫描轨迹

❼ 单击"完成"按钮，系统弹出"属性"菜单，选择"合并端"→"完成"选项，系统进入草绘环境，绘制如图 4-100 所示的扫描截面。单击"伸出项：扫描"对话框中的"确定"按钮，创建扫描特征。

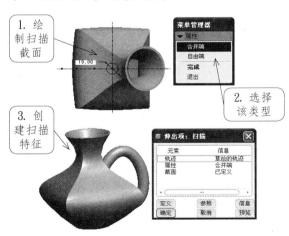

图 4-100 创建扫描特征

❽ 单击"倒圆角"按钮，打开"倒圆角"操控板，输入圆角半径为 8，选择如图 4-101 所示的边线，单击"确定"按钮，创建倒圆角特征。

❾ 单击"拉伸"按钮，打开"拉伸"操作面板，选取薄壁特征的底部表面作为草绘平面，进入草绘环境，绘制拉伸截面，单击"完成"按钮。在拉伸操控

板中设置拉伸的深度值为 5，单击"确定"按钮创建拉伸特征，如图 4-102 所示。

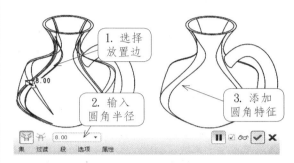

图 4-101 添加圆角特征

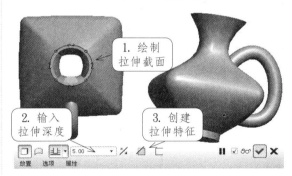

图 4-102 创建拉伸特征

❿ 单击"倒圆角"按钮，打开"倒圆角"操控板，选择如图 4-103 所示的边线，并输入圆角半径，单击"确定"按钮，添加圆角特征，至此完成整个花瓶的创建。

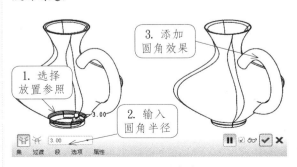

图 4-103 添加圆角特征

4.7 课后练习

4.7.1 创建曲轴实体模型

利用本章所学的特征命令,创建如图 4-104 所示的曲轴零件,尺寸自定。

图 4-104 曲轴零件模型

操作提示:

❶ 创建曲轴轴体。通过旋转命令创建曲轴的整个轴体,然后再利用旋转除料命令对其进行分割。

❷ 创建第一个曲轴偏心轴。使用旋转和拉伸命令在上一步分割出来的曲轴截面上,创建曲轴的第一个偏心轴。

❸ 创建第二个曲轴偏心轴。使用旋转和拉伸命令在上一步分割出来的曲轴截面上,创建曲轴的第二个偏心轴。

❹ 创建曲轴上的键槽和倒角。通过构建基准平面对曲轴进行拉伸除料操作,创建出键槽和倒角。

4.7.2 创建减速器箱体

利用本章所学的特征命令,创建如图 4-105 所示的减速器箱体零件,尺寸自定。

图 4-105 减速器箱体零件模型

操作提示:

❶ 创建箱体基体。通过拉伸命令创建箱体的整个实体。

❷ 创建孔特征。利用孔特征、阵列特征和镜像特征创建基体上的螺钉孔。

❸ 创建减速器中的内腔。使用旋转除料命令创建出箱体的内腔和过螺杆孔。

❹ 创建底座。通过构建基准平面和拉伸命令创建出右侧的底座。

第⑤课 工程特征

工程特征是从工程实践引入的实体造型概念，也是针对基础特征进一步加工而设计出来的特征。工程特征和前面所介绍的基础特征存在着本质的区别，基础特征可以单独创建出零件实体模型，而工程特征只是在现有特征的基础上对零件模型加以修改和进一步加工。

基础特征

本章将详细介绍如何在基础实体特征上添加圆孔、圆角、倒角、壳、筋，以及拔模角等工程特征。

本课知识：

- ◆ 孔特征的定义与创建方法
- ◆ 筋特征的定义和创建方法
- ◆ 壳的创建方法

- ◆ 拔模特征的创建方法
- ◆ 倒圆角和倒角特征的创建方法

5.1 孔特征

孔特征是产品设计中使用最多的特征之一，如机械零件上的各种单一圆孔和各种组孔。圆孔的形式多样、位置灵活，对于组孔还要求有较高的位置精度。因此，在创建孔特征时，一方面需要准确确定孔的直径和深度、孔的样式（如沉头孔、矩形孔等）等定形条件，另一方面还需要准确确定孔在实体上的相对位置，主要是其轴线位置。

孔特征属于减材料特征。所以，在创建孔特征之前必须要有坯料，在 Pro/E 5.0 中，根据建模的需要，可以利用"孔"工具创建简单孔、草绘孔和标准孔 3 种类型。

5.1.1 孔操控板

在 Pro/E 中，创建孔特征一般是通过利用"孔"操控板来完成的。在该面板中可以设置孔的放置位置、定位方式、类型，以及直径和深度等参数。

在已生成的模型中或打开一个零件模型窗口，在主菜单栏中选择"插入"→"孔"命令，或直接在"工程特征"工具栏中单击"孔"按钮 ，系统弹出如图 5-1 所示的"孔"操控板。

1. 放置面板

在"孔"操控板中单击"放置"按钮，系统弹出"放置"面板。该面板可以定义孔特征的放置参照、钻孔方向、定位方式、偏移参照，以及各种定位参数等内容。

■ 放置

单击"放置"收集器，可以定义孔特征的放置参照，其参照面可以是基本平面、实体模型的平面或圆弧曲面等。选择该选项下面的文本框激活参照收集器，即可选取或删除放置参照。单击收集器右边的"反向"按钮，可以改变孔相对于放置面的放置方向，如图 5-2 所示。

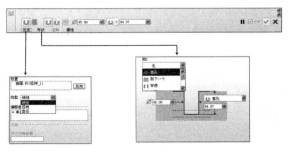

图 5-1 "孔"操控板

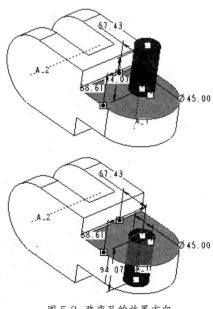

图 5-2 改变孔的放置方向

■ 类型

该选项组用于设置孔特征的定位方式。选择该选项右侧的下拉列表按钮，在弹出的下拉列表中选择不同的类型来定位孔特征。

▷ 线性：线性是常见的一种放置类型，使用这种放置方式时，需要在模型上选取一个放置参照和两个偏移参照来定位孔，其中放置参照需要定义在实体的表面，而线性次参照可以是实体边、基准轴、平面或者基准面等，如图5-3所示。

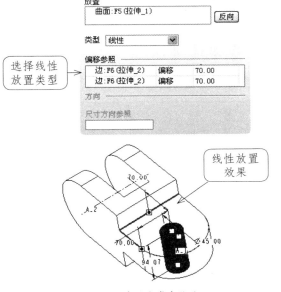

图 5-3　线性方式定位孔

▷ 径向：该方式用于选取平面、圆柱体或圆锥体曲面，或是用基准平面作为放置主参照。使用一个线性尺寸和一个角度尺寸放置孔，如图5-4所示。

图 5-4（1）　径向方式定位孔

▷ 直径：该选项也是通过一个线性尺寸和一个角度尺寸来定位孔的，通过绕直径参照旋转来放置孔。当然该类型除了使用线性和角度尺寸之外，还将会用到轴。该方式主要用于选取实体表面或者基准平面，以作为放置的主参照，如图5-5所示。

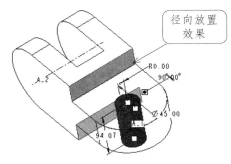

图 5-4（2）　径向方式定位孔

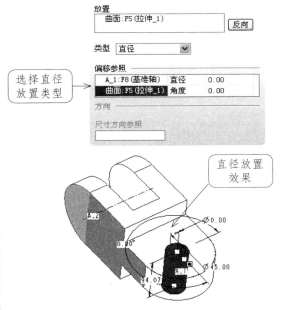

图 5-5　直径方式定位孔

提示：

如果将孔放置在轴与曲面的交点处，该放置类型使用线性参照和轴参照，用于选取曲面、基准平面或轴作为放置参照，如图5-6所示。

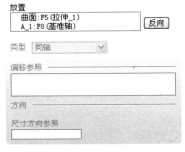

图 5-6（1）　同轴方式定位孔

■ 偏移参照

该选项用于指定孔特征的定位参照对象，并可以设置孔特征相对偏移参照之间的距离或角度。单击选项下面的文本框激活参照收集器，然后按住 Ctrl 键，即可选取或删除多个偏移参照，如图 5-7 所示。

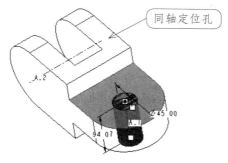

图 5-6（2） 同轴方式定位孔

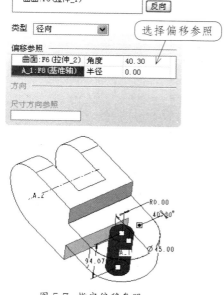

图 5-7 指定偏移参照

■ 方向

选择"线性"方式定位孔时，如果选取一个偏移参照，可单击"尺寸方向参照"收集器，定义确定尺寸方向的参照对象。

2．形状

在"孔"操控板中单击"形状"按钮，系统将打开"形状"面板。该面板可以预览孔的形状，并设置孔深、直径，以及锥角等参数。进入该面板的下拉列表中，可以选取不同的深度设置方式。具体操作如下。

▷ 盲孔：单击该按钮，可以在第一方向上指定钻孔的深度。

▷ 到下一个：单击该按钮，在第一方向上钻孔，一直钻到下一个曲面。

▷ 穿透：单击该按钮，在第一方向上钻孔，一直钻到与所有曲面相交。

▷ 对称：单击该按钮，可以在对称的两个方向上指定钻孔深度的 1/2。

▷ 到选定的：单击该按钮，在第一方向上钻孔，一直钻到所选的点、曲线、平面或曲面。

▷ 穿至：单击该按钮，在第一方向上钻孔，一直钻到与所选的曲面或平面相交为止。

3．注解

"注解"面板仅适用于创建标准孔特征。打开该面板，可以预览正在创建或重新定义的标准孔的特征注解，创建标准孔后，特征注解会显示在模型上，如图 5-8 所示。

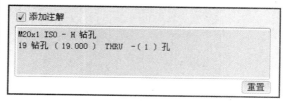

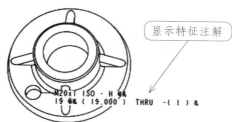

图 5-8 预览并显示特征注解

4．其他各选项

▷ ：创建简单孔。

▷ ：创建标准孔。

▷ ：使用预定义矩形作为钻孔轮廓。

▷ ：使用标准孔轮廓作为钻孔轮廓。

▷ ：使用草绘定义钻孔轮廓。

▷ Ø 3.00 ：直径文本框，控制简单孔特征的直径，该文本框的下拉列表中包含最近使用的直径值。

5．属性

打开"属性"面板，查看孔特征的参数信息，还可以在"名称"文本框中重命名孔特征。

5.1.2 创建孔特征

利用"孔"工具创建孔特征时，通常需要选取用于放置孔的放置参照和定位孔的定位参照，其中定位参照可以是一个或者两个，如果选取一个平面（或曲面）和一个基准轴（或直线）作为放置参照，可以在该平面上创建中心穿过基准轴的孔特征。下面具体介绍3种不同类型的孔特征的创建方法。

1. 创建简单孔

简单孔又称"直孔"，横截面一般为固定大小的圆形。下面以如图 5-9 所示的压盖零件的创建为例，具体讲解简单孔的创建方法。

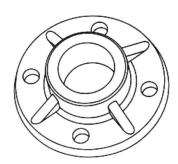

图 5-9 压盖零件

案例 5-1 创建简单孔特征

❶ 单击工具栏上的"打开"按钮 ，打开素材库中的 anli5_1 文件，如图 5-10 所示。

图 5-10 创建简单孔实例

❷ 在"工程特征"工具栏中单击"孔"按钮 ，系统弹出"孔"操控板。选择孔类型为"简单孔" ，在"孔直径"文本框中输入 16，再进入"深度"下拉列表，单击"穿透"按钮 。在操控板中单击"放置"按钮，系统弹出"放置"面板，单击放置收集器，并将其激活，然后在绘图区内选择实体上表面，如图 5-11 所示。

❸ 选择"类型"为"线性"，并单击"偏移参照"收集器，将该收集器激活。按住 Ctrl 键，在模型中选择 RIGHT 基准平面和 FRONT 基准平面，并设

置它们的偏移参数，如图 5-12 所示。

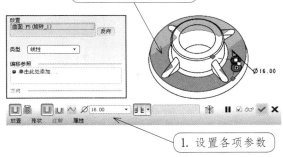

图 5-11 选取放置面

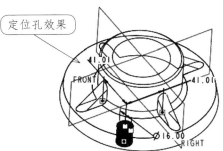

图 5-12 设置孔放置位置

❹ 单击操控板中的"确定"按钮 ，完成简单孔的创建，如图 5-13 所示。

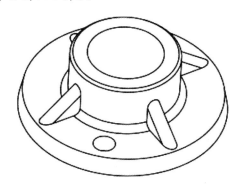

图 5-13 创建孔特征

❺ 按照以上创建孔的方法，创建出其他 3 个孔。其中在设置"偏移参照"选项的参数时，可以用负值来定义它的放置位置。最后的图形效果如图 5-14 所示。

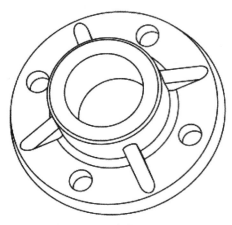

图 5-14 创建其他孔效果

2. 创建草绘孔

草绘孔是一种特殊类型的直孔特征，属于不规则特征。草绘孔是在草绘环境中选取现有的草绘轮廓或者绘制新的草绘轮廓而创建的孔特征。此类孔特征的创建方法与简单孔的创建方法类似，不同之处在于，此类特征的剖面完全由用户自定义。但是孔是一个旋转特征，因此，在创建草绘孔时，草绘截面必须满足一定的要求。

创建草绘孔旋转截面的原则如下。

▷ 以一条中心线作为旋转轴。

▷ 至少有一条线段垂直于该中心线，如果仅有一条线段与中心线垂直，Pro/E 会自动将该线段对齐到放置面上。

▷ 草绘截面必须是无相交图元的封闭型截面。

下面以如图 5-15 所示的零件创建为例，具体讲解草绘特征的创建方法。

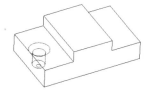

图 5-15 创建草绘孔实例

案例 5-2　创建草绘孔特征

❶ 单击工具栏上的"打开"按钮 ，打开素材库中的 anli5_2 文件，在"工程特征"工具栏中单击"孔"按钮 ，系统弹出"孔"操控板，在操控板中单击"放置"按钮，弹出"放置"面板。单击"放置"收集器，并将其激活，在绘图区内选择实体模型上表面，如图 5-16 所示。

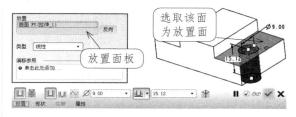

图 5-16 选取放置面

❷ 选择"类型"为"线性"，然后单击"偏移参照"收集器，并激活该收集器。按住 Ctrl 键，在模型中选择 RIGHT 基准平面和模型前表面，并设置它们的偏移参数，如图 5-17 所示。

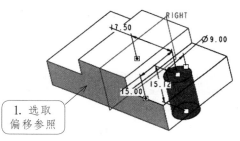

图 5-17 选取偏移参照定位孔

❸ 在操控板中单击"草绘孔"按钮 ，再单击"草绘"按钮 ，系统进入草绘工作环境。在"草绘"工具栏中单击"中心线"按钮 ，绘制一条竖直中心线，作为孔的旋转轴，然后单击"直线"按钮 ，绘制草绘孔旋转截面。绘制完草绘孔截面后，单击"草绘"工具栏中的"完成"按钮 ，然后单击操控板中的"确定"按钮 ，完成草绘孔的创建，如图 5-18 所示。

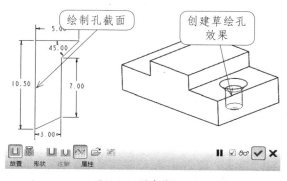

图 5-18 创建草绘孔

3. 创建标准孔

标准孔是指利用现有的工业标准规格创建的，可以是具有螺纹的孔。在 Pro/E 5.0 中，可以利用"孔"工具创建 ISO、UNC 和 UNF3 种通用规格的标准孔，其中 ISO 与我国的国家标准最为接近，也是我国最为广泛采用的机械标准。

标准孔是基于工业标准的紧固件，对选定的紧固件既可以计算攻丝，也可以计算间隙直径；既可以利用系统提供的标准查找表，也可以创建自己的查找表来查找这些直径。下面具体介绍"标准孔"的创建方法。

■ 标准孔设置面板

在已生成的模型中或打开一个零件模型窗口，在主菜单栏中选择"插入"→"孔"命令，或直接在"工程特征"工具栏中单击"孔"按钮 **Ⅱ**。在"孔"操控板中单击"标准孔"按钮 **Ⅲ**，此时切换到"标准孔"设置面板，如图 5-19 所示。该操控板中的各选项含义说明如下。

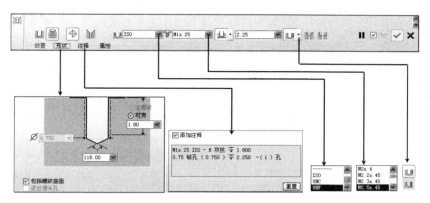

图 5-19　"标准孔"设置面板

螺纹类型选取。在操控板中单击 ISO 选项右侧的扩展按钮，在弹出的下拉列表中选择其中的螺纹类型。

> ▷ ISO：标准螺纹，广泛应用的标准螺纹。

> ▷ UNC：粗牙螺纹，用于要求快速装拆或有可能产生腐蚀和轻微损伤的场合。

> ▷ UNF：细牙螺纹，用于外螺纹和相配的内螺纹的脱扣强度高于外螺纹零件的抗拉承载力，或短旋合长度、小螺旋升角，以及壁厚要求细牙螺距等场合。

> ▷ 攻丝 **◈**

在操控板中单击"攻丝"按钮 **◈**，并单击"形状"按钮，在弹出的"形状"面板中设置钻孔的参数，如图 5-20 所示。

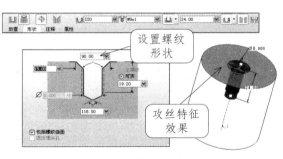

图 5-20　创建攻丝特征

设置钻孔肩部深度或钻孔深度。单击 **Ⅲ**（创建肩部深度）右边的扩展按钮，如果单击"钻孔肩部深度"按钮 **Ⅲ**，结果如图 5-21 所示；如果单击"钻孔深度"按钮 **Ⅲ**，结果如图 5-22 所示。

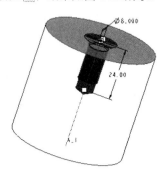

图 5-21　钻孔肩部深度

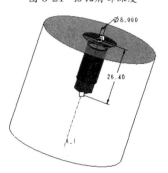

图 5-22　钻孔深度

添加埋头孔 🔩。在操控板中单击"添加埋头孔"按钮 🔩，然后单击"形状"按钮，在弹出的"形状"面板中设置钻孔的参数，即可创建一个埋头孔，结果如图 5-23 所示。

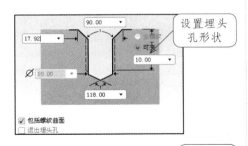

设置埋头孔形状

创建埋头孔效果

图 5-23 添加埋头沉孔

添加沉孔 🔩。在操控板中单击"添加沉孔"按钮 🔩，然后单击"形状"按钮，在弹出的"形状"面板中设置钻孔的参数，即可创建一个沉孔，结果如图 5-24 所示。

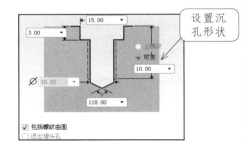

设置沉头孔形状

添加沉孔效果

图 5-24 添加沉孔

■ 创建标准孔

下面通过实例的方式讲解标准孔创建的基本方法。其操作步骤如下。

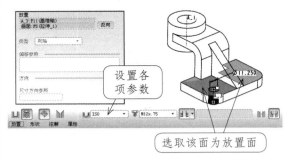

案例 5-3 创建标准孔特征

❶ 单击工具栏上的"打开"按钮 📂，打开素材库中的 anli5_3 文件。

❷ 在"工程特征"工具栏中单击"孔"按钮 🔩，系统弹出"孔"操控板，在"孔"操控板中单击"标准孔"按钮 🔩、"攻丝"按钮 ⊕、"钻孔类型"按钮和"沉孔"按钮 🔩，然后在"螺钉尺寸"下拉列表中选择 M12x.75 选项。单击"放置"面板中的"放置"收集器，并将其激活。选取如图 5-25 所示的实体表面和基准轴 A_3 作为钻孔的放置参照。

设置各项参数

选取该面为放置面

图 5-25 "孔"操控板

❸ 在操控板中单击"形状"按钮，系统弹出"形状"面板，设置孔形状参数如图 5-26 所示。

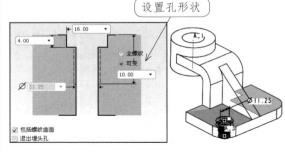

设置孔形状

图 5-26 设置孔形状参数

❹ 设置形状参照后，单击"确定"按钮，创建孔特征，如图 5-27 所示。

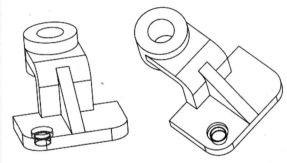

图 5-27 创建标准孔

5.2 筋特征

筋特征也称为"肋板",是机械设计中为了增加产品刚性而添加的一种辅助性实体特征。在 Pro/E 中,筋是侧截面形态各异的薄壁实体,外部形态与拉伸或者旋转特征类似。它们的区别是,筋特征的截面草图不是封闭的,只是一条直线或曲线,以及直线和曲线的组合图形。

5.2.1 筋特征分类

在 Pro/E 5.0 中,筋特征按照其创建方式分为:

▷ 轨迹筋:Pro/E 5.0 中的新增功能,常用于塑料制品中。

▷ 轮廓筋:Pro/E 所有版本中常用的一种筋特征。

其中"轮廓筋"特征按照其依附特征类型来分,又可以分为两种类型:

▷ 平直筋:指依附的特征是平直类型的,那么,该筋特征是平直筋(也常称为"直的筋特征")。

▷ 旋转筋:指依附的特征是旋转类型的,那么该筋特征便是旋转特征。

然而,这两种筋特征创建的方法都是一样的。

筋特征的创建需要定义以下 3 个基本要素。

▷ 筋特征的剖面。

▷ 筋特征的填充方向及材料侧方向。

▷ 筋特征的厚度。

下面详细讲解轨迹筋特征和轮廓筋特征的创建方法。

5.2.2 轨迹筋

在 Pro/E 5.0 中,引入了一个新的实用工具——轨迹筋,这是一个专门用来处理在模型内部添加各种类型的加强筋的专用工具。运用轨迹筋工具可以很方便地在模型内部创建各种加强筋,并大大提高设计效率。

1. 轨迹筋操控板

"轨迹筋"操控板主要用于定义筋的草图截面和设置筋的形状及厚度。在工程特征工具栏中单击"轨迹筋"按钮 ⚙,或者在菜单栏中执行"插入"→"筋"→"轨迹筋"命令,打开"轨迹筋"操控板,如图 5-28 所示。

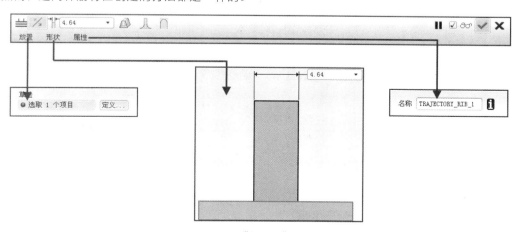

图 5-28 "轨迹筋"操控板

该面板的主要选项具体介绍如下。

■ 放置

进入轨迹筋操控板,首先需要指定一个草绘或定义一个草绘截面。首先指定一个草绘平面,对于轨迹筋的草绘平面必须是与实体有相交部分的平面或者曲面。

打开此面板,利用"定义"工具,可以定义筋的草绘平面、视图方向和视图放置参照,具体操作方法与草绘相同。

■ 形状

打开此面板,可以预览"轨迹筋"的形状,并且修改相应的参数。在"轨迹筋"操控板中提供了三种常用的形状筋,分别介绍如下。

⚙:添加绘制。

：在内部边上添加倒圆角。

：在暴露边上添加倒圆角。

厚度和厚度方向

在"轨迹筋"操控板中的厚度文本框中，可以设置轨迹筋特征生成的厚度，在拉伸方向上其厚度值不能超越实体的边界，单击"厚度方向"按钮，可以切换筋的拉伸方向，如图5-29所示。

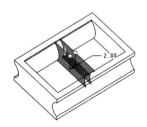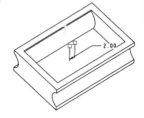

图 5-29 创建"轨迹筋"时方向的变化对比

2. 创建"轨迹筋"特征

轨迹筋的创建方法非常简单，而且其对草绘截面的要求也非常宽松，"轨迹筋"有3种创建类型。

▷ 创建与薄壁截面平齐的轨迹筋。

▷ 创建与截面不平齐的轨迹筋。

▷ 一次性创建多个加强筋。

■ **创建与薄壁截面平齐的轨迹筋**

案例 5-4 创建与截面平齐的轨迹筋特征

❶ 单击主菜单栏中的"打开"按钮，打开素材库中的 anli5_4 文件。

❷ 单击工程特征中的"轨迹筋"按钮，打开"轨迹筋"操控板。单击"放置"→"定义"按钮，系统弹出"草绘"菜单栏。选择实体的上表面作为草绘平面，进入草绘环境，如图5-30所示。

图 5-30 设置草绘平面

❸ 进入草绘环境后，绘制如图5-31所示的直线。

提示：

轨迹筋的截面形状要求与薄壁截面类似，但是要求更宽松，创建的截面没必要使用边界来作参考，因为系统会自动延伸截面几何，直到与边界的实体几何融合。

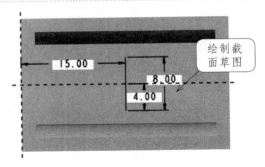

图 5-31 草绘截面

❹ 单击"完成"按钮，返回到"轨迹筋"操控板，在操控板上设置筋特征的厚度参数为1，单击"预览"按钮，效果如图5-32所示。

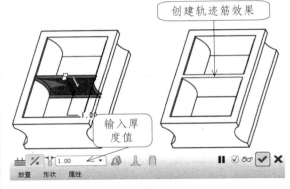

图 5-32 创建轨迹筋

❺ 如果单击"添加拔模"按钮，并设置参数值为5，单击"预览"按钮，效果如图5-33所示。

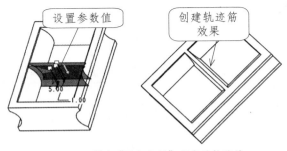

图 5-33 创建"添加绘制"形式的轨迹筋

❻ 如果单击"在内部边上添加倒圆角"按钮，并设置圆角值为0.5，单击"预览"按钮，如图5-34所示。最后单击"完成"按钮，完成"轨迹筋"的创建。

■ **创建与截面不平齐的轨迹筋**

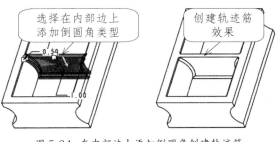

图 5-34 在内部边上添加倒圆角创建轨迹筋

该类筋板是轨迹筋的特殊创建方法，其中在一些薄壁特征中添加加强筋板时，需要创建不与截面平齐的筋板，这种筋板则需要通过创建基准平面来确定它们的高度。它的创建方法与前面介绍的筋板创建方法类似。不同的地方在于，该类筋板的草绘平面是新建的基准平面，或者是不与薄壁截面等高的平面。

案例 5-5　创建与截面平齐的轨迹筋特征

❶ 单击主菜单栏中的"打开"按钮，打开素材库中的 anli5_4 文件。

❷ 单击"基准平面"按钮，打开"基准平面"对话框，然后在模型中选择上表面，设置基准平面的放置为"偏移"，输入偏移距离为 5。创建的基准平面 DTM1，如图 5-35 所示。

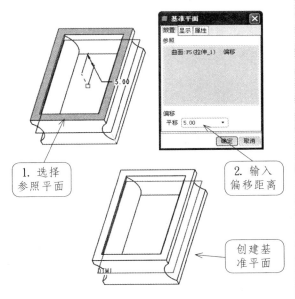

图 5-35 创建 DTM1 基准平面

❸ 在工程特征中单击"轨迹筋"按钮，打开"轨迹筋"操控板。单击"放置"→"定义"按钮，选择 DTM1 平面为草绘平面，进入草绘环境，如图 5-36 和图 5-37 所示。

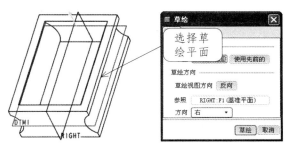

图 5-36 选择草绘平面　　图 5-37 设置草绘平面

❹ 进入草绘环境后，绘制如图 5-38 所示的截面。

❺ 绘制完成后，单击"完成"按钮，返回"轨迹筋"操控板，在操控板上设置筋特征的厚度参数为 2，如图 5-39 所示。单击"确认"按钮，完成"轨迹筋"的创建。

提示：

轨迹筋的截面可以与薄壁特征的截面相同，也可以是其他的折弯形状。

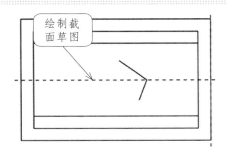

图 5-38 绘制截面

图 5-39 创建轨迹筋特征

■ **一次性创建多个加强筋**

通过上面的简单示例，读者可能会认为这个功能和薄壁拉伸功能差不多，其实这是对轨迹筋功能的误解。

我们知道，在创建薄壁拉伸特征时，虽然截面是可以开放的，但是要求只能有一个开放截面，如果想一次性创建多条加强筋的时候，就会非常不便。而在轨迹筋的创建中，用户可以在草绘中一次性创建多个开放截面，这样就可以一次性创建多条筋了。

具体的创建方法与前面介绍的类似，在此不再重复。不同的是，在草绘截面时，需要绘制多条线，如图 5-40 所示，创建多条筋的结果如图 5-41 所示。

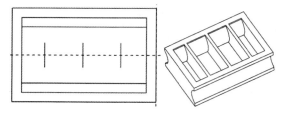

图 5-40 绘制多条线段的截面　图 5-41 多条筋的创建

相互交叉的开放截面，如图 5-42 所示，创建的交叉筋板如图 5-43 所示。

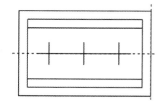

图 5-42 绘制相交线段的截面

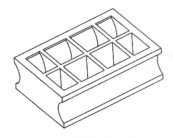

图 5-43 创建相交筋特征

5.2.3 轮廓筋

轮廓筋（ProfileRib）是 Pro/E 以前的版本中常用的创建筋板的方法，相信用过野火版 3.0、4.0 的读者应该很熟悉。下面详细介绍轮廓筋。

1. 轮廓筋操控板

"轮廓筋"操控板主要用于定义筋的草图截面和设置筋的形状及厚度。在工程特征工具栏中单击"轮廓筋"按钮 ，或者在菜单栏中执行"插入"→"筋"→"轮廓筋"命令，打开"轮廓筋"操控板，如图 5-44 所示。

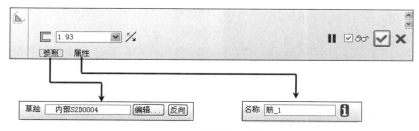

图 5-44 "筋"操控板

该面板主要选项的说明如下。

■ "参照"面板

在"筋"操控板中单击"参照"按钮，系统弹出"参照"面板。该面板用于定义筋截面的草绘平面及参照，并可以进入草绘工作环境进行筋截面的绘制。单击"定义"按钮，系统弹出"草绘"对话框，其操作方法与草绘相同。对于已经创建的筋截面，可以通过单击该面板中的"编辑"和"反向"按钮，对筋截面进行重定义，或改变筋的生成方向。

■ 厚度和厚度方向

在"轮廓筋"操控板中，可以通过在"厚度"文本框中输入数值来指定筋特征的厚度。单击"反向"按钮 ，可以改变筋在对称、正向和反向三种厚度效果之间进行切换。

■ "属性"面板

在"筋"操控板中单击"属性"按钮，系统弹出"属性"面板。在该面板中单击"显示特征的信息"按钮 ，可以在弹出的浏览器中浏览筋特征的草绘

平面、参照、厚度和方向等参数信息，并可以对筋特征进行命名。

2. 创建轮廓筋特征

筋特征是一种特殊类型的延伸项，用于创建附属于零件的肋片。筋特征连接到其父特征的方式决定了其草绘截面总是开放式的。

■ 轮廓筋的类型

创建"轮廓筋"特征时，需要设定筋的空间位置、侧截面形态和筋的薄壁厚度。其中"轮廓筋"特征按照其依附特征类型来分，可以分为两种类型。

▷ 平直筋：指的是与筋特征相接合的截面是规则体，如矩形等。筋特征相当于草绘截面沿草绘平面法向两侧，对称、正向或反向拉伸出来的特征，如图 5-45 所示。

▷ 旋转筋：当相邻的实体面有一个为回转面时，所创建的筋特征即为旋转筋。创建旋转筋特征相当于草绘截面以草绘平面为

界，向两侧旋转所创建出来的特征，但要求筋的草绘平面通过回转特征的轴线，如图5-46所示。

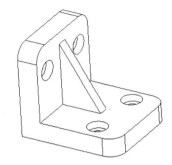

图 5-45 直筋特征

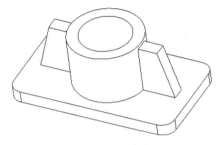

图 5-46 旋转筋特征

■ **直筋特征的创建**

下面通过实例讲解筋特征创建的基本方法。

案例5-6 创建直筋特征

❶ 单击工具栏上的"打开"按钮，打开素材库中的 anli5_6 文件。

❷ 单击"工程特征"工具栏上的"轮廓筋"按钮，系统弹出"筋"操控板。在"轮廓筋"操控板中单击"参照"→"定义"按钮，打开"草绘"对话框。选择FRONT基准平面作为草绘平面，接受默认的草绘参照和视图方向，单击"草绘"按钮，进入草绘环境，如图5-47所示。

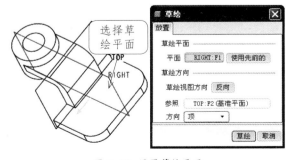

图 5-47 设置草绘平面

❸ 在"草绘"工具栏中单击"直线"按钮，绘制直筋

的草绘截面，如图5-48所示。

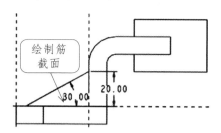

图 5-48 绘制筋截面

❹ 在工具栏中单击"完成"按钮，返回到筋操控板。在操控板的厚度文本框内输入10，单击"参照"→"反向"按钮，修改创建筋的方向，单击"确定"按钮，创建轮廓筋如图5-49所示。

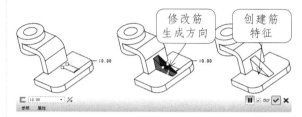

图 5-49 创建筋特征

■ **创建旋转筋特征**

直筋和旋转筋的生成方法基本相同，只是旋转筋的草绘平面必须通过旋转曲面的中心线。下面以一个实例具体讲解其创建方法。

案例5-7 创建旋转筋特征

❶ 单击工具栏上的"打开"按钮，打开素材库中的 anli5_7 文件。

❷ 单击"工程特征"工具栏中的"轮廓筋"按钮，打开"筋"操控板。单击"参照"→"定义"按钮，打开"草绘"对话框。选择FRONT基准平面作为草绘平面，接受默认的草绘参照和视图方向，进入草绘环境，如图5-50所示。

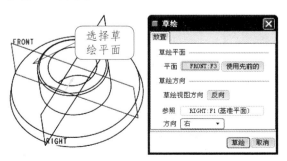

图 5-50 设置草绘平面

❸ 系统进入草绘工作环境。在"草绘"工具栏中单击"直线"按钮 ，绘制筋的草绘截面，如图 5-51 所示。

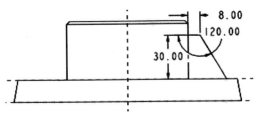

图 5-51 绘制筋截面

❹ 在工具栏中单击"完成"按钮 ，返回筋操控板。在操控板的厚度文本框内输入 20，厚度方向

为对称，单击"确定"按钮 ，创建筋特征，如图 5-52 所示。

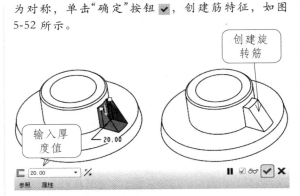

图 5-52 创建旋转筋特征

5.3 壳特征

壳特征在机械制造中又称为"抽壳"，也就是指从实体内部挖去一部分材料，形成的内部中空或凹坑的薄壁实体结构。该特征在实际应用中主要用于塑料或者铸造零件中，它可以把形成的零件内部掏空，并且使零件的壁厚均匀，可以使零件具有质轻、低成本等优点。在飞机模型及造船行业中被广泛使用。

在设计过程中，抽壳具有一定的限制条件，具体说明如下。

▷ 不能把壳特征增加到任何具有从切点移动到一点的曲面的零件。

▷ 如果将要拭除的曲面具有与其相切的相邻曲面，就不能拭除该曲面。

▷ 如果将要拭除的曲面的顶点由 3 个曲面相交创建，就不能拭除该曲面。

▷ 如果零件有由 3 个以上的曲面形成的拐角，壳特征就可能无法进行几何定义。这种情况下，Pro/E 高亮显示故障区。将要拭除的曲面必须由边包围（完全旋转的旋转曲面无效），并且与边相交的曲面必须通过实体几何形成一个小于 180°的角。一旦遇到这种情况，即可选取全部修饰曲面作为将要拭除的曲面。

▷ 当选择的曲面以独立的厚度并与其他曲面相切时，所有相切曲面必须有相同的厚度，否则壳特征失败。例如，如果将包含孔的零件制成壳，并且想使孔的壁厚度与整个零件的厚度不同，则必须拾取组成孔的两个曲面（柱面），然后将其偏移相同距离。

▷ 默认情况下，壳创建具有恒定壁厚的几何。如果系统不能创建恒定厚度，那么壳特征就失败。

5.3.1 壳特征操控板

在介绍壳特征的创建方法之前，先来了解一下壳工具操控板。利用该操控板，可以定义移除曲面、壳厚度和壳体生成方向。

在主菜单栏中选择"插入"→"壳"命令，或直接在"工程特征"工具栏中单击"壳"按钮 ，系统弹出"壳"操控板，如图 5-53 所示。

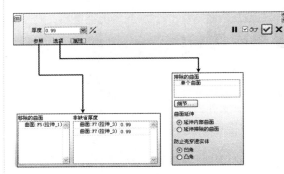

图 5-53 "壳"操控板

该操控板中的主要选项含义说明如下。

1. 参照

在"壳"操控板中单击"参照"按钮，系统弹出"参照"面板。该面板中包括两个用于指定参照对象的收集器。其中"移除的曲面"收集器用于选取所需移除的曲面或曲面组；"非缺省厚度"收集器用于选取不同厚度的曲面，并分别指定每一个曲面的厚度。

2. 选项

在"选项"操控板中单击"选项"按钮，系统弹出"选项"面板。该面板可以对抽壳对象中的排除曲面、曲面延伸，以及抽壳操作，并且可以对其他凹角或凸角特征之间切削穿透的预防进行设置。

3. 厚度和方向

在操控板"厚度"文本框中可指定所创建壳体的厚度，单击"反向"按钮，可在参照的另一侧创建抽壳体，其效果与输入厚度值为负值相同。一般情况下，输入正值表示挖空实体内部的材料形成壳；输入负值表示在实体外部加上指定的壳厚度。

4. 属性

打开此面板，可以查看壳特征的删除曲面、厚度、方向，以及排除曲面等参数信息，并能够对该壳特征进行重命名操作。

5.3.2 创建壳特征

创建壳特征时，首先需要定义壳体的厚度，必要时，可以选取移除面或非默认厚度曲面等参照，以创建开放的壁厚壳体特征。根据创建的方式不同，主要有以下 3 种壳体类型。

> ▷ 保留面设置抽壳

> ▷ 删除面抽壳

> ▷ 不同厚度抽壳

壳特征的创建过程比较简单，下面以实例方式具体讲解这三种壳体的创建方法。

1. 保留面设置抽壳

该方法可以在实体中创建一个封闭的壳，整个实体内部呈中空状态，但无法进入该空心部分。在创建各球类模型，以及气垫等空心模型时，该方式较为常用。

案例 5-8 创建保留面抽壳特征

❶ 单击工具栏上的"打开"按钮，打开素材库中的 anli5_8 文件。

❷ 单击"工程特征"工具栏上的"壳"按钮，系统弹出"壳"操控板。在该操控板中的"厚度"文本框中输入厚度值为 0.5。单击操控板中的"确定"按钮，即可完成壳的创建，结果如图 5-54 所示。

2. 删除面抽壳

该方式是抽壳中最为常见的一种抽壳方法。主要是通过删除实体的一个或多个表面，并设置相应的厚度，而创建的壳特征。

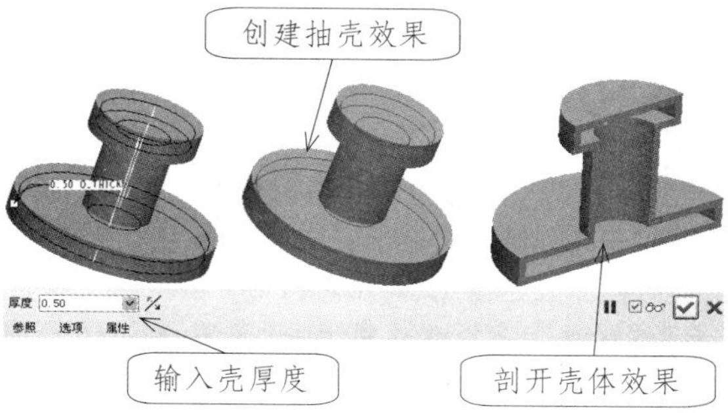

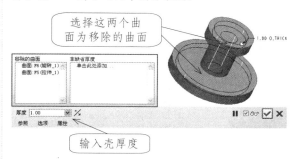

图 5-54 创建抽壳特征

案例 5-9 创建删除面抽壳特征

❶ 单击主工具栏上的"打开"按钮，打开素材库中的 anli5_8 文件。

❷ 单击"工程特征"工具栏中的"壳"按钮，系统弹出"壳"操控板。在该操控板中的"厚度"文本框中输入厚度值为 1。单击"参照"按钮，在打开的"参照"面板中激活"移除的曲面"收集器，然后按住 Ctrl 键选择如图 5-55 所示的两个实体表面。

图 5-55 选择要移除的曲面

❸ 单击操控板中的"确定"按钮，即可完成壳的创建，结果如图 5-56 所示。

图 5-56 移除曲面创建抽壳特征

3. 不同厚度抽壳

在创建比较复杂的壳体特征时，有些表面由于承受较大的载荷，需要增加一定的厚度，而其余表面无载荷要求或承受较小的载荷，对于厚度要求没有具体限制。此时，就需要创建具有不同厚度的壳体特征，以满足使用要求。

案例 5-10 创建不同厚度抽壳特征

❶ 单击工具栏上的"打开"按钮 ☞ ，打开素材库中的 anli5_8 文件。

❷ 单击"工程特征"工具栏中的"壳"按钮 ▣ ，打开"壳"操控板。在该操控板中的"厚度"文本框中输入厚度值为 0.5，单击"参照"按钮，在打开的"参照"面板中激活"移除的曲面"收集器，然后按住 Ctrl 键选择如图 5-57 所示的两个实体表面作为移除的曲面。

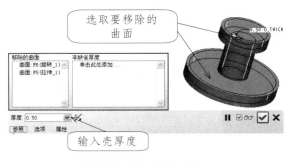

图 5-57 选取要移除的曲面

❸ 在"参照"面板中单击"非缺省厚度"收集器，然后选择需要设置厚度的模型表面，并输入要修改的厚度值为 1.5。如图 5-58 所示。

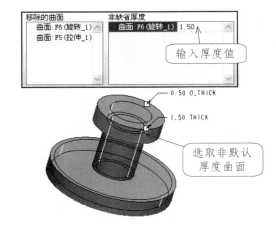

图 5-58 定义非缺省厚度

❹ 单击操控板中的"确定"按钮，即可完成抽壳的创建，结果如图 5-59 所示。

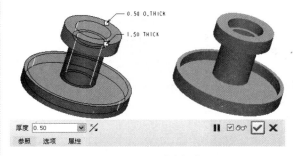

图 5-59 不同厚度抽壳

5.4 拔模特征

在实际生产中，拔模特征是指当使用注塑或铸造方式进行零件制造时，塑料射出件、金属铸造件和锻造件与模具之间一般会保留 1°～10°，或者更大的倾斜角，从而可以使成型品等容易从模腔中取出。在 Pro/E 中，创建拔模特征是将实体或曲面倾斜一定角度，实现锥化效果的过程。

5.4.1 拔模操控板

利用"拔模"操控板，可以定义拔模曲面、拔模枢轴、拔模角度，以及拖拉方向等重要的参数。在已生成或打开一个零件模型窗口中，选择主菜单栏中的"插入"→"斜度"命令，或直接在"工程特征"工具栏中单击"拔模"按钮 ▣ ，系统弹出"拔模"操控板，如图 5-60 所示。

该操控板中的主要选项含义说明如下。

1. 参照

打开此面板，可以分别激活"拔模曲面"、"拔模枢轴"和"拖曳方向"收集器，然后定义相应的参照对象。其中"拔模曲面"是定义拔模操作的模型表面，"拔模枢轴"是定义拔模过程的参照，包括拔模曲面上的曲线或拔模平面；"拖拉方向"是定义测量拔模角度的参照，包括平面、直边、基准轴、亮点或坐标系等类型。

2. 分割

打开此面板，可以对拔模曲面进行分割，并设定拔模面上的分割区域，以及各区域是否进行拔模，主要选项介绍如下。

■ **分割选项**

在"分割选项"下拉列表中包括 3 个选项。

▷ "不分割"选项：拔模面将绕拔模枢轴按指定的拔模角度拔模，没有分割效果。

▷ "根据拔模枢轴分割"选项：将以指定的拔模枢轴为分割参照，创建分割拔模特征。

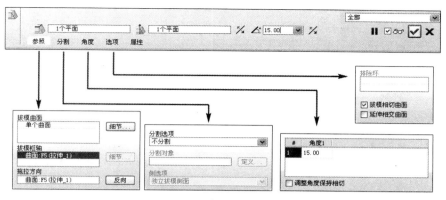

图 5-60 "拔模"操控板

▷ "根据对象分割"选项：将通过拔模曲面上的曲线或者草绘截面，创建分割拔模特征。

■ 分割对象

当选择"根据分割对象分割"选项时，可以激活此收集器。此时，可以选取模型上现有的草绘、平面或面组作为拔模曲面的分割区域。单击"定义"按钮，可以在草绘平面上绘制封闭轮廓，作为拔模曲面的分割区域。

■ 侧选项

此选项组主要用于设置拔模区域，在该下拉列表中包括 3 种方式。

▷ "独立拔模侧面"：分别针对分割后的拔模曲面区域设定不同的拔模角度。

▷ "从属拔模侧面"：按照同一个角度，从相反的方向进行拔模操作，这种方式广泛应用于具有对称面的模具设计。

▷ "只拔模第一侧面/值拔模第二侧面"：选择此选项，则仅针对拔模曲面的某个分割区域进行拔模，而另一个区域则会保持不变。

3. 角度

打开此面板，可以设置拔模方向与生成的拔模曲面之间的夹角，其取值范围为 -30°～30°。如果拔模曲面被分割，则可以为拔模曲面的每一侧面定义一个独立的角度。此外，也可以在拔模曲面的不同位置设定不同的拔模角度。

4. 选项和属性

打开"选项"面板，可以定义与指定拔模曲面相切或相交的拔模效果；打开"属性"面板，可以查看拔模特征的分割方式、拔模曲面，以及角度等参数信息，并能对该拔模特征进行重命名。

5.4.2 创建拔模特征

创建拔模特征主要是利用"拔模"操控板实现的，创建拔模特征的一般步骤如下。

❶ 需要在"参照"面板中定义拔模曲面和拔模枢轴。

❷ 在操控板上设置拔模角度，并调整拔模方向。

❸ 必要时需要选取分割参照，并利用"角度"面板设置不同的拔模角度。

根据不同的拔模操作方式，将拔模特征分为以下两种类型。

▷ 一般拔模特征

▷ 分割拔模特征

1. 创建一般拔模特征

这是常用的拔模特征，在创建一般拔模特征时，拔模枢轴固定不变，拔模曲面围绕拔模枢轴旋转产生拔模效果。下面以一个实例的方式具体讲解一般拔模特征的创建方法。

案例 5-11　创建一般拔模特征

❶ 在"文件"工具栏中单击"打开"按钮，打开anli5_11 文件，如图 5-61 所示。

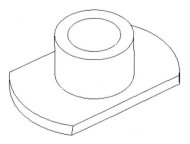

图 5-61　创建拔模特征示例

❷ 在"工程特征"工具栏中单击"拔模"按钮 🔧，系统弹出"拔模"操控板，在该操控板中单击"参照"按钮，系统弹出"参照"面板。

❸ 在"参照"面板中单击"拔模曲面"收集器，并将其激活，然后按住 Ctrl 键选取如图 5-62 所示的曲面作为拔模曲面。

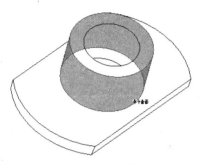

图 5-62　选取拔模曲面

❹ 在"参照"面板中单击"拔模枢轴"收集器，并将其激活，然后选取如图 5-63 所示的曲面作为拔模枢轴曲面。

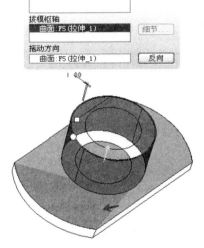

图 5-63　选取拔模枢轴

❺ 在操控板中的"角度"文本框内输入拔模角度为 5，然后单击"反向"按钮，调整拔模方向，如图 5-64 所示。

❻ 设置拔模参照和参数后，单击操控板中的"确定"按钮 ☑，即可完成拔模特征的创建，结果如图 5-65 所示。

2. 创建分割拔模特征

分割拔模特征是利用拔模枢轴、草图、平面或平面组作为分割对象，对拔模曲面进行分割操作的，然后对每个区域的拔模曲面设置不同的拔模角度和拔模方向，以创建较复杂的拔模特征。根据分

割对象的不同，在"分割"面板中，主要有以下两种类型。

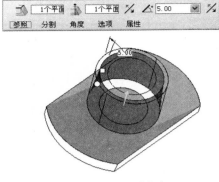

图 5-64　设置拔模角度

图 5-65　创建拔模特征

■ 根据拔模枢轴分割

此类拔模特征能够以拔模枢轴为分割对象将拔模曲面分割，并可以分别设置拔模枢轴两侧的拔模曲面的拔模方向和拔模角度。

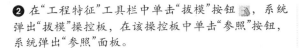

案例 5-12　创建枢轴分割拔模

❶ 在工具栏中单击"打开"按钮 📂，打开素材库中的 anli5_12 文件。

❷ 在"工程特征"工具栏中单击"拔模"按钮 🔧，系统弹出"拔模"操控板，在该操控板中单击"参照"按钮，系统弹出"参照"面板。在该面板中单击"拔模曲面"收集器，并将其激活，然后按住 Ctrl 键选取如图 5-66 所示的曲面作为拔模曲面。

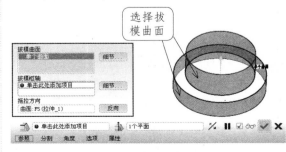

图 5-66　选择拔模曲面

❸ 在"参照"面板中单击"拔模枢轴"收集器，并将其激活，然后选取如图5-67所示的曲面作为拔模枢轴曲面。

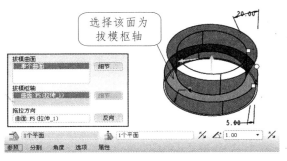

图 5-67 选择拔模枢轴曲面

❹ 在"分割"面板中单击"分割选项"，进入其下拉列表，并在该下拉列表中选择"根据拔模枢轴分割"选项，如图5-68所示。

图 5-68 选择"根据拔模枢轴分割"方式

❺ 在"拔模"操控板中分别设置两个拔模角度值。调整拔模方向，单击该操控板中的"确定"按钮 ✓，即可完成拔模特征的创建，如图5-69所示。

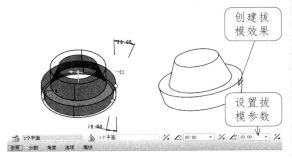

图 5-69 设置拔模参数创建拔模特征

■ **根据分割对象分割**

该方法是利用封闭的草绘轮廓对拔模曲面进行分割的，以创建具有复杂形状的拔模特征。具体的方法及其步骤如下。

案例 5-13 创建分割对象拔模

❶ 单击工具栏中的"打开"按钮 ，打开素材库中的anli5_13文件。

❷ 在"工程特征"工具栏中单击"拔模"按钮 ，系统

弹出"拔模"操控板，在该操控板中单击"参照"按钮，系统弹出"参照"面板。单击"拔模曲面"收集器，并将其激活，选取如图5-70所示的面作为拔模曲面。

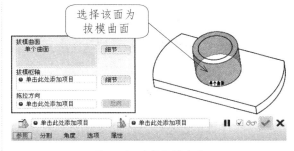

图 5-70 选择拔模曲面

❸ 在"参照"面板中单击"拔模枢轴"收集器，并将其激活，然后选取如图5-71所示的曲面作为拔模枢轴曲面。

图 5-71 选择拔模枢轴曲面

❹ 在"分割"面板中选择"分割"选项，进入其下拉列表，并在该下拉列表中选择"根据分割对象分割"选项，如图5-72所示。

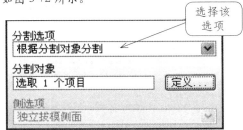

图 5-72 选择"根据分割对象分割"方式

❺ 在"分割对象"选项中，单击"定义"按钮，此时系统将出现一个设置草绘平面的对话框，选择TOP平面作为草绘面，参照为默认的选项，进入草绘环境如图5-73所示。

❻ 在绘图区域中，绘制如图5-74所示的截面。单击"完成"按钮 ✓，返回"拔模"操控板。

❼ 在"拔模"操控板中分别设置两个拔模角度值。调整拔模方向，单击操控板中的"确定"按钮 ✓，即可完成拔模特征的创建，如图5-75所示。

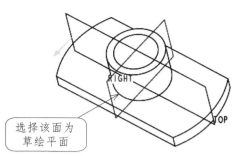

图 5-74　草绘截面

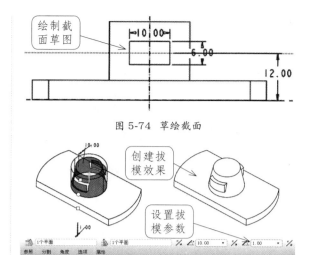

图 5-75　设置拔模参数创建拔模特征

提示:

在使用这种方式创建分割拔模时,作为分割对象的草绘必须是闭合的,其轮廓向拔模曲面垂直投影,并对拔模曲面加以分割。

图 5-73　定义草绘平面

5.5　倒圆角特征

倒圆角是一种修饰特征,该特征可以将零件实体的尖锐边线圆滑化,是提高产品外观美感、保障使用过程安全的重要方法,还可以避免模型拐角应力集中造成的开裂。

在传统的产品设计中,倒圆角只是将尖锐边线转为等半径圆弧面,而在现代的一些产品设计中,要求倒圆角的形式多种多样,既有多半径倒圆角,也有多条边相交的倒圆角特征。

5.5.1　倒圆角操控板

利用"倒圆角"操控板,可以定义倒圆角的边线、圆角半径,以及圆角过渡样式等重要参数。

在已生成的或打开一个零件模型窗口中,在主菜单栏中选择"插入"→"倒圆角"命令,或直接在"工程特征"工具栏中单击"倒圆角"按钮 ,系统弹出"倒圆角"操控板,如图 5-76 所示。

该操控板中主要选项的含义说明如下。

1.　"设置模式"

设置模式又称为"集合模式",该模式是系统默认且比较常用的一种模式。在该模式下,选取倒

圆角的参照,以及控制倒圆角的各项参数,可以处理倒圆角的组合。

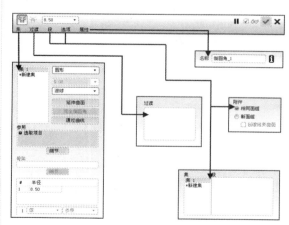

图 5-76　"倒圆角"操控板

2.　"过渡模式"

利用该模式可以定义圆角特征的所有过渡区域。切换到该模式后,Pro/E 会自动在模型中显示可以设置的过渡区域。

3. 集

打开此面板，可以定义倒圆角多选图形对象之间的圆角类型，设置圆角的参数及将所有选取的边在倒圆角对象和参照之间转换等作用，主要有以下4个选项。

■ 对象控制区

该区域列出了所有的已选倒圆角对象，既可以单击并查看所选倒圆角对象中的任意对象，也可以选取该对象，并利用右键快捷菜单添加或删除，如图5-77所示。

图 5-77 删除已选倒圆角对象

■ 类型选择区

该区域主要用于选择圆角面的界面形状、生成方式，以及圆角种类。

▷ 外形可分为圆形、圆锥、C2连续和D1×D2圆锥。

▷ 生成方式可以分为滚球和垂直于骨架。

▷ 圆角种类可以分为延伸曲面、完全倒圆角和通过曲线。

■ 参照

该区域用于显示所选倒圆角对象的具体类型，可以利用右键快捷菜单将对象移除，或者打开"信息"窗口，查看对象参考、特征、截面，以及尺寸等信息；单击"细节"按钮，可以利用"链"对话框，对参照进行添加、移除或对选取规则进行详细编辑。

■ 参数设置区

该选项区主要用于设置所选倒圆角对象的圆角参数。利用右键快捷菜单还可以添加半径，以创建多种圆角特征。

4. 段

打开"段"面板，可以查看并显示所有已选的圆角对象，以及圆角对象所包括的曲线段，如图5-78所示。

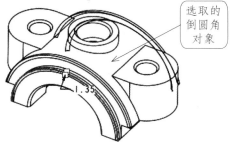

图 5-78 显示效果

5. 选项

打开此面板，选择"实体"单选按钮，可以将圆角生成为实体；选择"曲面"单选按钮，可以将圆角生成为曲面，效果如图5-79和图5-80所示。

图 5-79 创建圆角实体

图 5-80 创建圆角曲面

5.5.2 创建倒圆角

利用"倒圆角"工具可创建曲面间或中间曲面

位置的倒圆角。曲面可以是实体模型的曲面，也可以是曲面特征。根据圆角生成方式，主要有以下几种类型。

1. 恒定倒圆角

恒定倒圆角就是指用一个固定的半径创建的圆角，其中倒圆角参照可以是"边链"、"曲面—曲面"或"边—曲面"等形式。打开"倒圆角"操控板，在模型上选取倒圆角对象，并设置圆角半径，即可生成恒定倒圆角特征。

案例 5-14　创建恒定倒圆角

❶ 在"文件"工具栏中单击"打开"按钮，打开 anli5_14 文件，如图 5-81 所示。

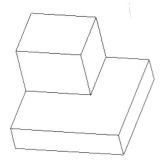

图 5-81　恒定倒圆角示例

❷ 在"工程特征"工具栏中单击"倒圆角"按钮，系统弹出"倒圆角"操控板，在该操控板中单击"放置"按钮，系统弹出"放置"面板。

❸ 在"放置"面板中单击"参照"收集器，并将其激活，然后在绘图区内选取如图 5-82 所示的曲面作为倒圆角对象。

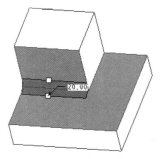

图 5-82　选取倒圆角对象

❹ 在该操控板的"半径"文本框内输入 40，并按 Enter 键。在"放置"面板中单击"新组"按钮，按住 Ctrl 键选取如图 5-83 所示的边作为倒圆角对象。

❺ 在该操控板中的"半径"文本框内输入 20，按 Enter 键，再单击操控板中的"确定"按钮，完成恒定倒圆角的创建，如图 5-84 所示。

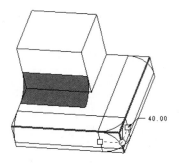

图 5-83　选取倒圆角对象

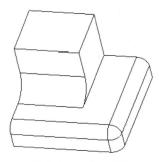

图 5-84　恒定倒圆角

提示：

在曲面之间进行倒圆角时，可以选取两个相交的模型曲面，或模型曲面与空间曲面为倒圆角对象创建圆角。此外，也可以直接在模型曲面与边线之间创建圆角效果。

2. 可变倒圆角

可变倒圆角是在一条边线上创建半径发生变化的倒圆角特征，一般一次只能对一条边线进行圆角操作。

案例 5-15　创建可变倒圆角

❶ 在"文件"工具栏中单击"打开"按钮，打开 anli5_15 文件，如图 5-85 所示。

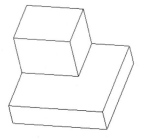

图 5-85　可变倒圆角实例

❷ 在"工程特征"工具栏中单击"倒圆角"按钮，系

统弹出"倒圆角"操控板，在该操控板中单击"放置"
按钮，系统弹出"放置"面板。

❸ 在"放置"面板中单击"参照"收集器，并将其激
活，按住 Ctrl 键选取如图 5-86 所示的边作为倒圆角
对象。

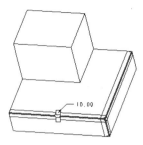

图 5-86　选取倒圆角对象

❹ 在该操控板中的"半径"文本框内输入 10，按
Enter 键。在"设置"面板中"半径"选项框中单击鼠标
右键，在弹出的右键快捷菜单中选择"添加半径"选
项，如图 5-87 所示，系统将会复制此半径值。

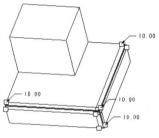

图 5-87　添加半径

❺ 在"半径"选项框中的 1、2、3 半径文本框内均输
入 20，结果如图 5-88 所示。

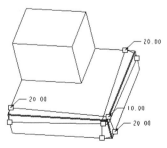

图 5-88　输入半径值

❻ 设定倒圆角半径后，在操控板中单击"确定"按钮
☑，完成可变倒圆角的操作，结果如图 5-89 所示。

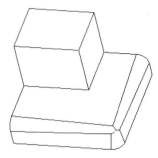

图 5-89　可变倒圆角

3. 完全倒圆角

完全倒圆角是将两条参照边线或曲面之间的模
型表面全部转化为倒圆角。对于完全倒圆角而言，
根据参与倒圆角操作的几何对象不同，可以分为以
下两种类型。

■　两边线之间完全倒圆角

案例
5-16　两边线之间完全倒圆角

❶ 在"文件"工具栏中单击"打开"按钮 ▄，打开
anli5_14 文件，如图 5-90 所示。

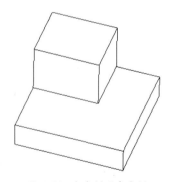

图 5-90　完全倒圆角实例

❷ 在"工程特征"工具栏中单击"倒圆角"按钮，系
统弹出"倒圆角"操控板，在该操控板中单击"放置"
按钮，系统弹出"放置"面板。

❸ 在"放置"面板中单击"参照"收集器，并将其激
活，按住 Ctrl 键选取如图 5-91 所示的曲面作为倒圆
角对象。

❹ 在"放置"面板中单击"驱动曲面"收集器，并将
其激活，选取如图 5-92 所示的曲面作为倒圆角驱
动曲面。

❺ 在"放置"面板中单击"新组"按钮，按住 Ctrl 键选
取如图 5-93 所示的边作为倒圆角对象，并单击"完

全倒圆角"按钮。

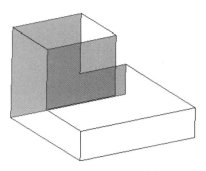

图 5-91 选取倒圆角对象

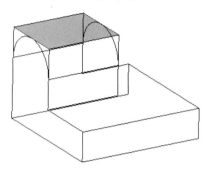

图 5-92 选取驱动曲面

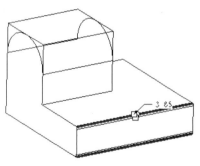

图 5-93 选取倒圆角对象

❻ 最后在操控板中单击"确定"按钮，完成完全倒圆角操作，结果如图 5-94 所示。

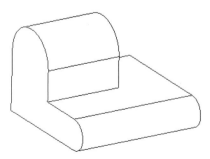

图 5-94 完全倒圆角

■ 模型表面之间完全倒圆角

这种倒圆角方式需要选择模型的两个表面和一个驱动面，可以将两个曲面之间的模型表面转换为

由驱动曲面决定的倒圆角。

案例 5-17 模型表面之间完全倒圆角

❶ 在工具栏中单击"打开"按钮，打开素材库中的 anli5_17 文件。

❷ 在"工程特征"工具栏中单击"倒圆角"按钮，系统弹出"倒圆角"操控板，在该操控板中单击"集"按钮，系统弹出"集"面板。在"集"面板中单击"参照"收集器，并将其激活，然后在绘图区内按住 Ctrl 键选取如图 5-95 所示的两个模型表面。

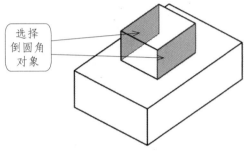

图 5-95 选择倒圆角对象

❸ 单击"集"面板中的"驱动曲面"收集器，并将其激活，在绘图区域选择如图 5-96 所示的面作为驱动曲面。

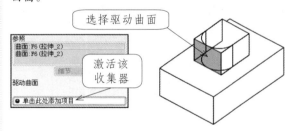

图 5-96 选择驱动曲面

❹ 在操控板中单击"确定"按钮，完成可变倒圆角的操作，结果如图 5-97 所示。

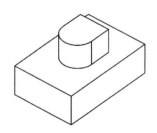

图 5-97 创建特殊的完全倒圆角特征

4. 曲线驱动倒圆角

曲线驱动倒圆角是由曲线形态决定半径变化的倒圆角特征，此类圆角不需要输入圆角半径值，只

需要指定驱动曲线即可。

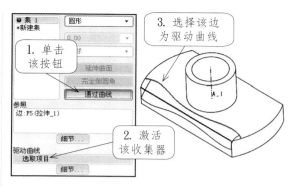

图 5-99 选择驱动曲线

案例 5-18 曲线驱动倒圆角

❶ 在工具栏中单击"打开"按钮📂，打开素材库中的 anli5_18 文件。

❷ 在"工程特征"工具栏中单击"倒圆角"按钮🔖，系统弹出"倒圆角"操控板，在该操控板中单击"集"按钮，系统弹出"集"面板。在"集"面板中单击"参照"收集器，并将其激活，然后在绘图区内选取如图 5-98 所示的一条边线。

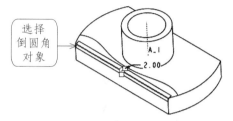

图 5-98 选取边线

❸ 在"集"面板中单击"通过曲线"按钮，并单击"驱动曲线"收集器将其激活，然后在模型中选择如图 5-99 所示的边线作为"驱动曲线"。

❹ 在操控板中单击"确定"按钮✔，完成可变倒圆角操作，结果如图 5-100 所示。

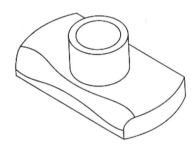

图 5-100 创建曲线倒圆角

5.6 自动倒圆角特征

自动倒圆角是在 Pro/E4.0 版本中新增加的功能，Pro/E 5.0 的用法与 Pro/E4.0 相同。利用"自动倒圆角"命令，可以通过排除边的方式，自动选取模型上的其他所有边创建倒圆角特征，而选取的排除边线则保持不变。

5.6.1 自动倒圆角操控板

利用"自动倒圆角"操控板，可以定义倒圆角排除的边线、倒圆角半径、倒圆角范围，以及倒圆角形式等重要参数。选择菜单栏中的"插入"→"自动倒圆角"命令，打开"自动倒圆角"操控板，如图 5-101 所示。

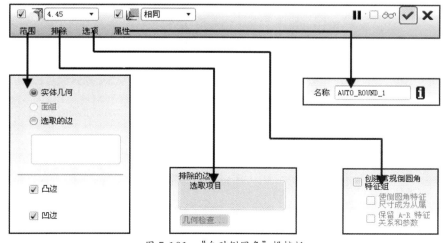

图 5-101 "自动倒圆角"操控板

该面板的主要选项说明如下。

1. 范围

打开"范围"面板,可以定义自动倒圆角的范围,包括参照选项区和参照限制区两个选择区域,它们的主要功能说明如下。

■ 参照选项区

该选项区除了用于定义自动倒圆角的倒角参照或排除参照外,还可以利用3种方式缩小选取参照的范围。

▷ 选择"实体几何"单选按钮,则仅对几何上的边自动倒圆角。

▷ 选择"面组"单选按钮,仅对选取面组的面自动倒圆角。

▷ 选择"选取的边"单选按钮,则仅对选取的边或目的链倒圆角。

■ 参照限制区

该选项区主要用于限制选取的倒圆角参照或排除参照对象范围。勾选"凸边"复选框,则仅对实体几何上或选取的凸边自动倒圆角;勾选"凹边"复选框,则仅对实体几何上或选取的凹边自动倒圆角。

2. 排除

打开"排除"面板,单击激活"排除的边"收集器,可以定义自动倒圆角所排除的倒圆角参照,按住 Ctrl 键可以选取多个要排除的参照,此外,选择排除的参照,可利用右键快捷菜单移除或全部移除排除的参照。

3. 选项

打开"选项"面板,若勾选"创建常规倒圆角特征组"复选框,则创建的自动倒圆角转换为一般倒圆角,并在模型树中以组特征显示,但倒圆角效果不变。

4. 属性

打开"属性"面板,可以查看自动倒圆角的名称,还可以修改倒圆角的名称。

5.6.2 创建自动倒圆角特征

创建自动倒圆角的方法与一般倒圆角的方法类似,需要定义倒圆角的半径、倒圆角参照等重要参数。不同之处在于,自动倒圆角可以在模型或面组上创建排除参照外的全部倒圆角。

下面以一个实例的方式具体讲解自动倒圆角的方法及其步骤。

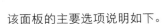

案例 5-19　创建自动倒圆角

❶ 在工具栏中单击"打开"按钮 ,打开素材库中的 anli5_19 文件。

❷ 选择菜单栏中的"插入"→"自动倒圆角"命令,打开"自动倒圆角"操控板。在"范围"面板中,选择"实体几何"单选按钮,启用"凸边"复选框,如图5-102所示。在"自动倒圆角"操控板上设置圆角半径为1。

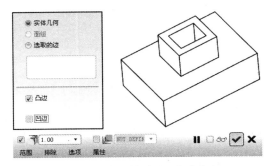

图 5-102　设置自动倒圆角的范围

❸ 在操控板中单击"确定"按钮 ,完成可变倒圆角操作,结果如图 5-103 所示。

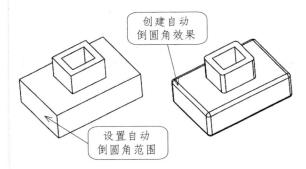

图 5-103　创建自动倒圆角特征

若在步骤 ❷ 中的"范围"面板中同时启用"凸边"复选框和"凹边"复选框,其半径值也为1,则创建的自动倒圆角特征如图 5-104 所示。

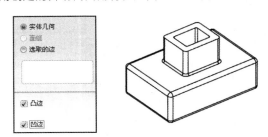

图 5-104　创建"凸边"和"凹边"自动倒圆角

若在步骤 ❷ 中的"范围"面板中选择"选取的边"选项,并激活该收集器,然后在绘图区域选择如图5-105所示的边,其半径值也为1,则创建的自动倒圆角特征如图 5-106 所示。

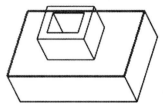

图 5-105 选择要倒圆角的边

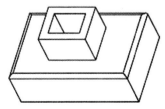

图 5-106 利用"选取的边"选项创建自动倒圆角

若在步骤 ❷ 中的"范围"面板中选择"实体几何"选项，然后打开"排除"面板，激活"排除

的边"收集器，并按住 Ctrl 键在绘图区域选择如图 5-107 所示的边，其半径值也为 1，则创建的自动倒圆角特征如图 5-108 所示。

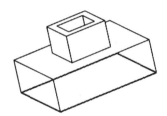

图 5-107 选择排除的边

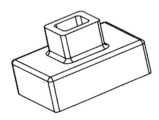

图 5-108 创建排除一部分边的自动倒圆角特征

5.7 倒角特征

倒角又称为"倒斜角"或"去角特征"，在实际应用中，倒角特征既可以处理模型周边的棱角，也可以根据工艺配合要求，方便轴及轴套类零件的安装。

在创建倒角特征时，需要指定的特征参数包括：倒角所在的边、倒角规格、倒角尺寸。Pro/E 中提供了两种类型的倒角，分别是边倒角和拐角倒角。

5.7.1 边倒角

边倒角用于修饰零件的边缘，所以先要选择零件的边，这条边在两个表面之间，可以是矩形的边缘，也可以是圆柱的圆周线。

1. 边倒角操控板

打开一个零件模型窗口，在主菜单栏中选择"插入"→"倒角"→"边倒角"命令，或直接在"工程特征"工具栏中单击"边倒角"按钮，系统弹出"边倒角"操控板，如图 5-109 所示。

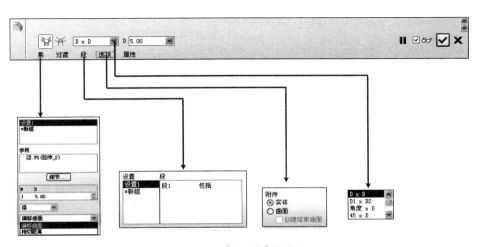

图 5-109 "边倒角"操控板

该操控板中主要选项的含义说明如下。

■ 倒角过渡模式

在实际操作过程中,如果有多组倒角相接时,在相接处常常会发生故障,或者需要修改过渡类型,可以通过单击操控板中的"过渡模式"按钮 ,切换为过渡显示模式,根据系统提示,在绘图区内选取过渡区,"倒角"操控板将发生变化。

▷ 缺省(相交):该选项为系统默认选项,选择该选项时,倒角过渡区将按照系统默认的类型进行处理。

▷ 曲面片:选择该选项,可以在 3 个或 4 个倒角的交点之间创建一个曲面片曲面。在 3 个倒角相交处所形成过渡区的情况下,可以设置曲面片相对于参照曲面的圆角参照;4 个倒角相交时,只能创建系统默认的曲面片。

▷ 拐角平面:该选项只有在存在拐角的情况下才能使用。选择该选项可以使用对由 3 个倒角相交处形成的拐角进行倒角处理。

■ "集"面板

在"边倒角"操控板中单击"集"按钮,系统弹出"集"面板。该面板用于定义倒角的参数、添加或删除倒角参照,以及倒角生成方式等。

▷ 参照选择区:在该区域中单击"新建集"按钮,可以通过选取模型的边来添加新的倒角参照,按住 Ctrl 键可以选取多个参照。利用"设置"选项的右键快捷菜单,可以添加或删除倒角参照。单击"细节"按钮,可以通过"键"对话框添加或移除倒角参照。

▷ 参数设置区:该区域用于对所选倒角参照对象的倒角尺寸进行详细设置,其中的参数选项随倒角类型的不同而变化。在下方的下拉列表中可以设置"值"和"参照"两个倒角距离的驱动方式。

▷ 生成方式:该选项区用于指定倒角的生成的方式。进入下拉列表进行设置,选择"偏移曲面"选项,表示通过偏移相邻曲面确定倒角距离;选择"相切距离"选项,表示通过以相邻曲面相切线的交点为起点测量的倒角距离。

2. 创建边倒角特征

边倒角的标注形式有 D×D、D1×D2、角度 ×D、45×D、O×O、O1×O2。若要改变默认的标注形式,则可以在倒角工具操控板上选择,选择的标注形式不同,则要定义的参数类型也不同。下面介绍边倒角的几种常用标注形式。

■ D×D

选择该选项时,只需要输入一个尺寸值,便能使倒角两边的尺寸相等,如图 5-110 所示。可以使用该选项在不相互垂直的两表面之间创建倒角。

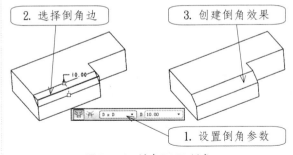

图 5-110 创建 D×D 倒角

■ D1×D2

使用该选项时,可以在倒边角的两侧创建倒角距离不等的倒角特征。创建此类倒角时,选择倒角边,并分别输入倒角距离(D1值和D2值),如图 5-111 所示。

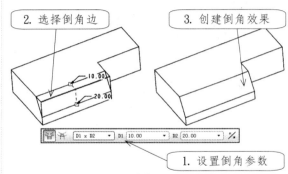

图 5-111 创建 D1×D2 倒角

■ 角度 ×D

选择此类型时,将通过设定一个倒角距离 D 和一个倒角角度,来创建倒角特征。在实体模型上指定倒角边线,以及距离 D 和角度值后,可以利用"边倒角"操控板中的"切换角度"工具 ,切换角度的参考基面,如图 5-112 所示。

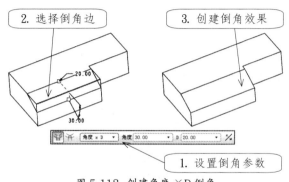

图 5-112 创建角度 ×D 倒角

■ 45×D

使用该选项时，只需要输入一个偏移距离值（D值），如图 5-113 所示。所选的边参照为两个相互垂直的零件表面的相交线。

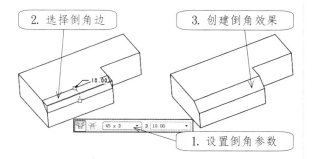

图 5-113 创建 45×D 倒角

下面以一个实例的方式辅助说明在零件设计中如何设计倒角特征。

案例 5-20 创建普通倒角特征

❶ 在工具栏中单击"打开"按钮 ，打开素材库中的 anli5_20 文件。

❷ 单击"工程特征"工具栏中的"边倒角"按钮 ，打开"边倒角"操控板。在该操控板中选择边倒角类型为 D×D，并在尺寸文本框框中输入 1，按住 Ctrl 键选择如图 5-114 所示的 4 条轮廓边。

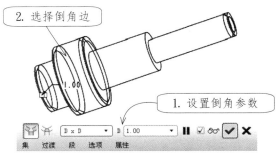

图 5-114 选择倒角边

❸ 单击"集"面板中的"新建集"按钮，选择如图 5-115 所示的边，在倒角工具操控板上，设置 D 值为 1.5。

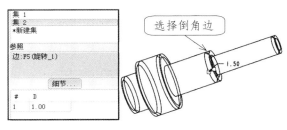

图 5-115 选择"集 2"的边参照

❹ 最后单击"完成"按钮 ，完成的零件倒角特征如图 5-116 所示。

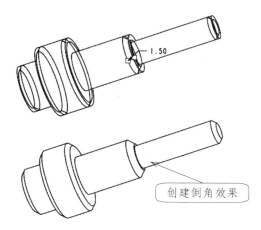

图 5-116 创建倒角特征

5.7.2 拐角倒角

拐角倒角是指对零件顶角进行倒角。利用"拐角倒角"工具，可以从零件的拐角处去除材料，从而在拐角处形成倒角特征。在 Pro/E 中创建拐角倒角时，首先需要指定拐角所在的一条边线，以定义拐角位置，其次依次指定各边线上倒角距拐角顶点的距离即可。

下面以一个实例的形式具体说明"拐角倒角"的创建方法。

案例 5-21 创建拐角倒角特征

❶ 在"文件"工具栏中单击"打开"按钮 ，打开 anli5_21 文件，如图 5-117 所示。

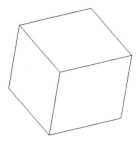

图 5-117 创建拐角倒角特征

❷ 在主菜单栏中选择"插入"→"倒角"→"拐角倒角"命令，系统弹出"倒角（拐角）：拐角"对话框，如图 5-118 所示，并提示"选择要倒角的边"。

❸ 根据系统提示，选择如图 5-119 所示的倒角边，系统弹出"选出／输入"菜单，如图 5-120 所示。

❹ 在"选出／输入"菜单中选择"输入"选项，系统弹

出"输入沿加亮边标注的长度"信息提示文本框，输入 30，如图 5-121 所示，再按 Enter 键。

图 5-118 "倒角（拐角）：拐角"对话框

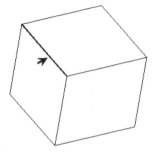

图 5-119 选取倒角边 　图 5-120 "选出／输入"菜单

图 5-121 信息提示文本框

❺ 选取如图 5-122 所示的倒角的第二条边，在弹出的"选出／输入"菜单中选择"输入"选项，输入 50，并按 Enter 键。

图 5-122 选取倒角的第二条边

❻ 在选取倒角的第一、第二条边后，第三条边系统将自动确定。在弹出的"选出／输入"菜单中选择"输入"选项，输入 40，并按 Enter 键。最后在"倒角（拐角）：拐角"对话框中单击"确定"按钮，即可完成拐角倒角的创建，如图 5-123 所示。

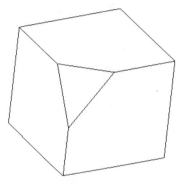

图 5-123 创建拐角倒角

5.8　实例应用

5.8.1 创建支座

本实例将创建一个支座，效果如图 5-124 所示。创建该零件时，主要利用"拉伸"、"筋"、"孔"、"倒圆角"，以及"阵列"工具来创建零件。

图 5-124 创建底座实例

❶ 在"文件"工具栏中单击"新建"按钮，系统弹出"新建"对话框，在"类型"选项区中选择"零件"选项，在"子类型"选项区中选择"实体"选项，接着在"名称"文本框中输入 5_8_1zhizuo，再取消勾选"使用缺省模

板"选项前面的复选框，如图 5-125 所示，单击"确定"按钮。

图 5-125 "新建"对话框

❷ 系统弹出"新文件选项"对话框，选择模板类型为 mmns_part_solid，如图 5-126 所示，单击"确定"按钮，系统进入零件模块工作界面。

图 5-126　"新文件选项"对话框

❸ 在"基础特征"工具栏中单击"拉伸"按钮 🗗，然后在弹出的"拉伸"操控板中单击"放置"按钮，在弹出的"放置"面板中单击 定义... 按钮，系统弹出"草绘"对话框。

❹ 根据系统提示，选择基准平面 FRONT 作为草绘平面，草绘参照和方向均采用系统默认，如图 5-127所示，单击"草绘"按钮。

图 5-127　设置草绘平面

❺ 系统进入草绘工作环境。在"草绘"工具栏中单击"直线"按钮 ＼，绘制拉伸截面，如图 5-128 所示。单击"草绘"工具栏中的"完成"按钮，完成拉伸截面的创建。

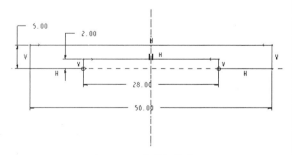

图 5-128　绘制拉伸截面

❻ 在操控板上选择拉伸深度类型为"盲孔"选项 ⊥上，并在"深度值"文本框内输入44，然后单击"确定"按钮 ☑，完成拉伸特征的创建，结果如图 5-129 所示。

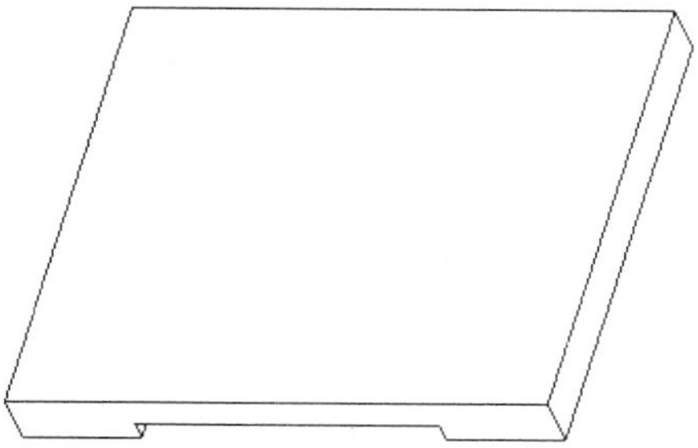

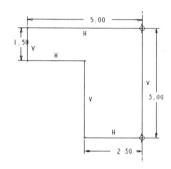

图 5-129　创建拉伸特征

❼ 在"工程特征"工具栏中单击"孔"按钮 🔩，系统弹出"孔"操控板。在该操控板中单击"使用草绘定义钻孔轮廓"按钮 🔟，再单击"草绘"按钮 🔳。

❽ 系统进入草绘工作环境。在"草绘"工具栏中单击"中心线"按钮 ┆和"直线"按钮 ＼，绘制草绘孔截面，如图 5-130 所示，然后单击"草绘"工具栏中的"完成"按钮。

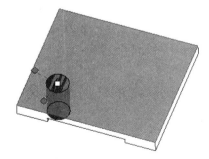

图 5-130　绘制草绘孔截面

❾ 在操控板单击"放置"按钮，接着在弹出的"放置"下滑面中单击"放置"收集器，选取拉伸特征的上表面作为草绘孔的放置参照曲面，如图 5-131 所示。

图 5-131　选取放置曲面

❿ 在"放置"面板中单击"偏移参照"收集器，根据系统提示，按住 Ctrl 键选择如图 5-132 所示的边作为草绘孔的放置参照，并在各参照右侧的"偏移值"文本框中输入 7、12，如图 5-133 所示。

⓫ 设置偏移值后，单击该操控板中的"确定"按钮，即可完成沉孔特征创建，结果如图 5-134 所示。

⓬ 再按同样的方法创建另一侧的沉孔，其各参数均相同，如图 5-135 所示。

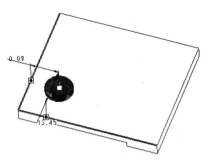

图 5-132 选取偏移参照

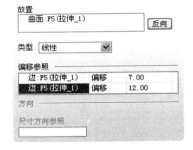

图 5-133 设置偏移值

图 5-134 创建孔

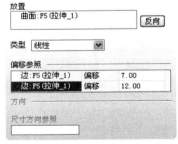

图 5-135 创建另一侧的孔

⓭ 在"基准特征"工具栏中单击"平面"按钮 ▱，系统弹出"基准平面"对话框，在模型树中选取 FRONT 基准平面，如图 5-136 所示。

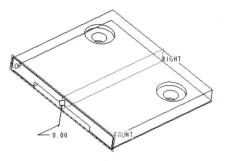

图 5-136 偏移方向

⓮ 在该对话框中选取参照方式为"偏移"，偏距为 -4，如图 5-137 所示。单击"基准平面"对话框中的"确定"按钮，创建基准平面 DTM1，如图 5-138 所示。

图 5-137 "基准平面"对话框

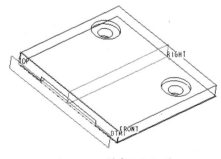

图 5-138 创建 DTM1 面

⓯ 在"基准特征"工具栏中单击"拉伸"按钮 ，然后在弹出的"拉伸"操控板中单击"放置"按钮，在弹出的"放置"面板中单击 定义… 按钮，系统弹出"草绘"对话框。

⓰ 根据系统提示，选择基准平面 DTM1 作为草绘平面，草绘参照和方向均采用系统默认，如图 5-139 所示，单击"草绘"按钮。

⓱ 系统进入草绘工作环境。在"草绘"工具栏中单击"圆"按钮 ，绘制圆柱体拉伸截面，如图 5-140 所示，然后单击"草绘"工具栏中的"完成"按钮，结

束拉伸截面的创建。

图 5-139 设置草绘平面

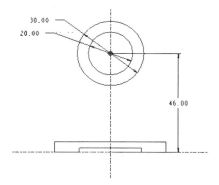

图 5-140 绘制拉伸截面

❶❽ 在该操控板上选择拉伸深度类型为"盲孔"选项，并在"深度值"文本框内输入34，然后单击"确定"按钮，完成拉伸圆柱体特征的创建，结果如图5-141所示。

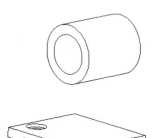

图 5-141 绘制圆柱

■ 绘制支撑板

❶❾ 在"基础特征"工具栏中单击"拉伸"按钮，然后在弹出的"拉伸"操控板中单击"放置"按钮，在弹出的"放置"面板中单击定义按钮，系统弹出"草绘"对话框。

❷⓪ 根据系统提示，选择基准平面FRONT作为草绘平面，草绘参照和方向均采用系统默认，单击"草绘"按钮。

❷❶ 系统进入草绘工作环境。在"草绘"工具栏中单击"同心"按钮和"直线"按钮，绘制支撑板截

面，如图5-142所示。单击"草绘"工具栏中的"完成"按钮，结束支撑板截面的创建。

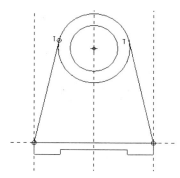

图 5-142 绘制支撑板截面

❷❷ 在该操控板中选择拉伸深度类型为"盲孔"选项，并在"深度值"文本框内输入6，然后单击"确定"按钮，完成拉伸圆柱体特征的创建，结果如图5-143所示。

图 5-143 绘制支撑板

❷❸ 在"工程特征"工具栏中单击"筋"按钮，然后在弹出的"筋"操控板中单击"参照"按钮，在弹出的"参照"面板中单击定义按钮，系统弹出"草绘"对话框。

❷❹ 根据系统提示，选择基准平面RIGHT作为草绘平面，草绘参照和方向均采用系统默认，如图5-144所示，单击"草绘"按钮。

图 5-144 设置草绘平面

25 在主菜单栏中选择"草绘"→"参照"命令，在草绘区选择3条边作为创建筋截面参照，如图5-145所示。单击"参照"对话框中的"关闭"按钮，如图5-146所示。

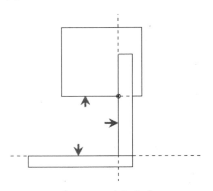

图 5-145 选取参照

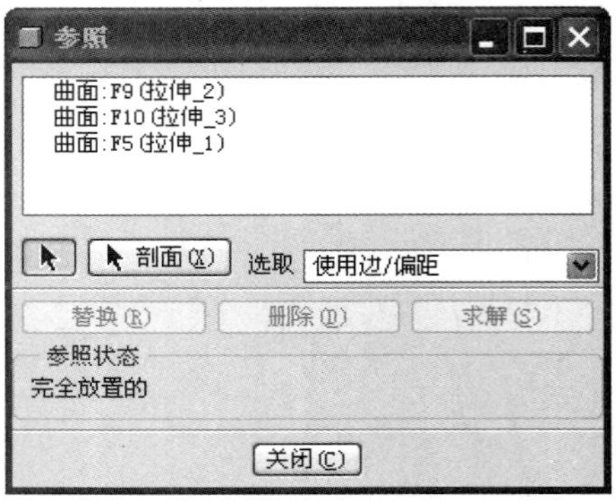

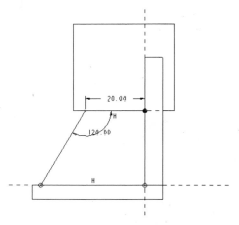

图 5-146 "参照"对话框

26 在"草绘"工具栏中单击"直线"按钮，绘制筋截面，如图5-147所示。单击"草绘"工具栏中的"完成"按钮，结束筋截面的创建。

图 5-147 绘制筋截面

27 在"筋"操控板中的"厚度值"文本框内输入5，然后单击"确定"按钮，完成"筋"特征的创建，结果如图5-148所示。

28 在"工程特征"工具栏中单击"倒角"按钮，然后在绘图区内选取倒角边，如图5-149所示。

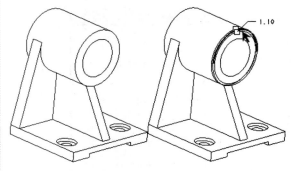

图 5-148 绘制筋　　图 5-149 选取倒角边

29 在操控板中选择"倒角类型"为45 X D，并在"边距"文本框内输入2，单击"确定"按钮，完成"倒角"特征的创建，结果如图5-150所示。

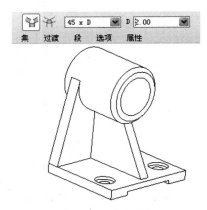

图 5-150 绘制倒角

30 在"工程特征"工具栏中单击"倒圆角"按钮，然后按住Ctrl键选取倒圆角边，如图5-151所示，并在"圆角半径"文本框内输入5。

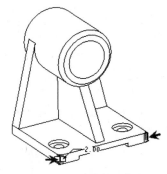

图 5-151 选取倒圆角边

31 在"倒圆角"操控板中单击"设置"按钮，系统弹出"设置"面板，如图5-152所示，在该面板中单击"新组"按钮，如图5-153所示。

32 根据系统提示，按住Ctrl键选取倒圆角边，如图5-154所示，然后在"设置"面板中单击"完全倒圆角"按钮，最后单击该面板中的"确定"按钮，即可完成倒圆角操作，结果如图5-155所示。

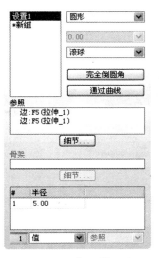

图 5-152 "设置"面板

图 5-153 创建新组

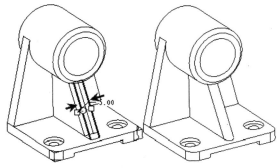

图 5-154 选取倒圆角边　图 5-155 绘制倒圆角

5.8.2 创建台灯罩

本实例将创建台灯罩壳体模型,效果如图 5-156 所示。创建该零件时,主要使用"拉伸"、"倒圆角"、"抽壳",以及"拔模"等工具创建。

图 5-156 台灯罩壳体模型

❶ 创建拉伸实体。新建名称为 5_8_2taidengzhao 的零件文件。单击"拉伸"按钮 ,以 TOP 平面作为草绘平面,绘制拉伸截面草图。设置拉伸类型为"对称" ,设置拉伸长度为 320,创建拉伸实体特征,如图 5-157 所示。

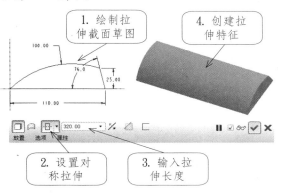

图 5-157 创建拉伸特征

❷ 拉伸切除实体。单击"拉伸"按钮 ,选择 FRONT 面作为草绘平面,绘制拉伸截面草图并单击"退出"按钮,返回拉伸特征操控板。在该操控板中单击"去除材料"按钮 ,选择拉伸方式为"拉伸至所有平面"。单击"确认"按钮完成拉伸切除实体的创建,如图 5-158 所示。

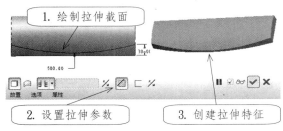

图 5-158 拉伸切除

❸ 倒圆角。单击"倒圆角"按钮 ,弹出"倒圆角"操控板。选择如图 5-159 所示的边,输入圆角半径为 25,创建倒圆角特征。

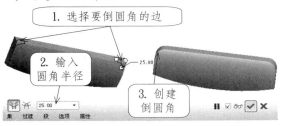

图 5-159 创建倒圆角

❹ 继续倒圆角。继续上一步倒圆角操作，选择需要倒圆角的边。在"倒圆角"操控板中单击"集"按钮，在"集"面板中的半径选项中修改类型为"参照"，选择 R25 圆角侧边线上的一点。接着在操控板中单击"确认"按钮，完成倒圆角的创建，如图5-160 所示。

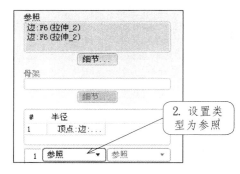

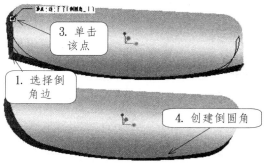

图 5-160　创建倒圆角

❺ 继续倒圆角。单击"倒圆角"按钮，选择需要进行倒圆角的边，设置圆角半径为 20，创建倒圆角特征，如图 5-161 所示。

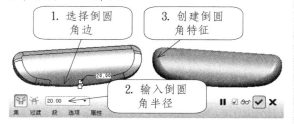

图 5-161　创建倒圆角

❻ 实体偏移。按住 Ctrl 键选择实体上表面，执行"编辑"→"偏移"命令，打开"偏移"操控板。选择偏移方式为"具有拔模特征"，单击"参照"→"定义"按钮，进入草绘环境，绘制偏移草图。绘制完成后返回"偏移"操控板，设置偏移高度为 6，拔模角度为 5，单击"确认"按钮完成实体偏移，如图 5-162 所示。

❼ 倒圆角。单击"倒圆角"按钮，选择需要倒角的边，设置圆角半径为 3，创建倒圆角特征，如图5-163 所示。

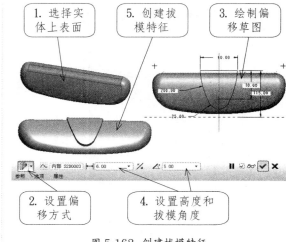

图 5-162　创建拔模特征

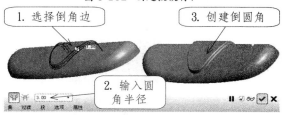

图 5-163　创建倒圆角

❽ 创建基准面。单击"平面"按钮，弹出基准平面菜单栏。选择 RIGHT 平面为参照，设置偏移距离为 140，创建基准面 DTM1，如图 5-164 所示。

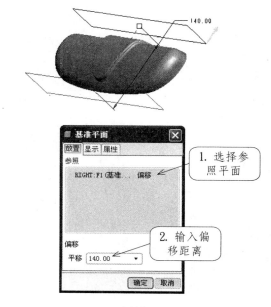

图 5-164　创建基准平面

❾ 创建拉伸特征。单击"拉伸"按钮，选择 DTM1平面作为草绘平面，并绘制半径为 20 的半圆，创建拉伸特征，如图 5-165 所示。

❿ 创建倒圆角。单击"倒圆角"按钮，选择适当的边，设置倒角半径为 12，完成倒圆角的创建，如

图 5-166 所示。

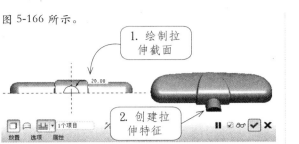

图 5-165 创建拉伸特征

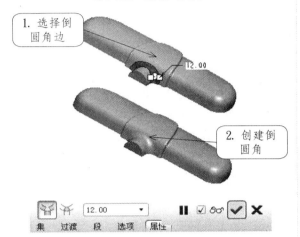

图 5-166 创建倒圆角

❶❶ 单击"壳"按钮 ▦，设置厚度为 2，单击"参照"按钮，激活"移除的曲面"收集器，选择需要移除的面，完成实体抽壳。至此完成整个实体模型的创建，如图 5-167 所示。

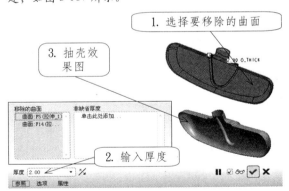

图 5-167 实体抽壳

5.9 课后练习

5.9.1 创建底座零件模型

利用本章所学的特征命令，创建如图 5-168 所示的底座零件模型，尺寸自定。

图 5-168 底座零件模型

操作提示：

❶ 创建底座基体。通过拉伸命令创建底座的底部基体，然后用拉伸命令在其上创建圆柱体。

❷ 创建孔特征。使用孔命令在圆柱端面上创建简单通孔。

❸ 创建槽体。使用拉伸除料命令创建通过圆柱体的缺口槽部分。

❹ 创建孔特征。使用孔命令在底面上创建 4 个简单通孔。

❺ 创建筋特征。使用轮廓筋命令创建底座和圆柱体上的筋特征。

5.9.2 创建滚动轴承模型

利用本章所学的特征命令，创建如图 5-169 所示的滚动轴承零件模型，尺寸自定。

图 5-169 滚动轴承零件模型

操作提示：

❶ 创建轴承本体。通过旋转命令创建轴承的本体，内外圆部分可以用旋转特征一次性得出。

❷ 创建基准平面。创建一个基准平面与轴承内圆相切。

❸ 创建滚珠槽孔。在上一步的基准平面上执行"拉伸除料"命令，创建一个圆形通孔。

❹ 创建滚珠。同样在基准平面上绘制一个半圆草图，半径略小于上一步创建的圆形通孔，然后旋转 360° 得到滚珠球体。

❺ 创建阵列特征。对滚珠和槽孔进行阵列，完成模型创建。

第⑥课 编辑特征

编辑特征

在 Pro/E 建模过程中，往往需要对特征进行编辑操作，如复制、镜像、阵列等，用户利用这些特征操作工具，可以快速创建具有多个相同或相似特征的模型。

本课知识：

◆ 复制粘贴特征 ◆ 扭曲特征
◆ 镜像特征 ◆ 编辑和修改特征
◆ 阵列特征 ◆ 层的操作

6.1 复制粘贴特征

复制粘贴特征可以创建一个或多个相同特征的副本。该特征不同于阵列或镜像特征，其特征是在原特征基础上，利用复制操作复制一个或多个类似特征。其中，复制特征副本可以与源特征相同或类似，并且与其他特征一样，可以对其进行重定义、编辑等操作。

6.1.1 复制粘贴特征概述

通常情况下，粘贴性复制操作包括以下两个过程。

1. 复制特征

在 Pro/E 中，复制特征可以看作将特征复制到假想的剪贴板上，因此需要首先选取一个原特征，然后再执行"复制"命令，这样即可将源特征复制到剪贴板上。

2. 粘贴特征

复制特征以后，系统已默认特征复制在剪贴板上，此时"标准"工具栏中的"粘贴"和"选择性粘贴"工具被激活，利用这两个工具可粘贴复制的特征。

■ **粘贴**

利用"粘贴"工具，可以通过重新选取草绘平面或放置参照等方式，重新定义特征的方式、位置和大小，其中创建的特征副本可以是相同或类似的特征类型。

■ **选择性粘贴**

选择性粘贴是利用移动或旋转方式实现复制特征的操作过程。执行"选择性粘贴"命令，打开"选择性粘贴"对话框，如图 6-1 所示。

在该对话框中，可以设置特征副本与源特征的关联属性。

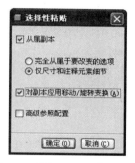

图 6-1　"选择性粘贴"对话框

▷ 启用"从属副本"复选框后，表示特征副本的参数元素将从属于源特征。

▷ 启用"对副本应用移动/旋转变换"复选框，可以由源特征的位置开始，通过平移或旋转方式定义特征副本。

▷ 启用"高级参照配置"复选框，可以在打开的"高级参照配置"对话框中查看并指定创建特征副本时的参照，如图 6-2 所示。

图 6-2　"高级参照配置"对话框

6.1.2 复制粘贴特征创建

下面以实例的形式具体介绍复制粘贴的操作方法。

1．复制与粘贴

案例 6-1　复制特征之一

❶ 在工具栏中单击"打开"按钮 ，打开素材库中的 anli6_1 文件，在模型中选择孔特征，在主工具栏中单击"复制"按钮 。如图 6-3 所示。

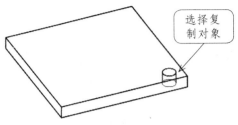

图 6-3　选择复制对象

❷ 然后单击"粘贴"按钮 ，此时系统将打开创建源特征时需要的拉伸工具操控板，如图 6-4 所示，并提示选择一个草绘。

图 6-4　拉伸工具操控板

❸ 单击"放置"→"编辑"按钮，选择模型的上表面作为放置草绘平面，其他的参数保持默认。单击"草绘"按钮，此时要粘贴的孔特征的截面依附于光标，移动光标到大概位置单击。修改截面的尺寸，如图 6-5 所示。

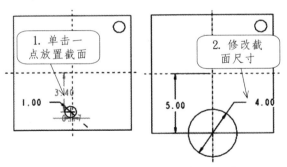

图 6-5　选择截面的放置位置并修改尺寸

❹ 单击"完成"按钮 ，完成该复制粘贴操作后的零件模型，如图 6-6 所示。

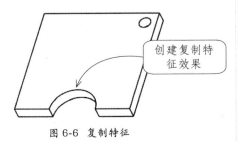

图 6-6　复制特征

❺ 单击主工具栏中的"保存"按钮 ，保存该零件的文件。

2．复制与选择性粘贴——令副本从属原始尺寸

案例 6-2　复制特征之二

❶ 在工具栏中单击"打开"按钮 ，打开素材库中的 anli6_2 文件，选择其中的孔特征。

❷ 在主工具栏中单击"复制"按钮 ，然后单击"选择性粘贴"按钮 ，打开"选择性粘贴"对话框。接受默认的选项，即"从属副本"复选框处于被选中的状态，并且选择"仅尺寸和注释元素细节"单选按钮，如图 6-7 所示，单击"确定"按钮。

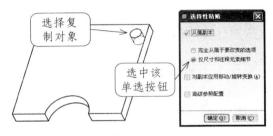

图 6-7　"选择性粘贴"选项

❸ 在出现的拉伸工具操控板上，单击"放置"→"编辑"按钮。此时弹出如图 6-8 所示的"草绘编辑"对话框。在该对话框中单击"是"按钮。

图 6-8　"草绘编辑"对话框

❹ 在出现的"草绘"对话框中单击"使用先前的"按钮。移动鼠标光标选择放置位置并修改距离尺寸，单击"完成"按钮，完成截面的重新定义，返回拉伸操控板。在拉伸工具操作板上，单击"确定"按钮 。完成该复制粘贴操作后的零件模型，如图 6-9 所示。

❺ 单击主工具栏中的"保存"按钮 ，保存该零件的文件。

3．复制与选择性粘贴——旋转变换

案例 6-3　复制特征之三

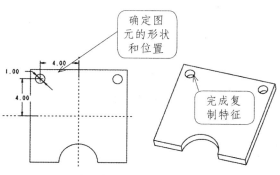

图 6-9 定义截面形状和位置完成特征复制

❶ 单击主工具栏中的"打开"按钮 📂，打开素材库中的 anli6_3 文件。

❷ 在模型中选择孔特征，在主工具栏中单击"复制"按钮 🖻，然后单击"选择性粘贴"按钮 🖺，打开"选择性粘贴"对话框。在"选择性粘贴"对话框中选取"对副本应用移动／旋转变换"复选框，单击"确定"按钮，如图 6-10 所示。

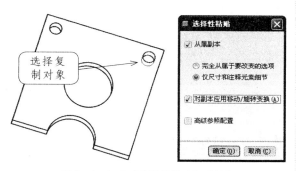

图 6-10 打开"选择性粘贴"对话框

❸ 在出现的操控板上，单击"相对选定参照旋转特征"按钮 🖰。在模型中选择特征轴 A_4，设定旋转角度为 180°，在操作板上，单击"完成"按钮，完成该复制粘贴操作，如图 6-11 所示。

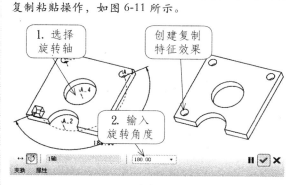

图 6-11 完成复制粘贴操作

❹ 单击主工具栏中的"保存"按钮，保存该零件的文件。

6.2 镜像特征

镜像特征是以一个基准平面或平整平面为镜像平面，对称复制的相同特征。其中，选取镜像的源特征包括实体、曲面、曲线，以及基准特征等类型。

镜像特征是简单的操作特征，同时也是很实用的。下面以一个具体实例的方式介绍其具体的操作方法。

案例 6-4 创建镜像特征

❶ 单击主工具栏中的"打开"按钮 📂，打开素材库中 anli6_4 文件，如图 6-12 所示。

❷ 在主菜单栏中选择"编辑"→"特征操作"命令，系统弹出"特征"菜单，选择"复制"选项，接着系统弹出"复制特征"菜单，选择"镜像"→"选取"→"独立"→"完成"选项，如图 6-13 所示。

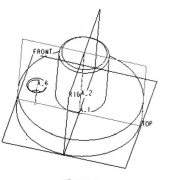

图 6-12   图 6-13
创建镜像复制特征示例   "复制特征"菜单

❸ 系统弹出"选取特征"菜单，如图 6-14 所示，根据系统提示，在绘图区内选择实体模型上的圆孔特

征，再选择"完成"选项。

❹ 系统弹出"设置平面"菜单，如图 6-15 所示，选择"平面"选项，再根据系统提示"选择一个平面或创建一个基准以其作镜像"，选择基准平面 RIGHT 作为镜像参照面，即可创建镜像复制特征，结果如图 6-16 所示。

图 6-14 "选取特征"菜单 图 6-15 "设置平面"菜单

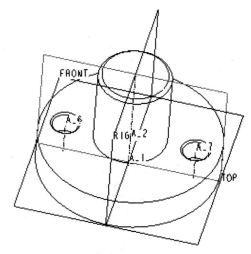

图 6-16 创建镜像特征

6.3 阵列特征

阵列特征是按照一定规律产生的多个特征副本，可以看作是一种特殊的复制方法，适用于创建大量重复性，并具有一定放置规律的实体特征。

在深入介绍阵列之前，先介绍两个概念，即阵列引导和阵列成员。

▷ 阵列引导是指选定用于阵列的原始特征。

▷ 阵列成员是指阵列后的特征成员。

在 Pro/E 5.0 中，可以创建多种类型的阵列特征，在"阵列"操控板中，按照特征阵列的操作方式，可以归纳为以下 7 种类型。下面分别讲述每种阵列特征类型的创建方法。

6.3.1 尺寸阵列

尺寸阵列是通过定义特征阵列方向和阵列参数定位尺寸的方式，创建的阵列特征。因此，尺寸形式的阵列操作必须具有清晰的定位尺寸。在 Pro/E 中，尺寸阵列是系统默认的阵列类型，并支持矩形阵列和圆周阵列两种方式。

■ 矩形阵列

矩形阵列是在一个或两个方向上沿着直线创建的阵列特征。其中，仅设置一个方向的阵列为单向阵列，设置两个方向的阵列为双向阵列。

■ 圆周阵列

圆周阵列是通过定义一个圆周方向上的角度定位尺寸而创建的阵列特征。其中，阵列角度为阵列中两个相邻特征绕中心轴的夹角，通常需要在创建

的源特征的过程中设置角度定位。

下面以一个实例的形式具体讲解尺寸阵列的操作方法。

案例 6-5 创建尺寸阵列

❶ 在"文件"工具栏中单击"打开"按钮 ▦，打开素材库中的 anli6_5 文件，如图 6-17 所示。

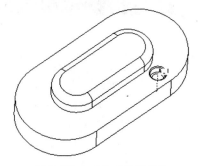

图 6-17 尺寸特征阵列实例

❷ 在绘图区内选取所需阵列的圆孔特征，然后在特征工具栏中单击"阵列"按钮 ▦，系统弹出如图 6-18 所示的"阵列"操控板，并提示"选取要在第一方向上改变的尺寸"。

图 6-18 "阵列"操控板

❸ 在"阵列"操控板中单击"尺寸"按钮，系统弹出"尺寸"面板。在该面板中单击"方向1"收集器将其激活，再根据系统提示，选择尺寸值为45作为第一方向上所需改变的尺寸，并在"增量"文本框中输入-90，如图6-19所示，按Enter键。

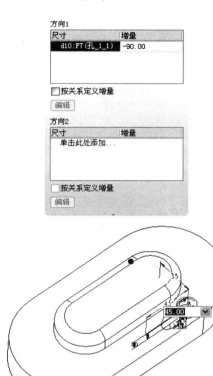

❹ 在该面板中单击"方向2"收集器将其激活，根据系统提示，选择尺寸值为35作为第一方向上所需改变的尺寸，并在"增量"文本框中输入-70，如图6-20所示，按Enter键。

图 6-19　选取第一方向尺寸

图 6-20（1）　选取要在第二方向上改变的尺寸

❺ 在操控板中设置方向1的阵列数量为2、方向2的阵列数量为2，再单击操控板中的"确定"按钮，结果如图6-21所示。

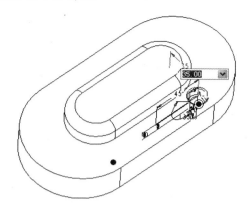

图 6-20（2）　选取要在第二方向上改变的尺寸

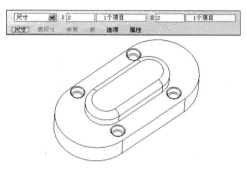

图 6-21 尺寸阵列示例

6.3.2 方向阵列

方向阵列是通过在一个或多个选取的方向参照上，添加阵列成员而创建的阵列特征。在方向阵列中，拖曳每个方向的放置手柄，可以调整阵列成员之间的距离，或者反向当前阵列的方向。其操作方法与矩形阵列的方法基本类似。

案例 6-6　创建方向阵列

❶ 在"文件"工具栏中单击"打开"按钮，打开素材库中的 anli6_6 文件，如图 6-22 所示。

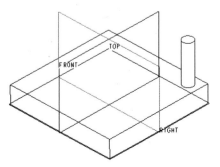

图 6-22 方向阵列特征实例

131

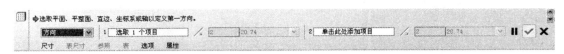

❶ 在绘图区内选取所需阵列的圆柱特征，然后在特征工具栏中单击"阵列"按钮，系统弹出"阵列"操控板，进入"尺寸"选项右侧的下拉列表中，选择"方向"选项，如图6-23所示。

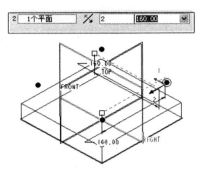

图6-23 "阵列"操控板

❷ 根据系统提示"选取平面、平整面、直边、坐标系或轴定义第一方向"，选择基准平面FRONT作为第一方向参照，如图6-24所示。单击"反向第一方向"按钮 ，然后设置第一方向的阵列数量为2，阵列距离为160，如图6-25所示。

图6-27 设置第二方向阵列参数

❹ 设置阵列参数后，再单击"阵列"操控板中的"确定"按钮 ，完成"阵列"操作，结果如图6-28所示。

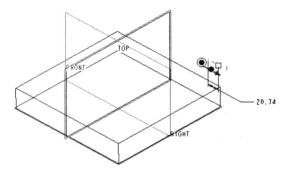

图6-24 选取第一方向参照

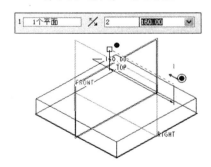

图6-25 设置第一方向阵列参数

❸ 在操控板中单击"第二方向参照"收集器，并将其激活，再根据系统提示，选择基准平面RIGHT作为第二方向参照，如图6-26所示。单击"反向第二方向"按钮 ，然后设置第一方向的阵列数量为2，阵列距离为160，如图6-27所示。

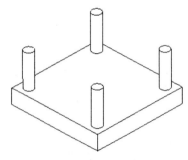

图6-28 方向阵列特征

提示:

在选取第一或第二方向参照时，可以选取基准平面、实体上的平面或直边、任意形状的平整面、坐标系或基准轴等对象作为方向参照。

6.3.3 轴阵列

轴阵列是通过围绕一个选定的旋转轴而创建的阵列特征。打开"阵列"操控板，选择阵列方式为"轴"，选取旋转轴，并设置阵列数目和阵列成员之间的角度，即可创建轴阵列，如图6-29所示。

6.3.4 填充阵列

填充阵列是在指定的物体表面或者表面部分区域生成的均匀阵列特征。该方式主要是以栅格定位的特征来填充整个区域的，因此，一般用于工程领

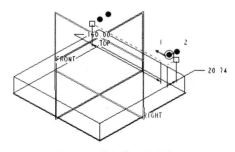

图6-26 选取第二方向参照

域的修饰性操作，如防滑纹理等。

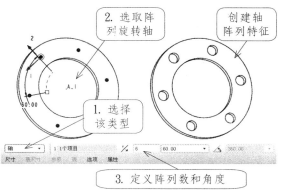

图 6-29 创建轴阵列

案例 6-7 创建填充阵列

❶ 单击主工具栏中的"打开"按钮 📂，打开素材库中的 anli6_7 文件。

❷ 选中模型中的小孔特征，并单击"阵列"按钮 🔲，打开阵列操控板，选择阵列方式为"填充"，单击"参照"→"定义"按钮，打开"草绘"菜单栏，选择实体表面作为草绘平面，进入草绘环境，绘制一个填充区域的截面，如图 6-30 所示。

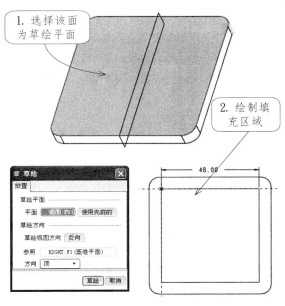

图 6-30 绘制填充区域截面

❸ 单击"完成"按钮，进入"阵列"操控板，在操控板中单击 🔲 的扩展按钮，打开下拉列表，在此下拉列表中可以选择需要的阵列样式（方形、圆形、菱形、六边形、螺旋线、草绘线）。

❹ 在"阵列"操控板中设置阵列的两个方向的距离，

分别为 4 和 5。单击"完成"按钮，最后的阵列效果如图 6-31 所示。

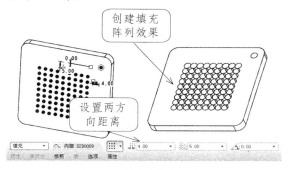

图 6-31 创建填充阵列特征

❺ 单击主工具栏中的"保存"按钮 💾，保存该零件的文件。

6.3.5 表阵列

表阵列式是通过表格方式设定阵列的空间位置和尺寸，从而创建的阵列特征。相对于尺寸阵列而言，表阵列更为灵活，而且表阵列中的实体大小可以相同或不同。

下面以一个实例的方式具体介绍表阵列的操作方法。

案例 6-8 创建表阵列

❶ 在"文件"工具栏中单击"打开"按钮 📂，打开素材库中的 anli6_8 文件，如图 6-32 所示。

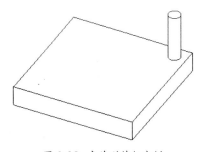

图 6-32 表阵列特征实例

❷ 在绘图区内选取所需阵列的圆柱特征，然后在特征工具栏中单击"阵列"按钮 🔲，系统弹出"阵列"操控板，接着进入"尺寸"选项右侧的下拉列表中，选择"表"选项，如图 6-33 所示。

图 6-33 "阵列"操控板

❸ 根据系统提示"选取要添加到阵列表的尺寸"，再

按住 Ctrl 键依次选取尺寸值 20 和 20 作为阵列的控制尺寸，如图 6-34 所示。

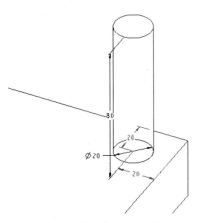

图 6-34 选取阵列控制尺寸

❹ 在操控板中单击"编辑"按钮，系统弹出如图 6-35 所示的 Pro/TABLE 对话框，在该对话框中选择 d6（20.00）选项，然后输入 60，如图 6-36 所示。

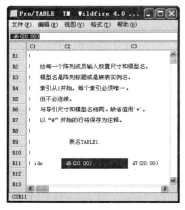

图 6-35 Pro/TABLE 对话框

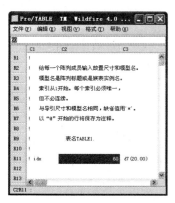

图 6-36 设置参照尺寸

❺ 在该对话框中选择 d7（20.00）选项，然后输入 60，如图 6-37 所示，在该对话框中选中！idx 选项，然后输入 1，如图 6-38 所示。

❻ 在 Pro/TABLE 对话框中输入实例参数（每一行

代表一个阵列成员），如图 6-39 所示，接着关闭对话框，最后再单击操控板中的"确定"按钮，结果如图 6-40 所示。

图 6-37 设置参照尺寸

图 6-38 阵列成员编号

图 6-39 Pro/TABLE 对话框

6.3.6 参照特征

参照特征是指借助已有的阵列而创建的新阵列特征，创建的新阵列特征必须与已有阵列的源特征之间具有定位尺寸关系。一些定位新阵列特征的参照必须是对初始阵列特征的参照，且实例号总是与初始阵列相同。

通常情况下，"阵列"操控板中的"参照"形式是处于为激活状态的，只有在一个已有阵列的源特征上创建一个新特征时，打开的"阵列"操控板上才激活"参照"形式，此时，可利用"参照"方式参照已有的阵列，创建新阵列特征。

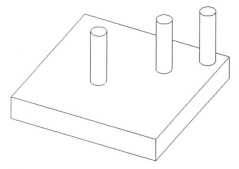

图 6-40 表阵列特征

案例 6-9　创建参照阵列

❶ 单击主工具栏中的"打开"按钮 📂，打开素材库中的 anli6_9 文件。

❷ 在绘图区内选取所需阵列的倒圆角特征，然后在特征工具栏中单击"阵列"按钮 ▦，系统弹出"阵列"操控板。单击"阵列"操控板中的"确定"按钮，即可完成参照阵列特征的创建，结果如图 6-41 所示。

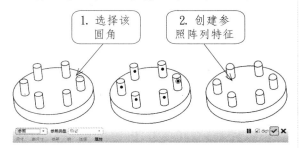

图 6-41　创建参照阵列特征

❸ 单击主工具栏中的"保存"按钮 🖫，保存该零件的文件。

6.3.7 曲线阵列

　　曲线阵列是通过定义阵列特征之间的距离或特征数量，沿草绘曲线创建的一种阵列特征。与填充阵列类似，都需要通过草绘图形来限制阵列的范围。

　　下面以一个实例的形式来具体讲解其操作方法。

案例 6-10　创建曲线阵列

❶ 在工具栏中单击"打开"按钮 📂，打开素材库中的 anli6_10 文件。

❷ 在绘图区内选取所需阵列的圆柱特征，然后在特征工具栏中单击"阵列"按钮 ▦，系统弹出"阵列"操控板，选择"曲线"阵列类型。单击"参照"→"定义"按钮，选择实体的表面作为草绘平面，草绘参照和方向均保持系统默认。单击"草绘"按钮，进入草绘环境，如图 6-42 所示。

图 6-42　选择草绘平面

❸ 在"草绘"工具栏中单击"样条"按钮 ∿，绘制如图 6-43 所示的草绘截面。

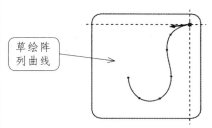

图 6-43　绘制阵列曲线

❹ 完成曲线绘制后，单击"完成"按钮，返回"阵列"操控板，在"阵列距离"文本框中输入 5。单击"确定"按钮，即可完成创建，结果如图 6-44 所示。

❺ 单击主工具栏中的"保存"按钮，保存该零件的文件。

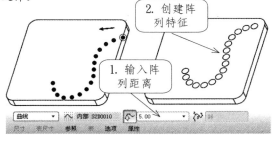

图 6-44　创建曲线阵列特征

提示：

在删除阵列特征时，不能直接使用"删除"命令。若使用"删除"命令，将把原始特征一并删除，如果只需要删除阵列特征而保留原始特征，可以使用"删除阵列"命令。

6.4　扭曲特征

在 Pro/E 中，扭曲特征是通过自由变换实体操作而创建的一种特殊造型，主要包括变换、扭曲、拉伸、折弯，以及雕刻等类型。此类功能集中在一个操控板中，并且扭曲操作都是通过调整编辑框的方法，从整体上改变实体或曲面的外观造型。

6.4.1　扭曲特征操控板

利用"扭曲特征"操控板，可以通过变换、扭曲、拉伸、折弯，以及雕刻等工具来创建一些特殊的造型。在菜单栏中选择"插入"→"扭曲"命令，打开"扭曲特征"操控板，如图 6-45 所示。

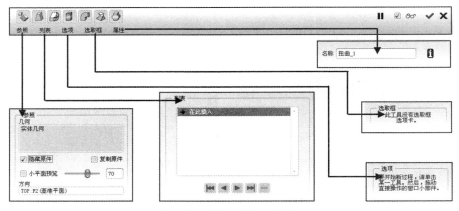

图 6-45　"扭曲特征"操控板

刚打开的"扭曲特征"操控板处于未激活状态，打开"放置"面板，选取要扭曲的实体或曲面，此时才会激活该面板，在该面板的顶部一行中有 7 个工具按钮，具体的含义及其用途如下。

> 变换 ：使用"变换"工具，可以对模型进行等比例缩放、移动或旋转，操作的直接结果是改变实体特征的大小、方向或位置等整体外观属性，而不会改变特征的轮廓形体造型。

> 扭曲 ：使用"扭曲"工具，可以使实体或曲面模型在空间中实现错位扭曲，扭曲的方向有多种，可以由模型中出现的箭头指示自行选择。

> 骨架 ：使用"骨架"工具，可以根据参考的曲线、实体边线或曲面的边界线来改变实体或曲面的轮廓造型。

> 拉伸 ：使用"拉伸"工具，可以使实体或曲面的一部分或全部几何沿某一方向拉伸，形成新的轮廓实体或曲面。

> 折弯 ：使用"折弯"工具，可以很方便地创建弯口和接口的管道模型。

> 扭转 ：使用"扭转"工具，可以创建具有螺纹扭曲外形的实体模型。

> 雕刻 ：使用"雕刻"工具，可以在雕刻面上创建凹陷或凸起的纹理性图案。

6.4.2　创建扭曲特征

"扭曲"特征在实际产品中应用非常广泛。下面具体讲解"扭曲"特征中的 7 种类型工具的应用及其创建方法。

1．变换工具

利用"变换"工具，可以进行等比例缩放、移动或旋转实体 / 曲面等操作，操作的直接结果是改变实体特征的大小、方向或位置等整体外观属性，而不会改变特征的轮廓形体造型。

案例 6-11　创建变换扭曲特征

❶ 在"文件"工具栏中单击"打开"按钮 ，打开素材库中的 anli6_11 文件。

❷ 在菜单栏中依次选择"插入"→"扭曲"命令，打开"扭曲特征"操控板，打开"参照"面板，单击"几何"收集器，并选择实体。然后单击"方向"收集器，将

其激活，然后在模型中选择 RIGHT 基准平面，如
图 6-46 所示。

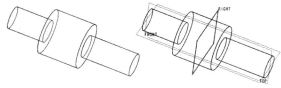

图 6-46 选取扭曲实体和扭曲方向平面

❸ 此时"扭曲"操控板全部激活，在"扭曲"操控板
上单击"变换"按钮。在模型中出现一个围绕模
型的调整框，如图 6-47 所示。并在消息区提示
了操作方法。在操控板上添加如下 3 种变换操作
方式。

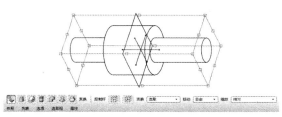

图 6-47 扭曲操控板和调整框

■ 缩放

调整框边线上的点和顶点是缩放实体的操作手
柄，按住并拖曳边线上的点可以在两个方向上同时
调整操作对象的大小，这也称为"2D 缩放"，如图
6-48 所示。

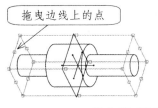
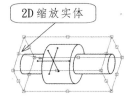

图 6-48 2D 缩放实体

利用调整框的顶点可以在 3 个方向上同时调整操
作对象的缩放比例，也称"3D 缩放"，如图 6-49 所示。

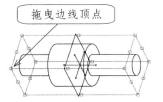
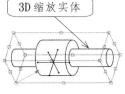

图 6-49 3D 缩放实体

在操控板上如果将缩放设置为"中心
（Alt+Shift）"方式，则实体模型由中心进行 2D 或
3D 等比缩放。例如，拖曳边线上的点由中心 2D 缩
放实体，如图 6-50 所示。

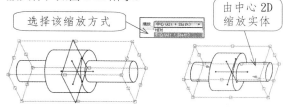

图 6-50 由中心 2D 缩放实体

■ 旋转

在调整框中显示的 3 条正交直线是旋转控制柄，
其本身就是旋转操作的中心轴。

▷ 如果拖曳控制柄端部的圆点，即可实现实
体的旋转，如图 6-51 所示。

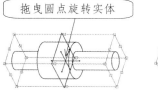
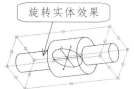

图 6-51 通过旋转控制柄旋转实体模型

▷ 如果拖曳控制柄的柄部，可以移动旋转控
制柄，改变旋转中心轴的空间位置，如图
6-52 所示。

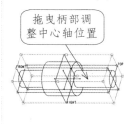
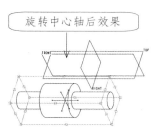

图 6-52 通过旋转控制柄调整中心轴的位置

提示：

在移动或旋转控制柄后，在操控板中单击"控制
柄中心"按钮，可以使控制柄恢复到初始位
置，即调整框的中心位置，一般默认为实体的
中心位置。

■ 移动

如果想移动实体对象，只需要在绘图区任意位
置单击（注意不要选取调整框的边线和顶点），然
后单击拖曳鼠标，即可相对参照坐标系任意移动变
换对象。

▷ 如果按住 Alt 键，将只能在 Z 轴方向上移

动实体对象，如图 6-53 所示。

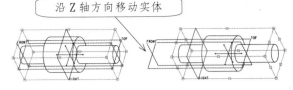

图 6-53 沿 Z 轴方向移动实体

▷ 如果同时按住 Ctrl+Alt 键将只在 X 轴或者 Y 轴方向移动实体对象，如图 6-54 所示。

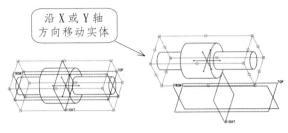

图 6-54 沿 X 轴或 Y 轴方向移动实体

❹ 按照自己的操作需要，选择以上任意一种操作方式，然后单击"完成"按钮，完成变换特征的操作。

2. 扭曲工具

使用"扭曲"工具，可以使实体或曲面模型在空间实现错位扭曲，扭曲的方向有多种，可以由模型中出现的箭头指示自行选择。

案例 6-12 利用扭曲工具创建扭曲特征

❶ 在"文件"工具栏中单击"打开"按钮 ，打开素材库中的 anli6_11 文件。

❷ 进入"扭曲"工具的操作与"变换"工具的操作基本类似，在"扭曲"操控板中单击"扭曲"按钮 ，此时绘图区域出现一个围绕实体的调整框，单击拖曳调整框上的控制点，可以对实体进行错位扭曲，如图 6-55 所示。

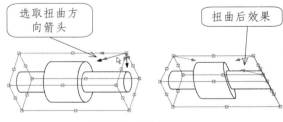

图 6-55 扭曲的效果图

❸ 打开"列表"面板，可以查看当前实体模型的所有扭曲操作，如图 6-56 所示。打开"选项"面板可以查看并精确设置当前扭曲操作的参数，以实现不同的

扭曲效果，如图 6-57 所示。

图 6-56 列表菜单栏

图 6-57 选项菜单栏

提示：

在扭曲特征时，包括"反向"、"中心"和"自由"3 种方式，"反向"表示扭曲与对侧始终保持对称；"中心"表示扭曲围绕中心保持对称；"自由"表示扭曲沿扭曲方向独立移动。

3. 骨架工具

利用"骨架"工具，可以根据参考的曲线、实体边线或曲面边界线来改变实体或曲面的轮廓造型。在创建扭曲特征时，由于参考曲线的不确定性，使此类扭曲特征的实际应用比较少。操作方法如下。

案例 6-13 创建骨架扭曲特征

❶ 在"文件"工具栏中单击"打开"按钮 ，打开素材库中的 anli6_11 文件。

❷ 在激活的"扭曲"操控板中，单击"骨架"按钮 ，打开"参照"面板，此时比前面介绍的两种工具中多了"骨架"选项收集器。"骨架"选项收集器主要用于设置扭曲的骨架参考曲线，单击"骨架"选项收集器，并将其激活，单击"细节"按钮，打开如图 6-58 所示的"链"菜单栏。

❸ 在"链"菜单栏中单击"参照"收集器，并将其激活，在模型中选择如图 6-59 所示的实体边线，单击"确定"按钮。

❹ 此时，在模型中显示了一线条。拖曳此线条上的控制点可以改变线条的形状，间接实现实体的扭曲，如图 6-60 所示。

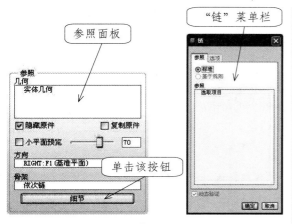

图 6-58 "链"菜单栏

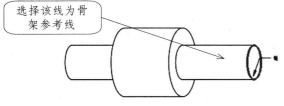

图 6-59 选择骨架参考线

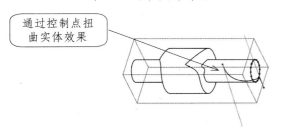

图 6-60 通过控制点扭曲实体

❺ 打开"选项"面板,可以设置控制点的移动方式,如图 6-61 所示。

图 6-61 "选项"面板

❻ 为了更精确地调整实体或曲面的形状,可以向骨架曲线中添加一点或多点。在参考线上单击鼠标右键,并选择"添加点"选项,如图 6-62 所示。在曲线上的鼠标位置添加控制点,还可以添加中点。

提示:

在调整骨架参考曲线时,按住 Alt 键移动控制点,可以沿曲线法线方向移动;按住 Ctrl+Alt 键移动控制点,可以在水平和垂直方向上移动控制点;按住 Shift 键可以捕捉控制点。

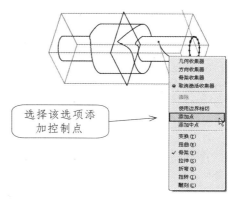

图 6-62 添加控制点

❼ 完成扭曲面的设置后,在"扭曲"特征操控板上单击"确定"按钮,即完成扭曲特征的操作,如图 6-63 所示。

图 6-63 利用"骨架"工具创建扭曲特征

4. 拉伸工具

利用"拉伸"工具,可以使实体或曲面的一部分或全部几何体沿某一方向拉伸,形成新的轮廓实体或曲面。与实体、扭曲等操作类似,拉伸操作主要是通过调整框实现的,区别在于,此调整框可以通过调整其相对位置或大小,改变拉伸操作的影响范围。

案例 6-14 创建拉伸扭曲特征

❶ 在"文件"工具栏中单击"打开"按钮 ,打开素材库中的 anli6_11 文件。

❷ 在激活的"扭曲"操控板中,单击"拉伸"按钮 ,绘图区域中出现拉伸操作调整框,如图 6-64 所示。

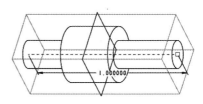

图 6-64 "拉伸操作"调整框

❸ 此时,在绘图区中的任意位置(调整框边线除外)单击并拖曳,可以改变调整框的位置,按住调整框边线并拖曳可以改变调整框的大小,如果拖曳调整框的控制柄(白色方块),可以在调整框内拉

伸部分或全部几何实体模型，如图 6-65 所示。

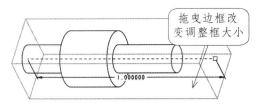

图 6-65 改变调整框的大小

❹ 最后调整操控板上的比例，输入 2，然后单击"完成"按钮，即完成拉伸扭曲特征的操作，如图 6-66 所示。

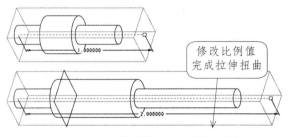

图 6-66 利用"拉伸"工具创建扭曲特征

5. 折弯工具

折弯操作是扭曲特征中一种比较常用的扭曲方法，利用"弯折"工具，可以很方便地创建弯口和接口的管道模型，也可以通过手动调整或参数设置，任意改变弯曲的方向和角度。

案例 6-15　创建折弯扭曲特征

❶ 在"文件"工具栏中单击"打开"按钮 ，打开素材库中的 anli6_15 文件。

❷ 在菜单栏中依次选择"插入"→"扭曲"命令，打开"扭曲特征"操控板。打开"参照"面板，单击"几何"收集器，并选择实体，然后单击"方向"收集器将其激活，然后在模型中选择基准坐标系（任意选择一个需要的平面或坐标系定义扭曲方向），如图 6-67 所示。

图 6-67 选择折弯对象和参照

❸ 在激活的"扭曲"操控板中，单击"折弯"按钮 ，

此时在绘图区域出现一个围绕模型的调整框。与拉伸操作类似，在任意位置（调整框边线除外）按住鼠标并拖曳，可以改变调整框的位置，拖曳轴心点的折弯倾斜轴可以旋转调整框，单击并拖曳操控柄可沿折弯轴折弯实体。在角度文本框中可以精确地输入角度，使实体模型沿折弯轴向折弯一定角度，如图 6-68 所示。

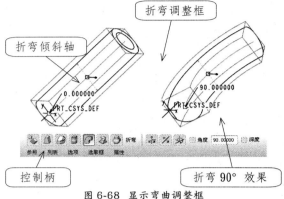

图 6-68 显示弯曲调整框

❹ 如果在操控板中启用"深度"复选框，受折弯的实体部位将会根据折弯角度的参数，产生一定的扭曲，同时折弯调整框也会发生形状改变，如图 6-69 所示。

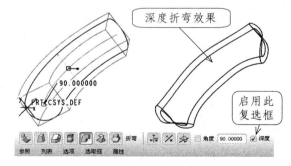

图 6-69 启用"深度"复选框效果

❺ 打开"选项"面板，可利用"枢轴"文本框设置轴心点的位置，一般用 0~1 之间的数值表示。利用"倾斜"文本框设置倾角大小，如图 6-70 所示。

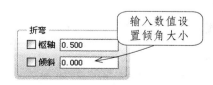

图 6-70 "选项"面板

❻ 打开"选取框"面板，利用"开始"和"结束"文本框设置折弯区域的起始参数，如图 6-71 所示。

❼ 单击"完成"按钮，完成折弯特征的操作，如图 6-72 所示。

图 6-71 "选取框"面板

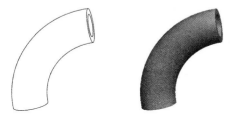

图 6-72 利用"折弯"工具创建扭曲实体

6. 雕刻工具

利用"雕刻"工具，可以在雕刻面上创建凹陷或凸起的纹理性图案。雕刻操作时，首先需要选好雕刻面区域的大小，然后再在雕刻面上设置行列数。如果要求越精细则需要的行列数越多，移动顶点时也需要更加仔细。

案例 6-16 创建雕刻扭曲特征

❶ 在工具栏中单击"打开"按钮 ，打开素材库中的 ANLI6_16 文件。

❷ 在菜单栏中依次选择"插入"→"扭曲"命令，打开"扭曲特征"操控板，打开"参照"面板，单击"几何"收集器，并选择实体，然后单击"方向"收集器将其激活，在模型中选择基准坐标系（任意选择一个需要的平面或坐标系定义扭曲方向），如图 6-73 所示。

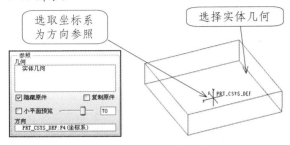

图 6-73 选择折弯对象和参照

❸ 单击"雕刻"按钮 ，实体模型上将会出现调整框。拖曳框的边线可以调整终止造型深度、行方向上的起点或终点，以及列方向上的起点或终点位

置，使实体模型受影响的区域发生改变。如果要精确定位调整框影响区域，可以打开"选取框"面板，设置精确的参数值，如图 6-74 所示。

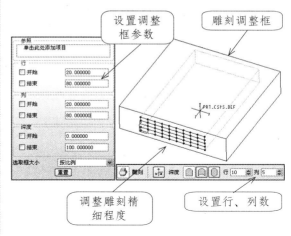

图 6-74 调整控制框来设置受影响区域

❹ 调整好控制框形状后，可以在操控板上设置网格的行数和列数。如果需要雕刻的面要求比较精细，就需要设置较大的行数和列数值，此时，在雕刻面上直接拖曳控制点，可以创建凸起或凹陷的雕刻图案，如图 6-75 所示。

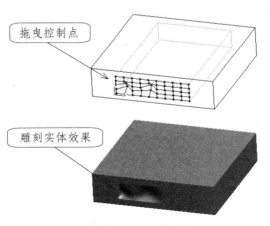

图 6-75 雕刻实体

❺ 在雕刻操作过程中，选取框中的所有控制点的位移均按比例值 1 进行调整。如果需要改变该比例值，可以在"选项"面板的"缩放"文本框中指定值，以便按所需要的值移动控制点，如图 6-76 所示。

❻ 如果启用"缩放"左侧的复选框，可以在完成扭曲操作后使用该比例参数控制雕刻效果。

❼ 此外，利用"选项"面板中的"过滤"下拉列表，可以控制所指定雕刻的一组点移动。

▷ 选择"常数"选项，可以控制选定的点与拖曳点移动相同的距离。

▷ 选择"线性"选项，可以控制选定的点相对于拖曳点的距离线性减少。

▷ 选择"光滑"选项，可以控制选定的点相
对于拖曳点的距离平滑减少，如图 6-77
所示。

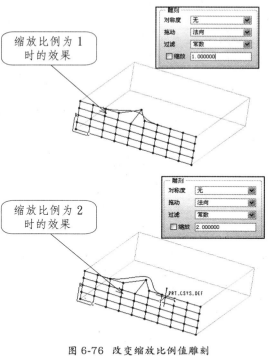

缩放比例为 1
时的效果

缩放比例为 2
时的效果

图 6-76 改变缩放比例值雕刻

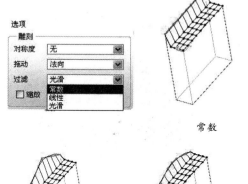

常数

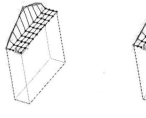

线性   光滑

图 6-77 3 种过滤方式的扭曲效果

❽ 当完成雕刻操作时，在"扭曲"操控板中，可以利
用"深度"选项组，设置雕刻特征应用的范围。

▷ 单击"应用到选定项目的一侧"按钮 ▣，
可以将雕刻限制在几何实体的一侧。

▷ 单击"应用到选定项目的双侧"按钮 ▣，

可以将雕刻特征应用到几何实体的另一侧，
但是应用到另一侧的雕刻特征与源特征呈
不对称的状态。

▷ 单击"对称应用到选定项目的双侧"按钮
▣，可以将雕刻特征对称应用到几何实体
的另一侧，如图 6-78 所示。

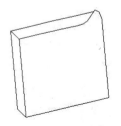

将雕刻限制在实体一侧   将雕刻应用到实体双侧

将雕刻对称应用到实体双侧

图 6-78 雕刻在实体中的 3 种放置位置

6.5 编辑和修改特征

在建模过程中，经常需要修改特征，包括编辑
尺寸值、重定义特征、重定义参照、隐含或隐藏特征，
以及从模型中删除某特征等。通过修改或编辑特征，
使不同特征的形状尺寸和位置尺寸控制在一定范围
内，然后根据具体的应用范围和使用领域调整特征
参数，从而满足社会化的生产要求。

6.5.1 编辑尺寸

特征是参数化的几何实体，通过改变特征参数，
可以用有限的特征构造出各种零件部件的实体模
型，编辑尺寸作为修改特征的一种操作手段，可以
直接在三维环境中修改特征生成的重要参数，主要
包括以下两方面的内容。

1. 修改尺寸值

修改尺寸值包括修改特征的形状尺寸和定位尺
寸，具体方法如下。

首先在模型中选取并双击圆柱特征，可以直
接在显示的尺寸值上双击，并将原来的圆柱高度值

25，修改为 40，如图 6-79 所示。

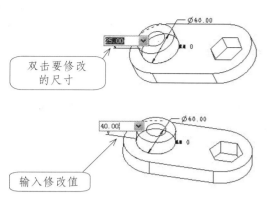

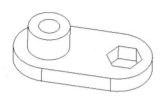

图 6-79 双击尺寸进行修改

单击"再生"按钮 🔛，再生模型，如图 6-80 所示。

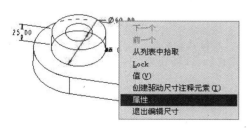

图 6-80 修改尺寸后的模型

提示：

对于修改混合、扫描、扫描混合等高级特征，双击该特征，并在显示的截面草图上再次双击，显示该特征的剖截面尺寸值，此时可以按照以上同样的方法修改特征尺寸。

2. 设置尺寸属性

设置尺寸属性包括设置属性、尺寸文本和文本样式。在模型上选取并右击一个尺寸，然后选择"属性"选项，如图 6-81 所示。打开"尺寸属性"对话框，如图 6-82 所示。该对话框包含 3 个选项卡，具体说明如下。

图 6-81 右键快捷菜单

■ 属性

此选项卡是系统默认打开的选项设置面板，可以设置尺寸显示、值、公差和尺寸格式等，主要选项说明如下。

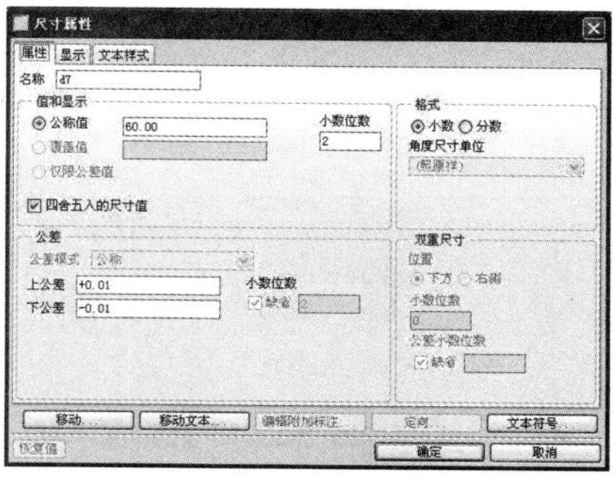

图 6-82 "尺寸属性"对话框

▷ 名称：在该对话框中的第一行显示零件中尺寸的"名称"，在这个名称中，可以知道该尺寸是线段的长度、圆的直径或半径等，还可以修改尺寸名称。

▷ 值和显示：此选项组设置模型的名称值来修改模型的尺寸值，并显示尺寸值的小数位数等。

▷ 公差：在该选项组中可以通过设置模型的公差值来调整尺寸数值，其中"上公差"选项和"下公差"选项主要用于设置公差的上、下限公差值的大小。"公差模式"主要用于显示公差，执行"工具"→"环境"命令，并在"环境"对话框中启用"尺寸公差"复选框，如图 6-83 所示。此时可激活此选项，并在模型中显示公差。如图 6-84 所示。

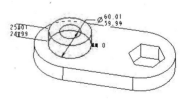

图 6-83 "环境"对话框　　图 6-84 显示尺寸公差

▷ 格式：该选项组主要用于设置小数的格式。默认的小数有 2 位，可以通过调整"小数位数"文本框中数值更改小数的精度，选择"分数"单选按钮，可以设置分母和最大分母值。

▷ 移动：单击此按钮，可以移动当前尺寸的位置。其操作方法是：单击"移动"按钮，

中文版 Pro/ENGINEER Wildfire 课堂实录

然后直接在绘图区域中选取放置的位置。

> 移动文本：单击此按钮，则只能沿尺寸线方向移动尺寸数字，其操作方法和"移动"选项相同。

■ 尺寸

此选项卡主要用于修改标注内容、为名称添加前缀或后缀。主要选项说明如下。

> 显示：该选项组主要用于设置尺寸的显示样式。选择"基本"单选按钮，则系统指定尺寸为公差的基础尺寸；选择"检查"单选按钮，则系统指定尺寸为检查参考尺寸；选择"两者都不"单选按钮，则指定尺寸为非基础尺寸和非检查参考尺寸；单击"反向箭头"按钮，可以在尺寸延伸线内部和外部之间切换显示箭头。

> 文本符号：单击"文本符号"按钮，打开"文本符号"对话框，如图 6-85 所示。在"文本符号"对话框中可以选择添加的文本符号。

图 6-85　"显示"选项卡

3. 文本样式

"文本样式"选项卡主要用于设置字符的高度、线条粗细、宽度因子和斜角，也可以调整字符的大小、注释/尺寸的位置、颜色、行间距和边间距等属性，如图 6-86 所示。单击"重置"按钮，可以恢复到系统的默认状态。

6.5.2 编辑定义

编辑定义实际上是重新定义特征生成的过程，也包括修改特征剖截面、替换草绘平面或参照平面、特征的形状和定位参数，以及定位特征的参照平面或坐标系等内容。与"编辑"命令相比，重定义特征的范围更广泛。

图 6-86　设置文本样式

重定义特征时，根据特征生成的类型，一方面可以利用相应的特征操控板重定义特征，另一方面可以利用打开的特征对话框执行重定义操作。下面以重定义旋转特征为例，介绍重定义的方法。

在模型树中选择并右击旋转特征，然后在快捷菜单中选择"编辑定义"选项，打开"旋转"操控板。在该操控板中重定义截面绕轴旋转的角度，然后重新生成旋转特征，如图 6-87 所示。

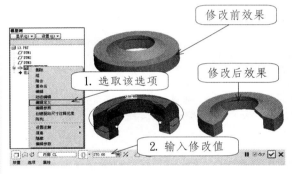

图 6-87　重定义旋转特征

6.5.3 编辑参照

编辑参照是指重定义所选特征的参照，包括草绘平面、视图参照、放置参照或偏移参照等参照对象。重定义特征的方法是比较简单的，这里以倒圆角特征为例，介绍重定义参照的操作方法。

工程特征包括孔、抽壳、筋、倒圆角和倒角等类型。根据成型条件，对应的特征参照包括放置参照、偏移参照、移除面，以及倒圆角和倒角的棱边等。这是特征生成的关键性参考条件。

❶ 在模型树中选择并右击倒圆角特征，在弹出的右键快捷菜单中选择"编辑参照"选项，此时系统弹出"确定"对话框。单击"否"按钮，打开"重定参照"菜单，如图 6-88 所示。

❷ 依据提示选取替换或修改的圆角参照，可以创建不同的圆角效果，如图 6-89 所示。

图 6-88 "重定参照"菜单管理器

图 6-89 重定义倒圆角特征参照

6.6 使用层

层作为一种有效的管理手段，可以对模型的基准点、基准线、基准面，以及零件等要素进行一体化管理。对同一个层中的所有共同的要素进行显示、遮蔽、选择和隐含等操作。层中还可以有层，也就是说，一个层还可以组织和管理其他许多的层，通过组织层中的模型要素并用层来简化显示，可以使很多任务简化，并可提高可视化程度，从而极大地提高工作效率。

6.6.1 层概述

1. 进入层窗口的方式

进入层窗口是进行所有层操作的基础，在 Pro/E 中有 3 种方式可以进入层的操作窗口，分别如下。

■ 利用导航卡进入

在模型树窗口中单击"显示"按钮，系统弹出如图 6-90 所示的下级菜单，选择"层树"选项，即可进入层的操作窗口，如图 6-91 所示。

图 6-90 下级菜单

■ 选取"层"图标进入

单击"层"按钮，直接进入层操作窗口。

■ 通过菜单进入

选择菜单栏中的"视图"→"层"选项，进入层的操作窗口。

图 6-91 层操作窗口

2. 选取活动对象

在一个总的组件中，总组件和其他的各级组件下部有各自的层树。所以在组件模式下，在进行层操作前，要明确是在哪一级的模型中进行层操作，要在其上面进行层操作的模型称为"活动对象"。为此，在进行有关的新建、删除等操作之前，必须先选取活动对象。

6.6.2 层操作

正确、有效地进行层操作，不但可以提高可视化程度和建模效率，而且当层显示状态与它的对象一起局部存储时，改变其中一个对象的显示状态，并不影响另一个活动对象的相同层的显示。

1. 创建新层

在建模型过程中，有时会隐藏某些不需要显示的内容，但有些需要保留，如特征、尺寸、注释，以及几何公差等要素，此时可以新建一个层，将该元素添加到该层目录下，并将其隐藏。

在层树的空白处单击右键，在弹出的右键快捷菜单中选择"新建层"选项，系统弹出"层属性"对话框，在该对话框中设置层名称，单击"确定"按钮，即可创建新层，如图 6-92 所示。

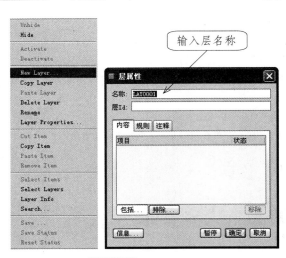

图 6-93（2）　层的添加与修改

图 6-92　创建新层

2. 添加与修改层

对于新建的层，可以通过"层属性"对话框添加特征及零件对象、改变图层显示状态、在视图中改变层的显示，以及忽略模型中层的状态。下面以添加对象为例介绍修改层的操作方法。

选择新建的层，再单击"层"按钮，在弹出的下级菜单中选择"层属性"选项，系统弹出"层属性"对话框，然后选择相应的层，通过单击"包括"和"排除"按钮来决定是否添加该层，如图6-93所示。在"层属性"对话框中选取某个对象，单击"移除"按钮，则该选项被删除。

3. 编辑层规则

如果用户希望添加多个项目且具有相同的特性，可以切换到"规则"选项卡，单击"规则"选项卡中的"选项"按钮，在弹出的下级菜单中选择"独立"选项，则"编辑规则"按钮将被激活，单击该按钮，即可打开"规则编辑器"对话框，如图6-94所示。

在"规则编辑器"对话框中，用户可以根据设置的条件，如对象的名称、类型、选取表达式，以及比较值等不同条件来查找对象，最后单击"预览结果"按钮，即可进行搜索。

图 6-94　打开"规则编辑器"对话框

4. 添加注释

如图 6-95 所示，在"注释"选项卡中可以为层添加文本标注，这些标注可以在对话框的文本框中手动输入，如图6-96所示。也可以单击"插入"按钮，通过在弹出的"插入"对话框中选取导入外部文件。另外，单击"拭除"按钮，可删除文本框中的文本，

图 6-93（1）　层的添加与修改

单击"保存"按钮，可以保存并注释为新的文件。

图 6-95 "注释"选项卡

图 6-96 输入注释

5. 层的设置

层状态文件是控制模型的层和层显示状态的文件，用户可以将它保存起来，便于检索和用于其他对象的模型。

在"层"操作窗口中单击"设置"按钮，系统弹出如图 6-97 所示的下级菜单，该菜单中各选项含义说明如下。

▷ 显示层：在层树中列出显示层。

▷ 隐藏层：在层树中列出隐藏层。

▷ 孤立层：在层树中列出隔离层。

▷ 以隐藏线的方式显示的层：在层树中列出以隐藏线的方式显示的层。

▷ 所有子模型层：显示活动对象及所有相关子模型的各层。

▷ 如果在活动模型中则为子模型层：显示所有相关子模型中的活动对象层。

▷ 无子模型层：仅显示活动对象的各层。

▷ 层项目：在树中列出的层项目。

■ 嵌套层上的项目：

▷ 忽略：忽略非本地项目选项。

▷ 添加：如果相同名称的子模型层已存在，则进行添加。

▷ 自动：需要时自动创建相同名称的子模型层并进行添加。

▷ 提示：提示创建或选择要添加到的子模型层。

▷ 传播：将对用户定义层的可视性更改应用到子层。

■ 设置文件：

▷ 打开：从文件检索活动对象的层信息。

▷ 保存：将活动对象的层信息保存到文件。

▷ 编辑：修改活动对象的层信息。

▷ 显示：显示活动对象的层信息。

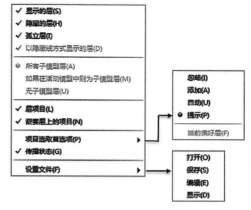

图 6-97 下级菜单

6.6.3 层编辑

在层操作界面中单击"编辑"按钮，在弹出的下拉菜单中可对层进行删除、改名等操作，各选项的功能如下所示。

▷ 隐藏：隐藏所选的层。

▷ 激活：显示所选的层。

▷ 取消激活：设置孤立、隐藏线等高级显示方式。

▷ 新建层：创建新层。

▷ 剪切项目：将层项目放到剪贴板上。

▷ 复制项目：将层项目的副本放到剪贴板上。

▷ 层属性：修改所选层的属性。

▷ 粘贴项目：将剪贴板中的层项目放到层中。

▷ 删除层：删除所选层。

▷ 重命名：在所有模型中重命名选定层。

▷ 选取层：选取列出的层。

▷ 层信息：显示选取层项目的信息。

> ▷ 搜索：搜寻所需项目的层以进行添加。

> ▷ 移除项目：从层中移除项目。

> ▷ 选取项目：选取层中的项目。

> ▷ 保存状态：使活动对象及相关对象中的所有层状态更改长期有效。

> ▷ 重置状态：将状态重置为上次保存的状态。

6.7 使用组

在 Pro/E 中，系统提供了一种有效的特征组织方法——组，其中每个组由数个在模型树中时序相连的特征构成，并且用户在特种建模过程中创建的临时基准点、基准面等局部参照也会与该特征合并为一个组。

用户可以将多个具有关联关系的特征并归到一个组里，从而减少模型树中节点数目。但这并非组的主要功能，组的重要意义在于通过将多个特征及其参数融合在一起，从而为阵列等编辑操作提供灵活性。

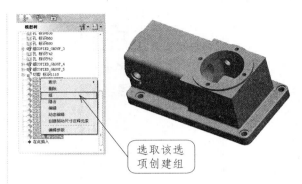

图 6-98 创建组特征

1. 创建组特征

要创建一个组，方法比较简单。在模型树中按住 Ctrl 键依次选取要成组的特征，单击右键，在打开的右键快捷菜单中选择"组"选项，则选取的特征自动生成组，如图 6-98 所示。

此外也可以先选择要成组的对象，然后选择菜单栏中的"编辑"→"组"选项，将选取的特征对象成组，其效果与上述的操作方法相同。

2. 分解组特征

当然，对于成组的特征既然能成组，也能分解组特征。要分解组特征，同样在模型树上选择成组的对象，单击右键，选择"分解组"选项，则该组特征自动被分解。由于组特征的操作比较简单，在此不再举例说明，可以自行练习。

6.8 实例应用

6.8.1 创建扳手

本实例主要是运用拉伸、拉伸剪切、镜像、倒圆角和骨架折弯等命令来设计绘制如图 6-99 所示的扳手。

图 6-99 扳手

具体操作步骤如下。

❶ 运行 Pro/E，单击工具栏中的"新建"，系统弹出如图 6-100 所示的"新建"对话框。

❷ 在"新建"对话框中的"类型"选项区域中选中"零件"选项，在"子类型"中选中"实体"选项，在"名称"文本框内输入 6_8_1banshou，最后单击"确定"按钮。

❸ 在"基础特征"工具栏中单击"拉伸"按钮 🔲，系统

提示选取一个草绘平面，在绘图区内单击右键，在弹出的菜单中选中"定义内部草绘"选项，系统将弹出"草绘"对话框，选择基准平面 FRONT 作为草绘平面，参照平面为 RIGHT，如图 6-101 所示，单击"草绘"按钮。

图 6-100 "新建"对话框

图 6-101 选取草绘平面

❹ 在绘图工具栏中单击"线"按钮 ↘，绘制如图 6-102 所示的草绘截面，再单击绘图工具栏中的"确定"按钮。

图 6-102 绘制拉伸截面

❺ 在拉伸操控板的拉伸文本框 8.00 中输入 8，选择双向拉伸按钮 ⊟，如图 6-103 所示。

图 6-103 绘制拉伸扳手底板

❻ 在"基础特征"工具栏中单击"拉伸"按钮 ，系统提示选取一个草绘平面，在"基准特征"工具栏中单击"草绘"按钮 ↘，系统弹出"草绘"对话框，再选择基准平面 FRONT 作为草绘平面，参照平面为 RIGHT，如图 6-104 所示，再单击"草绘"按钮，结束草绘平面的选取。

图 6-104 选取草绘平面

❼ 在绘图工具栏中单击"圆心和点"按钮 ○，绘制如

图 6-105 所示的草绘截面，再单击绘图工具栏中的"确定"按钮。

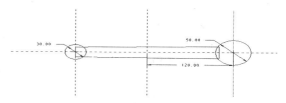

图 6-105 绘制圆

❽ 在拉伸操控板的拉伸文本框 8.00 内输入 8，选择双向拉伸按钮 ⊟，如图 6-106 所示。

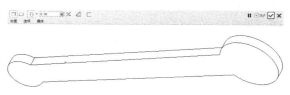

图 6-106 绘制圆柱体

❾ 在"基础特征"工具栏中单击"拉伸"按钮 ，系统提示选取一个草绘平面，在绘图区内单击右键，在弹出的菜单中选中"定义内部草绘"选项，系统弹出"草绘"对话框，再选择基准平面 FRONT 作为草绘平面，参照平面为 RIGHT，如图 6-107 所示，再单击"草绘"按钮，结束草绘平面的选取。

图 6-107 选取草绘平面

❿ 在绘图工具栏中单击"线"按钮 ↘，绘制如图 6-108 所示的草绘截面，再单击绘图工具栏中的"确定"按钮。

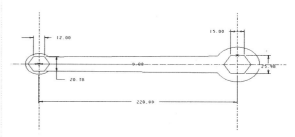

图 6-108 绘制拉伸剪切截面

⓫ 在拉伸操控板的拉伸文本框 8.00 内输入 8，选双向拉伸按钮 ⊟，再选中 按钮，并单击"确定"按钮，如图 6-109 所示。

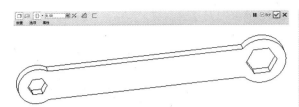

图 6-109 绘制扳手孔

❶❷ 在基础特征工具栏中单击"拉伸"按钮 ，系统提示选取一个草绘平面，在基准工具栏中单击"草绘"按钮 ，系统弹出"草绘"对话框，再选择扳手表面作为草绘平面，参照平面为 RIGHT，如图 6-110 所示。再单击"草绘"按钮，结束草绘平面的选取。

图 6-110 选取草绘平面

❶❸ 绘制拉伸剪切体截面。在绘图工具栏中单击"线"按钮 和"3 点 / 相切端"按钮 ，绘制如图 6-111 所示的草绘截面，再单击绘图工具栏中的"完成"按钮 。

图 6-111 绘制拉伸剪切体截面

❶❹ 绘制拉伸剪切体。在拉伸操控板中拉伸文本框 内输入 3，选择双向拉伸按钮 ，方向向右，再选中 按钮，并单击"确定"按钮，如图 6-112 所示。

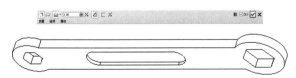

图 6-112 绘制拉伸剪切体

❶❺ 选取拉伸剪切体，编辑特征工具栏中的"镜像"按钮 将被激活，再单击 按钮，系统提示选取相对于其镜像的平面，选择基准平面 FRONT 作为镜像平面，最后单击"镜像"操控板中的"确定"按钮

，结果如图 6-113 所示。

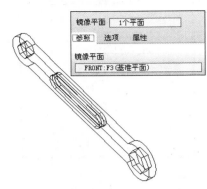

图 6-113 镜像拉伸剪切体

❶❻ 在基础特征工具栏中单击"拉伸"按钮 ，系统提示选取一个草绘平面，在基准工具栏中单击"草绘"按钮 ，系统弹出"草绘"对话框，再选择拉伸剪切体的底面作为草绘平面，参照平面为 RIGHT，如图 6-114 所示，再单击"草绘"按钮，结束草绘平面的选取。

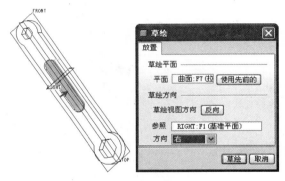

图 6-114 选取草绘平面

❶❼ 在绘图工具栏中单击"文本"按钮 ，系统弹出如图 6-115 所示的"文本"对话框，在"使用参数"选项下面的文本框内输入"China Made"，绘制如图 6-116 所示的草绘截面，再单击绘图工具栏中的"确定"按钮 。

图 6-115 文本对话框

❶❽ 在拉伸操控板的拉伸深度文本框内输入 1，选择单向拉伸按钮 ，方向向左，并单击"确定"按

钮，如图 6-117 所示。

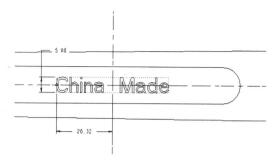

图 6-116 绘制拉伸文字

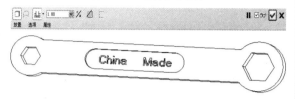

图 6-117 绘制拉伸文字实体

❶❾ 镜像拉伸文字实体。选取拉伸文字实体，单击特征工具栏中的"镜像"按钮 ⫶⫶，将其激活，再单击 ⫶⫶ 按钮，系统提示选取相对于其镜像的平面，选择基准平面 FRONT 作为镜像平面，最后单击"镜像"操控板的"确定"按钮 ✓，结果如图 6-118 所示。

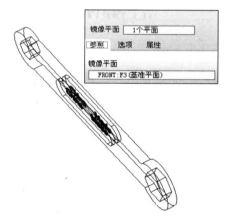

图 6-118 镜像拉伸文字实体

❷⓿ 在"基准"工具栏中单击"草绘"按钮 ，系统弹出"草绘"对话框，再选择基准平面 TOP 作为草绘平面，参照平面为 RIGHT，如图 6-119 所示，再单击"草绘"按钮，结束草绘平面的选取。

❷❶ 绘制扳手骨架线。在绘图工具栏中单击"线"按钮 ╲ 和"圆形"按钮 ，绘制如图 6-120 所示的草绘截面，单击绘图工具栏中的"确定"按钮 ✓。

❷❷ 在主菜单栏中选择"插入"→"高级"→"骨架折弯"命令，接受默认的选项，选择"完成"选项。

❷❸ 系统将提示"选取要折弯的一个面组或实体"，单击扳手的任意位置以选取整个扳手折弯，再以"曲线链"的形式选取骨架线，选取曲线一侧，再选择

"选取全部"选项，如图 6-121 所示，接着再选择"完成"选项。

图 6-119 选取草绘平面

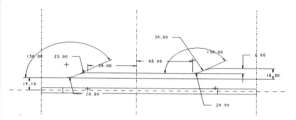

图 6-120 绘制扳手骨架线

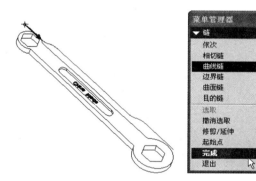

图 6-121 选取骨架线

❷❹ 在弹出的菜单中选择"产生基准"选项，接着在弹出的菜单中单击"偏移"选项，再选取第一基准面 DTM1，选择"输入值"选项。

❷❺ 在弹出的"输入指定方向的等距"文本框中输入 260，并单击"确定"按钮 ✓，最后单击"完成"选项，结果如图 6-122 所示。

6.8.2 创建直齿圆锥齿轮

本实例将创建直齿圆锥齿轮，效果如图 6-123 所示。该齿轮主要利用"旋转"、"基准平面"、"孔"、"特征操作"、"阵列"，以及"倒角"工具创建。

具体操作步骤如下。

❶ 新建模型文件并绘制截面草图。启动 Pro/E 程序，单击"新建"按钮，新建文件名为 6_8_2chilun，单击"确定"按钮。单击"旋转"按钮 ，打开"旋转"操控板，选择 TOP 平面作为草绘平面，绘制如图

6-124 所示的草图截面。

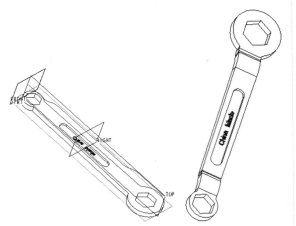

图 6-122 绘制扳手骨架弯折特征

图 6-123 直齿圆锥齿轮

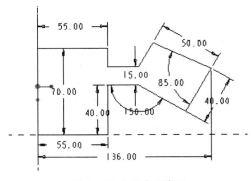

图 6-124 绘制截面草图

❷ 创建旋转实体。单击"退出"按钮，退出草绘环境并进入旋转操作，设置旋转角度为 360°，创建出齿轮毛坯特征，如图 6-125 所示。

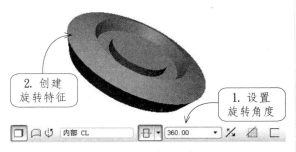

图 6-125 创建旋转特征

❸ 创建轴孔特征。单击"孔"按钮 ，按住 Ctrl 键选取 A1 基准轴和轮毂平面为放置参照，设置孔径为 ø65，深度类型设置为"穿透"，创建出轴孔特征，如图 6-126 所示。

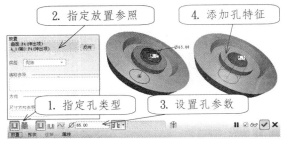

图 6-126 创建孔特征

❹ 添加倒角。单击"倒角"按钮 ，设置倒角类型为 D×D，设置 D 值为 10，选取轴孔两端边线为倒角对象，创建倒角特征如图 6-127 所示。

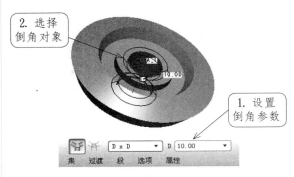

图 6-127 创建倒角特征

❺ 创建键槽特征。单击"拉伸"按钮 ，选取轮毂平面为草绘平面，绘制如图 6-128 所示的草图截面，设置拉伸深度为"穿透"，并单击"去除材料"按钮 ，创建键槽特征。

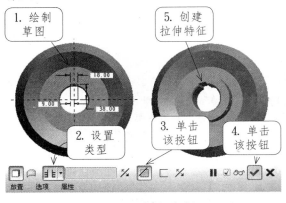

图 6-128 创建拉伸特征

❻ 创建基准平面。单击"基准平面"按钮 ，选取 TOP 和齿坯外表面，添加关系为法向、相切，如图 6-129 所示。

❼ 创建单个轴齿。单击"拉伸"按钮 ，选择 DTM1 作为草绘平面，进入草绘环境。绘制拉伸截面草

图，绘制完成后，单击"退出"按钮 。在拉伸特征操作板中，单击"去除材料"按钮 ，单击"确定"按钮完成创建，如图 6-130 所示。

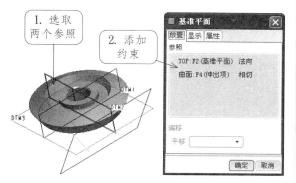

图 6-129 创建基准平面

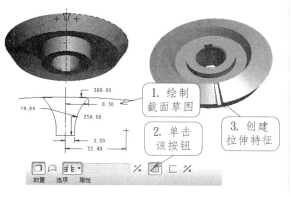

图 6-130 创建单个轴齿

❽ 复制轴齿。在菜单栏中选取"编辑"→"特征操作"选项，此时系统会自动弹出"特征"菜单，如图 6-131 所示。在"特征"菜单中选取"复制"命令打开"复制特征"菜单，在"复制特征"菜单中依次选取"移动"→"选取"→"独立"→"完成"命令，如图 6-132 所示。此时在"菜单管理器"中打开"选取特征"菜单和"选取"对话框，如图 6-133 所示。

图 6-131　　　　图 6-132　　　　图 6-133
"特征"菜单　　"复制特征"菜单　　"选取"对话框

❾ 在"模型树"窗口中选取"拉伸2"，选取完成后，执行"选取特征"中的"完成"命令打开"移动特征"菜单，

如图 6-134 所示。在"移动特征"菜单中选取"旋转"命令，此时系统会打开"选取方向"菜单，如图 6-135 所示，和"方向"对话框，如图 6-136 所示。在"选取方向"菜单中选取"曲线/边/轴"命令，在零件上选取 A_1 轴，在"菜单管理器"中选取"确定"命令。

图 6-134　　　　图 6-135　　　　图 6-136
"移动特征"菜单　"选取方向"菜单　　"方向"菜单

❿ 在弹出的"输入旋转角度"文本框中输入角度 10°，单击文本框中的"完成"按钮 ，如图 6-137 所示。此时系统会返回到图 6-134 的"移动特征"菜单。

图 6-137 输入旋转角度

⓫ 单击"移动特征"菜单中的"完成移动"命令，系统会自动弹出"组元素"对话框、"组可变尺寸"菜单和"选取"对话框，如图 6-138 所示。

图 6-138 "组元素"、"组可变尺寸"、"选项"对话框

⓬ 单击"组可变尺寸"菜单中的"完成"按钮和"组元素"对话框中的"确定"按钮。此时系统会弹出"特征"菜单，执行"完成"命令，完成轴齿的复制，如图 6-139 所示。

图 6-139 完成复制轴齿

⓭ 创建阵列特征。在"模型树"中选中刚复制的轴齿特征，单击"阵列工具"按钮 。在"阵列"操控板

中设置类型为"尺寸阵列",选择尺寸参照。输入个数为35。单击"确定"按钮,完成阵列特征的创建,如图6-140所示。

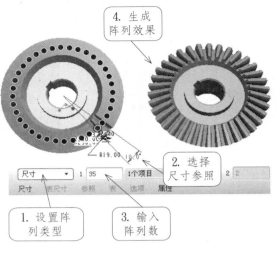

图 6-140　创建阵列特征

❶❹ 创建倒圆角。单击特征工具栏中的"倒圆角"按钮,打开"倒圆角"特征操控板,输入圆角值为5,选取要倒圆角的边,单击"确定"按钮完成倒角的操作。完成整个齿轮零件的创建,如图6-141所示。

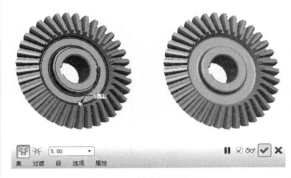

图 6-141　创建倒圆角特征

6.9　课后练习

6.9.1　创建四通接头模型

利用本章所学的特征编辑命令,创建如图6-142所示的四通接头模型,尺寸自定。

图 6-142　四通接头模型

操作提示:

❶ 创建接头本体。通过拉伸和旋转命令创建出一个接头的本体。

❷ 创建接头孔。使用孔命令创建出接头的通孔,并用倒角工具对其锐边进行倒角。

❸ 复制特征。使用复制-粘贴命令对接头体进行复制,并旋转90°,由此创建出2个接头。

❹ 复制特征。同样使用复制-粘贴命令将上述的2个接头创建为有4个接头体的四通接头。

6.9.2　创建短齿轮轴

利用本章所学的特征编辑命令,创建如图6-143所示的短齿轮轴,尺寸自定。

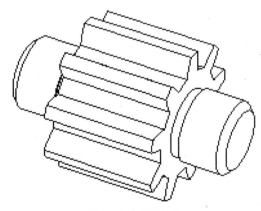

图 6-143　短齿轮轴

操作提示:

❶ 创建齿轮轴轴体。通过拉伸和旋转命令创建齿轮轴的轴体。

❷ 创建单个齿。使用拉伸命令创建单个齿。

❸ 阵列特征。使用阵列特征中的轴命令对单个齿进行阵列,创建出齿轮模型。

❹ 创建倒角特征。对锐边进行倒角处理。

第⑦课 高级特征

高级特征

前面几章详细讲解了常用的建模特征。但在设计一些复杂的造型零件时，单靠前面的相对简单的特征是不够的，本章将介绍几种常用的复杂特征，包括扫描混合特征、螺旋扫描特征、耳特征和唇特征。

本课知识：

◆ 扫描混合创建方法 ◆ 耳、唇特征的创建方法
◆ 螺旋扫描特征的创建方法

7.1 扫描混合特征

顾名思义，扫描混合特征是融合了扫描和混合两种特征，它是由若干扫描剖面沿着轨迹线扫描混合而成的特征。

7.1.1 认识扫描混合特征

在本书第 4 章学习了扫描、混合和可变截面扫描特征，这 3 种特征与本节学习的扫描混合特征是 4 个比较难分辨的概念。为了让读者能清晰地将它们区别开，下面分别对它们进行简单的分析。

■ **扫描**

扫描过程中只使用单一的路径和单一的截面，主要用于创建简单的曲管造型，在机械零件的创建中应用比较多，也是最简单的一种扫描方式，如图 7-1 所示。

图 7-1 扫描特征

■ **混合**

混合的样式有 3 种，分别是平行混合、旋转混合和一般混合。其中一般混合是前两者的结合，可以将截面进行旋转也可以指定截面间的距离，当输入旋转角度为 0°时，一般混合就与平行混合类似，如图 7-2 所示。

■ **可变截面扫描**

可变截面扫描与混合特征有点类似，但可变截面扫描是从 3 个侧面来对零件的造型进行控制的，

如图 7-3 所示。

图 7-2 混合特征

图 7-3 可变截面扫描特征

■ **扫描混合**

扫描混合与扫描类似，但截面的变化比较灵活，可以为用户提供较大的编辑空间，产生复杂的扫描造型，如图 7-4 所示。

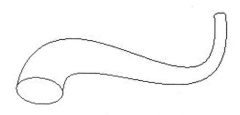

图 7-4 扫描混合特征

通过上面的分析不难看出，扫描混合特征不但

可以像扫描特征那样指定实体的延伸轨迹，还可以在不同的轨迹位置设定形态各异的草图截面，从而兼具扫描和混合两种造型特征。

7.1.2 扫描混合操控板

在菜单栏中选择"插入"→"扫描混合"命令，打开"扫描混合"操控板，如图7-5所示。

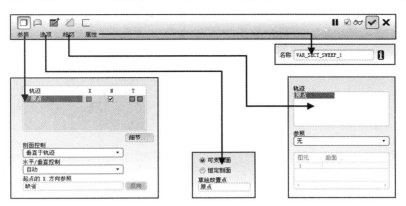

图7-5 "扫描混合"操控板

利用该操控板可以创建出实体、曲面、薄壁类型的扫面混合特征，各类型特征的创建方法基本相同：依次指定轨迹曲线、截面曲线、截面曲线的运动方向，以及截面相切类型，即可创建所需要的扫描混合特征。

7.1.3 创建扫描混合特征

扫描混合特征创建流程如下。

❶ 绘制用以扫描的轨迹曲线。

❷ 以轨迹线上的各点为截面位置参照，以端点所在轨迹线位置的法向平面为截面草绘平面，绘制出垂直于轨迹曲线的截面轮廓。

❸ 设置所创建特征与其他特征之间的相切关系等选项后，即可创建扫描混合特征。

1. 指定参照轨迹线并控制剖面方向

参照轨迹曲线就是用于定义截面扫描路径的路径曲线，该路径曲线可以是一条直线段或样条曲线，但是曲线上需要创建多个用于定义截面位置的点。该曲线的指定方法及截面的控制方式，与创建扫描特征时扫描曲线的指定方法相同，如图7-6所示。

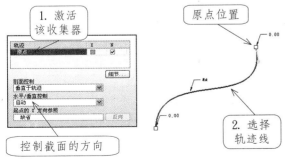

图7-6 选取参照轨迹曲线

2. 定义混合剖面

提示：

在绘制扫描轨迹曲线时，可以利用"打断"工具，在绘制的轨迹线上添加用于定义截面位置的点。

指定了扫描轨迹曲线和剖面方向后，可以定义扫描混合特征各截面形状的草绘剖面，在指定剖面时，可以选取现有的截面为混合剖面，也可以进入草绘环境绘制草绘截面，具体定义方法介绍如下。

在"截面"面板中的"草绘截面"和"选取截面"单选按钮中，选择截面指定方式后，单击选取扫描轨迹曲线上的节点后，激活"截面"面板中的"草绘"按钮。单击该按钮，可以进入草绘环境绘制截面草图，如图7-7所示。

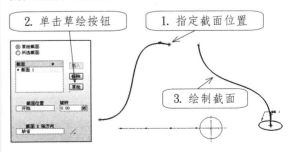

图7-7 绘制混合截面

添加截面1后，"截面"面板中的"插入"按钮即被激活，单击该按钮，并依次指定扫面轨迹曲线上的节点，利用与添加截面1相同的方法，即可完成其他截面的添加，如图7-8所示。

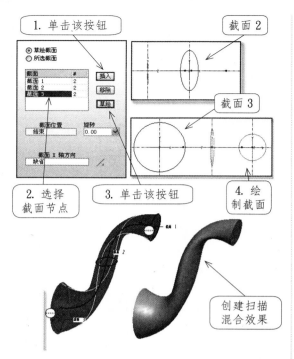

图 7-8　创建扫描混合特征

提示:

创建实体扫描混合特征时,截面必须是封闭的线框;创建曲面类型扫描混合特征时,剖面既可以是封闭的,也可以是开放的。

3. 设置截面连接方式

定义各截面后即可以生成扫描混合特征,此时如果该特征的两端面与其他特征存在连接关系,即可以约束断面的相切类型。系统默认的连接方式为"自由",还可以利用"相切"面板,分别设置开始截面和终止截面相对于其连接对象的连接关系为相切或垂直,具体设置方法介绍如下。

单击"相切"面板中开始截面右侧的"条件"选项,即可以打开"条件"下拉列表,选取连接方式后,单击激活下部的"曲面"收集器,即可在图中选取参照对象,定义创建扫描混合特征的连接类型,如图 7-9 所示。

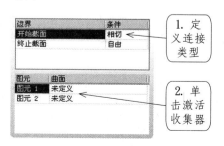

图 7-9　设置截面连接类型

案例 **7-1**　创建扫描混合特征

❶ 在"文件"工具栏中单击"打开"按钮 🖫,打开素材库中的 anli7_1 文件,如图 7-10 所示。

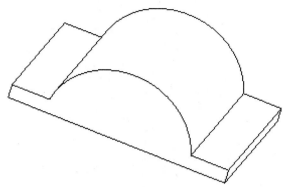

图 7-10　创建扫描混合特征示例

❷ 在"基准"工具栏中单击"草绘"按钮 ⊿,选择基准平面 TOP 作为绘图平面,如图 7-11 所示,草绘参照和方向均采用系统默认,单击"草绘"按钮。

图 7-11　选取草绘平面

❸ 系统进入草绘工作环境。在主菜单栏中选择"草绘"→"参照"命令,在草绘区选择圆弧创建草绘曲线的参照,如图 7-12 所示,单击"参照"对话框中的"关闭"按钮,如图 7-13 所示。

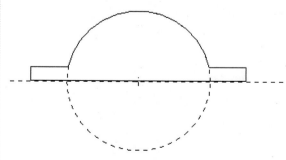

图 7-12　选取参照

❹ 在"草绘"工具栏中单击"3 点 / 相切端"按钮 ⏋和"直线"按钮 ⟍,绘制草绘曲线,如图 7-14 所示,单击"完成"按钮,结束草绘曲线的绘制。

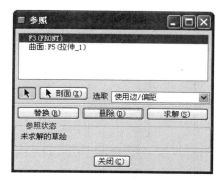

图 7-13 "参照"对话框

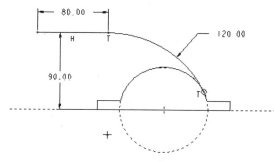

图 7-14 绘制草绘曲线

❺ 在"基准"工具栏中单击"基准点"按钮 ，创建基准点 PNT0、PNT1 和 PNT2，如图 7-15 所示，再单击"基准点"对话框中的"确定"按钮。

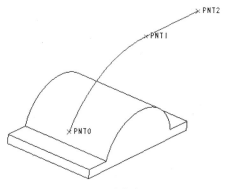

图 7-15 创建基准点

❻ 在主菜单栏中选择"插入"→"扫描混合"命令，系统弹出"扫描混合"操控板，根据系统提示，选取草绘曲线作为扫描原点轨迹曲线，如图 7-16 所示。

图 7-16（1） 选取轨迹曲线

图 7-16（2） 选取轨迹曲线

❼ 在"扫描混合"操控板中单击"剖面"按钮，系统弹出"剖面"面板。根据系统提示，选取基准点 PNT0 作为草绘截面位置，如图 7-17 所示。

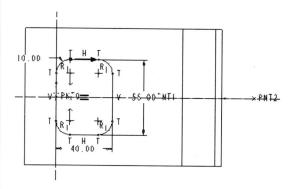

图 7-17 选取截面位置

❽ 单击"草绘"按钮，系统进入草绘工作环境。在"草绘"工具栏中单击"矩形"按钮 、"圆形"按钮 和 "约束"按钮 ，绘制混合截面 1，如图 7-18 所示，单击"完成"按钮 ，结束剖面 1 的创建。

图 7-18 绘制剖面 1

❾ 在"剖面"面板中单击"插入"按钮，再选择基准点 PTN1 作为草绘混合截面 2 的位置点，如图 7-19 所示。

图 7-19 指定截面 2 位置

❿ 单击"草绘"按钮，系统进入草绘工作环境。在"草绘"工具栏中单击"矩形"按钮 □、"圆形"按钮 和"约束"按钮 ，绘制混合截面 2，如图 7-20 所示，单击"完成"按钮 ，结束混合截面 2 的创建。

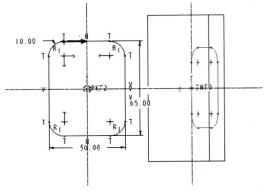

图 7-20 绘制截面 2

⓫ 在"剖面"面板中单击"插入"按钮，再选择基准点 PTN2 作为草绘混合截面 3 的位置点，如图 7-21 所示。

图 7-21 指定截面 3 位置

⓬ 单击"草绘"按钮，系统进入草绘工作环境。在"草绘"工具栏中单击"矩形"按钮 □、"圆形"按钮 和"约束"按钮 ，绘制混合截面 3，如图 7-22 所示，单击"完成"按钮 ，结束混合截面 3 的创建。

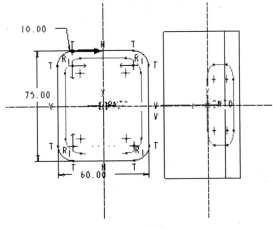

图 7-22 绘制截面 3

⓭ 在"扫描混合"操控板中单击"实体"按钮 □，再单击"创建薄板特征"按钮，并输入"厚度"为 3，最后单击"确定"按钮，结果如图 7-23 所示。

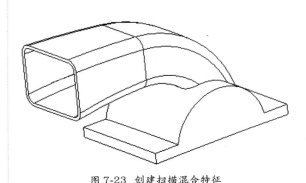

图 7-23 创建扫描混合特征

7.2 螺旋扫描特征

螺旋扫描特征是沿着螺旋曲线生成的扫描特征。螺旋曲线是现代工业的标志性曲线，该工具常用于机械造型中常见的弹簧、螺纹等具有螺旋特征造型的创建，弥补了普通扫描方法无法创建的造型。在 Pro/E 中，按照螺旋距的不同，可分为常数和可变的两种螺距类型的螺旋扫描特征。

在创建螺旋扫描特征之前，首先了解它的"属性"菜单，螺旋扫描对于实体和曲面均可用。在菜单栏中选择"插入"→"螺旋扫描"→"切口"命令，打开"伸出项：螺旋扫描"对话框及"属性"菜单，如图 7-24 所示。在"属性"菜单中对以下成对出现的选项进行选择，以定义螺旋扫描特征，如图 7-25 所示。

▷ 常数：螺距是常数。

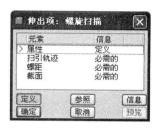

图 7-24 "伸出项：螺旋扫描"对话框

图 7-25 "属性"菜单

▷ 变量：螺距是可变的，并由某图形定义。

▷ 穿过轴：横截面位于穿过旋转轴的平面内。

▷ 垂直于轨迹：确定横截面方向，使之垂直于轨迹（或旋转面）。

▷ 右手定则：使用右手规则定义轨迹。

▷ 左手定则：使用左手规则定义轨迹。

1. 创建恒定螺距螺旋扫描特征

此类扫描特征就是螺距为恒定常数的螺旋扫描特征，是创建螺旋扫描特征中最简单的一种方式，常用于创建螺栓螺纹、管螺纹等螺纹类的造型。本节将以创建管螺纹为例，介绍此类扫描特征的创建方法。

案例 7-2 创建恒定螺距螺旋扫描特征

❶ 选择"插入"→"螺旋扫描"→"伸出项"选项，打开"切剪：螺旋扫描"对话框和"属性"菜单管理器，如图 7-26 所示。

图 7-26 螺旋扫描 "属性"菜单

❷ 选择"常数"→"穿过轴"→"右手定则"→"完成"选

项，系统会自动弹出"设置草绘平面"菜单管理器，选择 FRONT 基准平面作为草绘平面，并在弹出的"方向"菜单中选择"确定"选项，在"草绘视图"菜单中选择"缺省"选项，进入草绘环境，如图 7-27 所示。

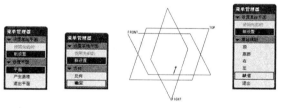

图 7-27 定义草绘环境

❸ 利用"直线"工具绘制扫引轨迹，绘制完成后单击"完成"按钮，此时系统会弹出"输入节距值"文本框，在该文本框中输入节距值为 18，单击"完成"按钮返回草绘环境。以扫描轨迹起点为参照绘制用于定义螺旋截面形状的草绘截面曲线，最后单击"伸出项：螺旋扫描"对话框中的"确定"按钮，即可完成弹簧的创建，如图 7-28 所示。

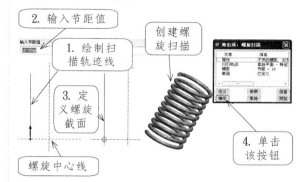

图 7-28 创建螺旋扫描

2. 创建可变螺距螺旋扫描特征

可变螺距扫描特征就是在螺旋特征的扫引线上添加用以分割不同螺距扫引段的节点，然后通过在扫引轨迹的起点、中间的节点和终点设定不同的螺距的方法，生成具有多种螺距效果的螺旋扫描特征。该工具常用于各类弹簧的创建。

此类螺旋扫描特征的创建方法与前面介绍的常数扫描特征的创建方法基本相同，其不同之处在于，添加扫引轨迹线上的节点和指定各节点的螺距，其方法详细介绍如下。

案例 7-3 创建可变螺距螺旋扫描特征

❶ 与创建常数螺距螺旋扫描特征的方法相同，首先选取"插入"→"螺旋扫描"→"伸出项"选项，系统会打开"伸出项：螺旋扫描"对话框和"属性"菜单管理器。在"属性"菜单管理器中选择螺旋扫描类型为"可变的"，选择基准

平面进入草绘环境,绘制扫引轨迹,需要注意的是要在扫引轨迹上添加节点,如图7-29所示。

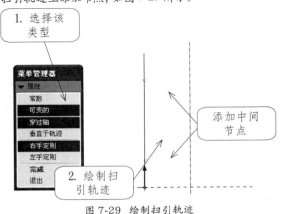

图 7-29　绘制扫引轨迹

❷ 绘制完成扫引轨迹后单击"完成"按钮,在系统弹出的提示栏中输入起始和终止节距值,系统会自动打开PITCH_GRAPH对话框和"控制曲线"菜单管理器,如图7-30所示。

图 7-30　PITCH_GRAPH 对话框和"控制曲线"菜单管理器

❸ 在"控制曲线"菜单管理器中选择"添加点"选项。然后依次选取轨迹中的节点,并在打开的提示栏中输入各节点处的螺距值,单击"完成"按钮,此时添加的节点也将在PITCH_GRAPH对话框中显示,如图7-31所示。

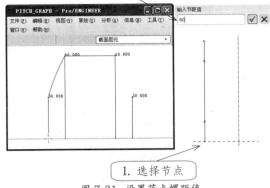

图 7-31　设置节点螺距值

❹ 指定各节点螺距后,选择"控制曲线"菜单管理器中的"完成/返回"选项,然后在弹出的"图形"菜单管理器中单击"完成"按钮,系统再次进入草绘环境,绘制截面草图,绘制完成后在"伸出项:螺旋扫描"对话框中单击"确定"按钮,完成螺旋扫描特征的创建,如图7-32所示。

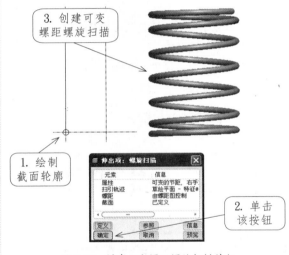

图 7-32　创建可变螺距螺旋扫描特征

7.3　其他高级特征

在 Pro/E 中,高级特征是相对于一般创建模型特征来说的,通常具有一般建模特征的操作过程。在此基础上,再将特征进一步细化创建更复杂的模型,如耳、唇等特征。因此,创建高级特征弥补了一般建模的局限性,使 Pro/E 的建模功能更为强大。本节将重点介绍这两种比较常用的高级特征。

7.3.1 耳特征

耳特征是沿着曲面的顶部拉伸的隆起项,它可以在底部被弯折。Pro/E 以指定的角度弯折耳特征,该角度从耳被延伸的曲面开始测量。耳向用户方向折弯,延伸到屏幕内,直到指定厚度。

创建一个耳特征,需要定义绘制一个有效的耳截面,并可以设置与模型连接处的折弯半径和折弯角度。在绘制耳时,需要注意以下几点。

▷　耳截面要求是开放的,开放端点应与模型连接处对齐结合。

▷　连接到模型的图元与模型边垂直,连接到模型的图元段应该相互平行。

▷ 耳截面靠近结合处的两平行段应该具有足够的长度,以便满足折弯的需要。

提示:

在 Pro/E 5.0 中,需要选择"工具"→"选项"命令,先将系统配置文件选项 allow_anatomic_features 的值设置为 yes。只有当 allow_anatomic_features 的值设置为 yes 时,才能调用某些高级命令,如"耳"、"唇"、"半径圆顶"命令等。

案例 7-4 创建耳特征

❶ 打开素材库中的 ANLI7_4 文件,在主菜单栏中选择"插入"→"高级"→"耳"命令,弹出如图 7-33 所示的"耳"选项菜单栏,各选项介绍如下。

图 7-33 打开文件和菜单管理器

▷ 可变的:耳特征以用户指定的、可修改的角度折弯,该角度从耳拉伸的曲面测量得到。

▷ 90°:耳特征以 90° 折弯。

❷ 接受默认的"可变的"选项,选择"完成"按钮。此时,系统弹出"设置平面"菜单管理器,选择平底器皿的外表面作为草绘平面,然后选择默认的方向单击"确定"按钮,并单击"缺省"按钮。系统进入草绘模式,绘制如图 7-34 所示的开放截面,单击"完成"按钮。

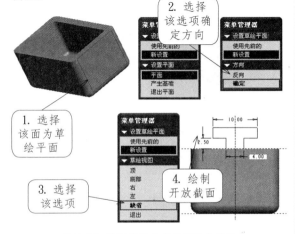

图 7-34 设置草绘平面绘制开放截面

❸ 此时,系统弹出"输入耳的深度"消息输入窗口,输入值为 2.5,单击"确定"按钮,如图 7-35 所示。

图 7-35 输入耳的深度

❹ 系统弹出"输入耳的折弯半径"消息输入窗口,输入值为 3,单击"确定"按钮。接着弹出"输入耳折弯角"消息输入窗口,输入值为 45,单击"确定"按钮,完成耳特征的创建,如图 7-36 所示。

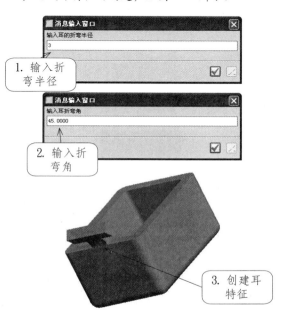

图 7-36 定义折弯半径和折弯角创建耳特征

在草绘耳特征时,要遵循以下规则。

▷ 草绘平面必须垂直于将要连接耳的曲面。

▷ 耳的截面必须开放且其端点应与将要连接耳的曲面对齐。

▷ 连接到曲面的图元必须相互平行,且垂直于该曲面,其长度足以容纳折弯。

折弯半径从超出屏幕的草绘平面开始测量,以指定角度折弯耳,该角度从耳被拉伸位置的曲面开始测量。耳向用户方向折弯,拉伸到屏幕内,直到指定厚度处。

7.3.2 唇特征

唇特征不是组件特征,它必须在每个零件上分别创建。用户可以通过关系和参数在两个零件的尺寸之间设置适当的连接。

下面以一个实例的形式，具体讲解唇特征的创建方法。

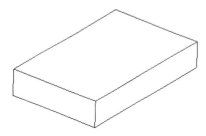

案例 7-5　创建唇特征

❶ 在"文件"工具栏中单击"打开"按钮 ▣，打开素材库中的 anli7_5 文件，如图 7-37 所示。

图 7-37　创建唇特征示例

❷ 在主菜单栏中选择"插入"→"高级"→"唇"命令，系统弹出如图 7-38 所示的"边选取"菜单。

图 7-38　"边选取"菜单

❸ 在该菜单中选择"单一"选项，然后根据系统提示"选取一条或几条相邻边形成刀刃特征"，按住 Ctrl 键选择如图 7-39 所示的边作为参照边。

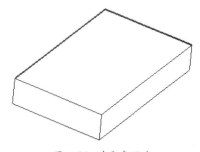

图 7-39　选取参照边

❹ 选择"完成"选项，接着根据系统提示"选取要偏移的曲面"，选择如图 7-40 所示的平面作为偏移曲面。

❺ 系统弹出"输入偏距值"信息提示文本框，输入 15，如图 7-41 所示，并按 Enter 键。

❻ 系统弹出"输入从边到拔模曲面的距离"信息提示文本框，输入 10，如图 7-42 所示，按 Enter 键。

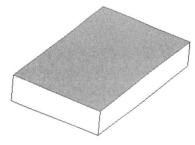

图 7-40　选取偏移曲面

输入偏距值 (abs. 值 > 0.0208) 15

图 7-41　"输入偏距值"信息提示文本框

输入从边到拔模曲面的距离 (abs. 值 > 0.0208) 10

图 7-42　"输入从边到拔模曲面的距离"信息提示文本框

❼ 系统弹出"设置平面"菜单，然后根据系统提示"选取拔模曲面"，选择图 7-40 所示的平面作为拔模曲面。

❽ 系统弹出"输入拔模角"信息提示文本框，输入 30 并按 Enter 键，即可创建唇特征，结果如图 7-43 所示。

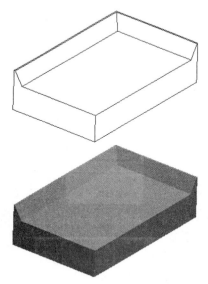

图 7-43　创建唇特征

7.4 实例应用

7.4.1 创建长齿轮轴零件

本实例创建长齿轮轴，如图 7-44 所示。该丝杆零件主要利用"旋转"、"拉伸"、"螺旋扫描"，以及"扫描混合"工具创建。

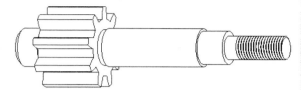

图 7-44 长齿轮轴

创建步骤如下。

❶ 运行 Pro/E，单击工具栏中的"新建" ，系统弹出如图 7-45 所示的"新建"对话框。

图 7-45 "新建"对话框

❷ 在"新建"对话框中的"类型"选项区域中选中"零件"选项，在"子类型"选项区域中选中"实体"选项，再在"名称"文本框内输入 7_4_1changchilunzhou，最后单击"确定"按钮。

❸ 在基础特征工具栏中单击"旋转"按钮 ，系统提示选取一个草绘平面，在"基准"工具栏中单击"草绘"按钮 ，系统弹出"草绘"对话框，再选择基准平面 FRONT 作为草绘平面，参照平面为 RIGHT，如图 7-46 所示，再单击"草绘"按钮，结束草绘平面的选取。

图 7-46 选取草绘平面

❹ 在绘图工具栏中单击"线"按钮 ，绘制如图 7-47 所示的草绘截面，再单击绘图工具栏中的"完成"按钮 。

❺ 以第一条中心线为旋转轴，在"旋转"操控板中的"角度"文本框内输入 360°，其余均按系统默认值，再单击操控板中的"确定"按钮 ，如图 7-48 所示。

图 7-47 绘制旋转截面

图 7-48 绘制齿轮轴

❻ 在"基础特征"工具栏中单击"拉伸"按钮 ，系统提示选取一个草绘平面，在基准工具栏中单击"草绘"按钮 ，系统弹出"草绘"对话框，再选择基准平面 RIGHT 作为草绘平面，参照平面为 TOP，如图 7-49 所示，再单击"草绘"按钮，结束草绘平面的选取。

❼ 绘制齿轮截面。在绘图工具栏中单击"线"按钮 、

"圆心和点"按钮 和"三点相切端"按钮 ，绘制如图 7-50 所示的草绘截面。

图 7-49 选取草绘平面

165

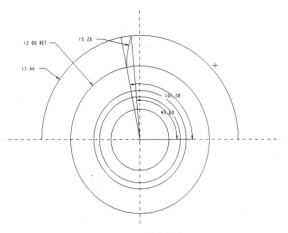

图 7-50　绘制齿轮截面

❽ 在绘图工具栏中单击"删除段"按钮 和"镜像"按钮 ，绘制如图 7-51 所示的草绘截面，再单击绘图工具栏中的"完成"按钮。

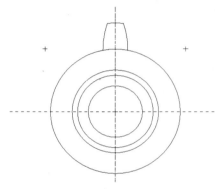

图 7-51　修剪齿轮截面

❾ 在"拉伸"操控板中的"长度"文本框内输入 24，拉伸方向向左，其余均按系统默认值，再单击操控板中的"确定"按钮，如图 7-52 所示。

图 7-52　绘制齿轮

❿ 选取刚绘制的齿轮，在"编辑特征"工具栏中的"阵列"按钮 将被激活，再单击该按钮，进入阵列操控板中的"尺寸"下拉列表，并选择"轴"选项。

⓫ 系统提示"选取基准轴来定义阵列中心"，选取 A1 轴，并在"阵列个数"和"角度"文本框中分别输入 9 和 40°，单击操控板中的"确定"按钮，结果如图 7-53 所示。

⓬ 在主菜单栏中选择"插入"→"螺旋扫描"→"切口"命令，系统弹出如图 7-54 所示的"属性"菜单，按受默认的选项，选择"完成"选项。系统弹出如图 7-55 所示的"设置草绘平面"菜单。

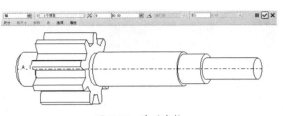

图 7-53　阵列齿轮

图 7-54　"属性"菜单　图 7-55　"设置草绘平面"菜单

⓭ 系统提示"选取或创建一个草绘平面"，选取基准面 TOP 作为草绘平面，然后选择"正向"和"缺省"选项。

⓮ 在绘图工具栏中单击"线"按钮 ，绘制如图 7-56 所示的草绘截面，再单击绘图工具栏中的"完成"按钮。

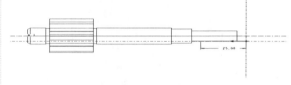

图 7-56　绘制扫描轨迹

⓯ 系统弹出如图 7-57 所示的文本框，在"输入节距值"文本框中输入 1.3，单击"确定"按钮。

输入节距值 1.3

图 7-57　"输入节距值"文本框

⓰ 在绘图工具栏中单击"线"按钮 ，绘制如图 7-58 所示的草绘截面，再单击绘图工具栏中的"完成"按钮。

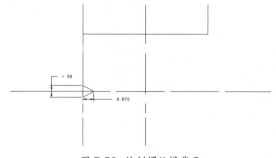

图 7-58　绘制螺纹横截面

❶❼ 选择删除方向为"正向"选项，再单击"切剪：螺旋扫描"对话框中的"确定"按钮，结束"螺旋扫描"的创建，结果如图7-59所示。

图 7-59 绘制压紧螺纹

7.4.2 创建把手零件

本实例将创建一个把手零件，效果如图7-60所示。该把手零件主要利用"拉伸"、"拔模"、"扫描混合"，以及"倒圆角"工具创建。

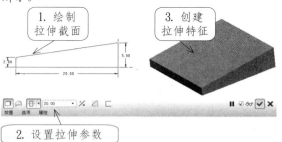

图 7-60 把手零件图

具体的创建步骤如下。

❶ 单击"新建"按钮 □，新建一个文件名为7_4_2bashou的零件文件，进入零件设计环境。单击"拉伸"按钮 ☑，打开"拉伸"操控板，单击"放置"→"定义"按钮，选择TOP平面作为草绘平面，进入草绘环境，绘制拉伸截面，单击"完成"按钮，返回操控板。选择"对称"方式 ⮃，输入拉伸深度20，单击"确定"按钮，创建拉伸特征，如图7-61所示。

图 7-61 创建拉伸特征

❷ 单击"拔模"按钮 🔧，打开"拔模"操控板，选择拉伸实体的4个外表面作为"拔模曲面"，底面作为"拔模枢轴"。设置"拔模角度"为5°，单击"确定"按钮，创建拔模特征，如图7-62所示。

❸ 单击"草绘"按钮 📐，打开"草绘"对话框，选择TOP平面作为草绘平面，绘制如图7-63所示的曲线。

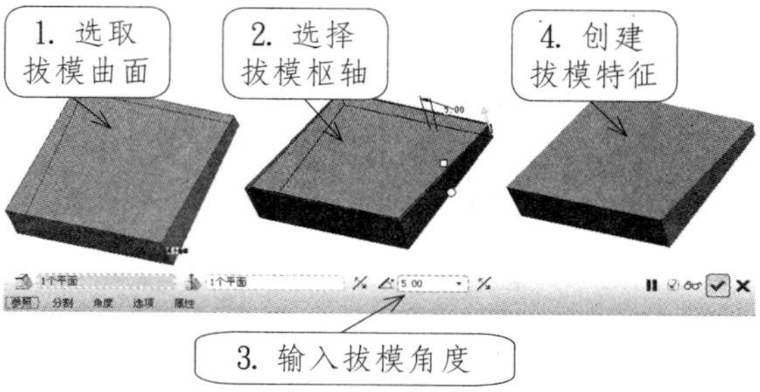

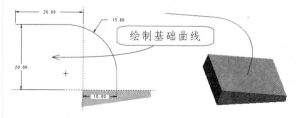

图 7-62 创建拔模特征

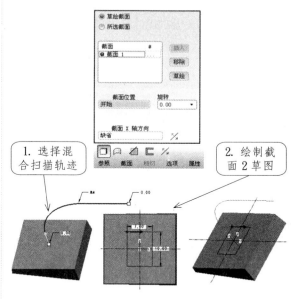

图 7-63 绘制基础曲线

❹ 选择"插入"→"扫描混合"选项，打开"扫描混合"操控板，选取刚绘制的基础曲线，作为扫描轨迹。单击"截面"按钮，打开"截面"面板，在轨迹中选择端点作为截面1，单击"草绘"按钮，进入草绘环境，绘制如图7-64所示的截面草图。

图 7-64 绘制截面1草图

❺ 单击"完成"按钮，返回操控板，在"截面"面板中单击"插入"按钮，选择曲线的另一个端点，单击"截面"面板中的"草绘"按钮，进入草绘环境，绘制截面2草图，如图7-65所示。

❻ 采用同样的方法，在扫描轨迹中的其他两个节点处绘制另外两个截面草图，如图7-66所示。

❼ 在操控板中单击"确定"按钮，完成混合扫描特征的创建，如图7-67所示。

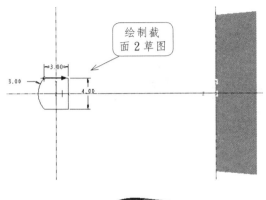

图 7-67 创建混合扫描特征

❽ 单击"倒圆角"按钮，打开"倒圆角"操控板，选择如图 7-68 所示的边线为放置参照，设置"圆角半径"为 5，单击"确定"按钮，添加圆角特征。

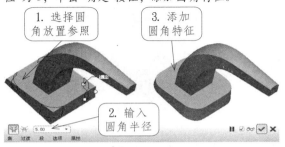

图 7-68 添加圆角特征

❾ 单击"倒圆角"按钮，打开"倒圆角"操控板，选择如图 7-69 所示的边线为放置参照，设置"圆角半径"为 2，单击"确定"按钮，添加圆角特征。

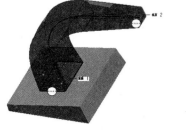

图 7-65 绘制截面 2

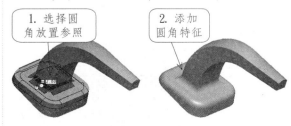

图 7-69 添加圆角特征

❿ 继续单击"倒圆角"按钮，打开"倒圆角"操控板，选择如图 7-70 所示的边线为放置参照，单击"集"按钮，打开"集"面板，单击"完全倒圆角"按钮，并单击"确定"按钮，添加圆角特征。

⓫ 采用添加圆角的方法，添加如图 7-71 所示的半径为 1 的圆角特征，至此完成整个把手零件的创建。

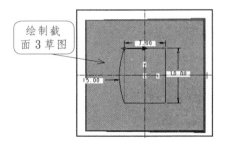

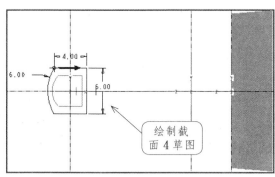

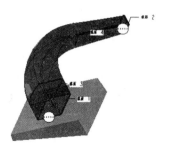

图 7-66 绘制截面 3、截面 4

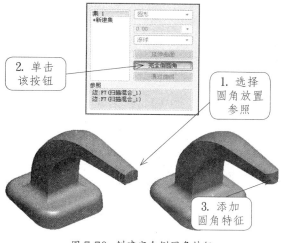

2. 单击该按钮

1. 选择圆角放置参照

3. 添加圆角特征

图 7-70 创建完全倒圆角特征

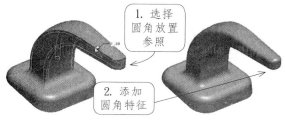

1. 选择圆角放置参照

2. 添加圆角特征

图 7-71 添加圆角特征

7.5 课后练习

7.5.1 创建丝杆模型

利用本章所学的特征命令，创建如图 7-72 所示的丝杆零件模型，尺寸自定。

图 7-72 丝杆零件模型

操作提示：

❶ 创建丝杆杆体。通过"旋转"命令创建出丝杆的杆体。

❷ 创建丝杆右侧方头。使用拉伸命令创建丝杆的方头结构，并用倒角工具对其锐边进行倒角。

❸ 创建螺旋扫描特征。使用螺旋扫描中的修剪命令对丝杆杆体进行修剪，得到丝杆模型。

❹ 创建螺旋扫描特征。同样使用螺旋扫描中的修剪命令，对杆头圆柱体进行修剪，得到杆头的螺纹模型。

7.5.2 创建散热管模型

利用本章所学的特征命令，创建如图 7-73 所示的散热管零件模型，尺寸自定。

图 7-73 散热管零件模型

操作提示：

❶ 创建螺旋体。使用螺旋扫描命令创建散热管的螺旋部分。

❷ 创建进出口直管。通过扫描工具创建连接管两端的进出口直管。

❸ 对模型进行抽壳。使用抽壳命令对整个模型进行抽壳，选择进出口直管的两个圆端面为删除面。

❹ 创建两端螺纹。使用螺旋扫描中的切口命令对进出口直管头部进行修剪，得到管头的螺纹模型。

第⑧课 曲面造型

曲面造型

流畅的曲面外形已经成为现代产品设计发展的趋势，因此掌握曲面造型的方法，是产品设计师的必备技能。本章介绍有关曲面特征的基本概念，基础曲面和高级曲面创建工具的使用方法，以及各类曲面编辑、曲面转化为实体等工具的操作方法。

本课知识：

◆ 曲面的分类和造型方法　　　　◆ 曲面的各种编辑方法
◆ 各种曲面的创建方法

8.1 曲面概述

从几何学上定义，曲面是空间中具有两个自由度的点和轨迹。它与实体特征一样是创建实体模型的重要组成部分，但它与实体有着本质的区别：曲面本身没有厚度和质量，它是一种面或者是面的组合特征，而实体却是具有一定质量和体积的实体性几何特征。

8.1.1 曲面的分类

由于曲面的创建具有较高的灵活性，因此，在Pro/E中具有多种创建曲面的方法，根据其造型参照的不同，可以将曲面分为以下3种类型。

1. 基于点构造曲面

它是根据导入的点数据构建曲线、曲面的。该方法所构建的曲面光顺性比较差，因此在曲面建模中用得较少，一般只将其构建的曲面作为母面使用。

2. 基于曲线构造曲面

由曲线构造的曲面包括拉伸、旋转、混合、扫描，以及边界混合等类型，此类曲面是全参数化特征，曲面与曲线之间具有关联性，即对曲线进行编辑后曲面也将随之改变。它是一般建模过程中构建曲面的常用方法。

3. 基于曲面构造曲面

使用面构造曲面是通过对一系列的曲面进行连接、编辑等操作，而得到新曲面。此类曲面大部分都是参数化的，主要包括复制、延伸、偏置曲面、裁剪和曲面倒圆角等类型。

8.1.2 曲面造型方法

在Pro/E中，曲面主要用于复杂实体模型的辅助造型，根据所创建实体模型具体形状特征的不同，可以利用以下两种方法构造曲面。

1. 以曲面为参照创建实体模型

在创建总体或部分外形较为简单，但细节或局部外形复杂的实体模型时，可以先利用实体工具创建出模型的基本或局部实体特征，然后利用曲面工具创建出具有模型复杂形状特征的曲面或面组，并以其为剪切或延伸参照，创建出模型的复杂部位。

2. 曲面加厚或实体化创建实体模型

在创建总体外形都较为复杂或具有光滑圆弧特点的实体模型时，可以先利用曲面工具创建出数个定义实体模型外形形状的单个曲面，然后对单个的曲面进行裁剪、合并等操作，使其形成面组，最后利用加厚和实体转化工具将面组转化为实体，完成实体零件的创建。

8.1.3 曲面造型的步骤

利用曲面形状复杂的实体模型时，一般都需要经过以下步骤。

❶ 创建数个定义实体模型表面形状的单独曲面。

❷ 对单独的曲面进行裁剪、合并等操作，使其形成面组。

❸ 利用加厚或实体化工具将面组转化为实体，完成实体零件的创建。

8.2 基础曲面特征

在 Pro/E 中，基础曲面特征是构建曲面的最简单、最基本的曲面造型，这些特征主要通过草绘剖截面的拉伸、旋转、扫描，以及混合等操作生成。通常情况下都是使用这些特征作为母体曲面的，然后对其进行细化或添加其他特征，从而创建出形状各异的曲面造型。

8.2.1 创建拉伸曲面

拉伸曲面是曲面设计中最简单、最常用的一种造型方法，由绘制的截面曲线决定曲面外形，由指定的拉伸深度确定曲面宽度。在 Pro/E 中，可以使用以下两种方法创建拉伸曲面。

1. 利用"拉伸"工具创建拉伸曲面

利用"拉伸"工具，可以在垂直于草绘平面的方向上，将已草绘的截面拉伸到指定的深度，从而创建拉伸曲面。在定义拉伸曲面的深度时，可使用下列深度选项来进行设置。

> 盲孔 ⬛：自草绘平面以指定深度值拉伸截面。

> 对称 ⬛：草绘平面的两侧以指定深度值的一半拉伸截面。

> 到选定项 ⬛：截面拉伸至一个选定点、曲线、平面或曲面。

下面通过实例的方式讲解拉伸曲面特征创建的基本方法。

案例 8-1 创建拉伸曲面

❶ 单击"新建"按钮，新建一个零件文件，进入零件设计环境。在"基础特征"工具栏中单击"拉伸"按钮 ⬛，打开"拉伸"操控板，再单击"曲面"按钮 ⬛。在操控板中单击"放置"→"定义"按钮，选择基准平面 FRONT 作为草绘平面，进入草绘环境，如图 8-1 所示。

图 8-1 选取草绘平面

❷ 进入草绘工作环境后，绘制如图 8-2 所示的拉伸截面，再单击"完成"按钮。

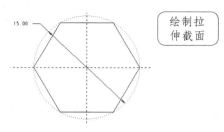

图 8-2 绘制拉伸截面

❸ 系统返回"拉伸"操控板，在操控板中选择拉伸深度方式为"盲孔"按钮 ⬛，再设置拉伸深度为 5。单击操控板中的"确定"按钮，即可创建拉伸曲面特征，结果如图 8-3 所示。

图 8-3 创建拉伸曲面特征

2. 利用"曲面：拉伸"对话框创建拉伸曲面

除了直接利用"拉伸"工具创建拉伸曲面外，还可以利用"曲面：拉伸"对话框创建拉伸曲面。

案例 8-2 通过"曲面：拉伸"对话框创建曲面

❶ 在主菜单栏中选择"应用程序"→"继承"命令，打开"继承零件"菜单管理器，选择"曲面"选项。接着系统会弹出"曲面选项"菜单管理器，选择"拉伸"→"完成"选项，打开"属性"菜单管理器和曲面：拉伸"对话框，如图 8-4 所示。

❷ 在"属性"菜单管理器中，选择"单侧"→"开放端"→"完成"选项，此时，系统将弹出"设置草绘平面"菜单管理器，选择 FRONT 平面作为草绘平面，在"方向"菜单管理器中单击"确定"按钮。在"草绘视图"菜单中单击"缺省"按钮，进入草绘环境，绘制如图 8-5 所示的截面。

"属性"菜单管理器中的各个选项说明如下。

> 单侧：生成拉伸曲面时，指定单侧方向的拉伸深度。

▷ 双侧：生成拉伸去面时，分别指定处于草图截面两侧的拉伸深度。

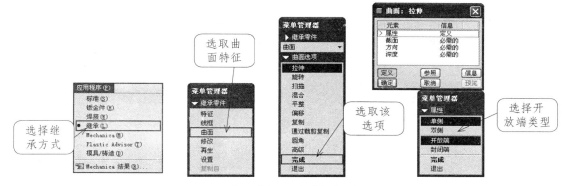

图 8-4 打开"曲面：拉伸"对话框

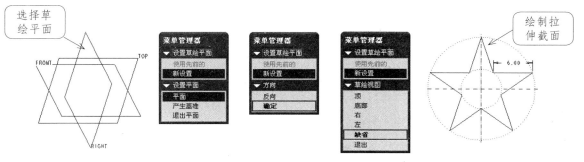

图 8-5 设置草绘平面绘制拉伸截面

▷ 开放点：创建末端闭终点的曲面特征，如利用拉伸的五角星截面可创建端部开放的拉伸曲面。如图 8-6 所示的即是选择该选项时创建的曲面效果。

▷ 封闭终点：创建带有封闭体积块的曲面特征。选择该选项时，在草绘器中所绘制的截面必须封闭。例如，利用拉伸的五角星截面可以生成封闭的五角星，如图 8-7 所示。

图 8-6 选择"开放终点"命令的效果图　　　　图 8-7 选择"封闭终点"命令的效果图

❸ 单击"完成"按钮，此时，系统弹出"指定到"菜单管理器。选择"盲孔"→"完成"命令。系统弹出"输入深度"消息输入窗口，并输入为 2。单击"确定"按钮。最后单击"拉伸：曲面"对话框中的"确定"按钮，创建出拉伸曲面，如图 8-8 所示。

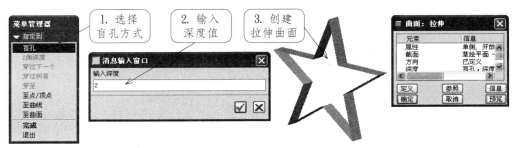

图 8-8 创建拉伸曲面特征

中文版 Pro/ENGINEER Wildfire 课堂实录

8.2.2 创建旋转曲面

旋转曲面和旋转实体的成型原理相同，都是将一个定义的截面沿着中心线旋转而得到的特征。下面以一个实例具体介绍旋转曲面的创建方法。

案例 8-3　创建旋转曲面

❶ 在主菜单栏中选择"插入"→"旋转"命令，或直接在"基础特征"工具栏中单击"旋转"按钮，系统弹出"旋转"操控板，并提示"选取一个草绘"，单击"曲面"按钮，如图 8-9 所示。

图 8-9　"旋转"操控板

❷ 在操控板中单击"位置"按钮，系统弹出"位置"面板，单击"定义"按钮，接着系统弹出"草绘"对话框，根据系统提示，选择基准平面 FRONT 作为草绘平面，单击"草绘"按钮。

❸ 系统进入草绘工作环境，在"草绘"工具栏中单击"中心线"按钮、"直线"按钮和"3 点 / 相切端"按钮，绘制如图 8-10 所示的旋转截面，再单击"完成"按钮。

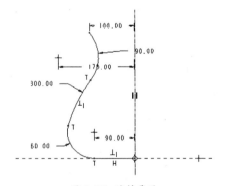

图 8-10　旋转截面

❹ 绘制完草绘截面后，系统返回"旋转"操控板，在操控板中选择旋转方式为"盲孔"按钮，再设置旋转角度为 270°，并单击"预览"按钮，结果如图 8-11 所示。

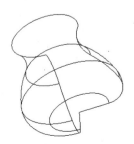

图 8-11　创建开放式截面旋转曲面

❺ 单击操控板中的"暂停"按钮，激活操控板，然后设置旋转角度为 360°，并单击"确定"按钮，即可创建旋转曲面特征，结果如图 8-12 所示。

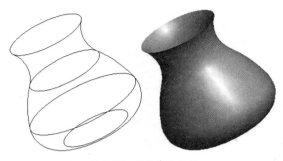

图 8-12　旋转截面曲面

提示：

创建旋转曲面特征的方法与拉伸曲面特征的方法相同，还可以在菜单栏中选择"应用程序"→"继承"命令，通过在"继承零件"菜单管理器中选择"旋转"方式创建曲面。由于创建方法和生成的效果相同，这里不再赘述。

8.2.3 创建扫描曲面

扫描曲面与扫描实体的成型原理相同，创建方法与前面介绍的拉伸曲面比较相似，扫描曲面就是将拉伸特征的路径由垂直于草绘平面的直线扩展为任意的曲线而形成的曲面特征。下面以一个实例具体介绍其生成方法。

案例 8-4　创建扫描曲面

❶ 在主菜单栏中选择"插入"→"扫描"→"曲面"命令，系统弹出如图 8-13 所示的"扫描轨迹"菜单，选择"草绘轨迹"选项。

图 8-13　"扫描轨迹"菜单

❷ 系统弹出"设置草绘平面"菜单，如图 8-14 所示，根据系统提示，选择基准平面 TOP 作为草绘平面，然后在弹出的菜单中选择"正向"→"缺省"选项，如图 8-15 所示。

❸ 系统进入草绘工作环境，在"草绘"工具栏中单击"样条"按钮，绘制如图 8-16 所示的草绘轨迹，再单击"完成"按钮。

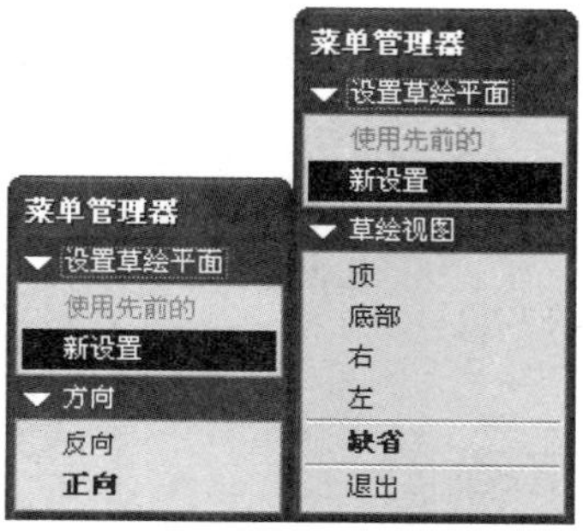

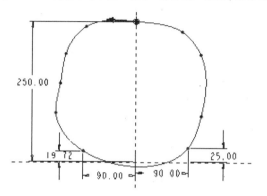

图 8-14 "设置草绘平面"菜单　图 8-15 设置草绘方向

❻ 最后单击如图 8-19 所示的"曲面：扫描"对话框中的"确定"按钮，即可完成扫描曲面的创建，结果如图 8-20 所示。

图 8-19 "曲面：扫描"对话框

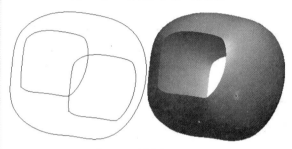

图 8-20 创建扫描曲面

提示：

在绘制扫描轨迹时应当遵循两个原则，其一是轨迹不能自身相交；其二是绘制的轨迹相对于扫描截面而言，轨迹中的弧线或样条曲线半径不能太小，否则将无法创建曲面。

8.2.4 创建混合曲面

混合曲面是以两个或两个以上的平面，截面为外形参照，将这些平面截面在其边缘处用过渡曲面连接形成的一个连续曲面。混合曲面的创建方法与创建混合特征基本相同，这里仅以创建平行混合曲面为例，介绍混合曲面的创建方法。

案例 8-5　创建混合曲面

❶ 在菜单栏中选择"插入"→"混合"→"曲面"命令，打开"混合选项"菜单管理器，选择默认的"平行"→"规则曲面"→"草绘截面"→"完成"选项。打开"属性"菜单栏，选择默认的"直"→"开放端"→"完成"选项。然后选择 FRONT 平面作为草绘平面，单击"方向"菜单管理器中的"确定"按钮，选择"草绘视图"菜单管理器中的"缺省"选项，进入草绘环境，如图 8-21 所示。

❷ 利用"矩形"工具，绘制第一个截面，如图 8-22 所示。

图 8-16 绘制扫描轨迹

❹ 系统弹出"属性"菜单，如图 8-17 所示，选择"无内部因素"→"完成"选项，系统进入草绘扫描截面工作环境。

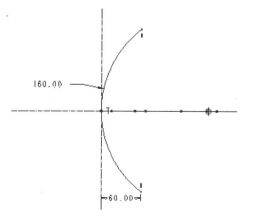

图 8-17 "属性"菜单

❺ 在"草绘"工具栏中单击"3 点 / 相切端"按钮，绘制出如图 8-18 所示的草绘截面，再单击"完成"按钮。

图 8-18 绘制扫描截面

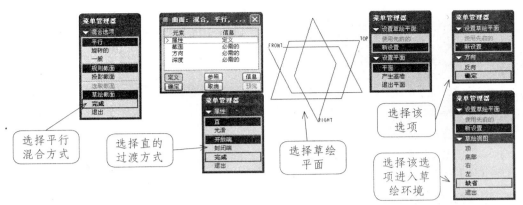

图 8-21　定义草绘平面进入草绘环境

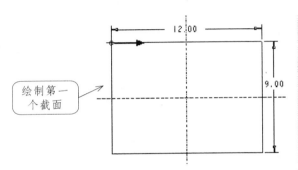

图 8-22　绘制第一个截面

❸ 单击鼠标右键，在弹出的右键快捷菜单中选择"切换截面"选项，将草图切换到第二个截面，绘制第二个截面，如图 8-23 所示。

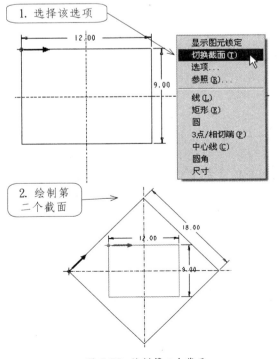

图 8-23　绘制第二个截面

❹ 绘制完成后，单击"完成"按钮。弹出"深度"菜单管理器，选择"盲孔"→"完成"命令。弹出"输入截面2 的深度"消息输入窗口，并输入10，单击"确定"按钮。最后单击"伸出项：混合，平行，规则截面"对话框的"确定"按钮，完成平行混合特征的创建，如图 8-24 所示。

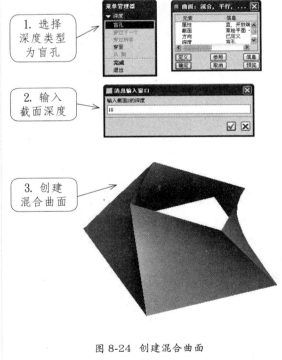

图 8-24　创建混合曲面

8.2.5 创建螺旋扫描曲面特征

　　螺旋扫描是普通扫描的特殊形式，普通扫描可以任意指定扫描轨迹线的形状，而螺旋扫描的扫描轨迹线是固定的螺旋线，只能利用改变螺旋线的节距，以及扫引曲线定义螺旋线外形的方法，改变螺旋扫描面的形状。下面以一个实例的形式具体介绍螺旋扫描曲面特征。

案例 8-6 创建螺旋扫描曲面

❶ 在主菜单栏中选择"插入"→"螺旋扫描"→"曲面"命令，系统弹出"属性"菜单，选择"常数"→"穿过轴"→"右手定则"→"完成"命令，如图 8-25 所示。

图 8-25 "属性"菜单

❷ 根据系统提示，选择基准平面 FRONT 作为草绘平面，在弹出的菜单中选择"正向"→"缺省"选项，如图 8-26 所示。

图 8-26 设置草绘方向

❸ 系统进入草绘工作环境，在"草绘"工具栏中单击"中心线"按钮和"直线"按钮，绘制如图 8-27 所示的一条斜线和一条垂直的中心线，然后单击"草绘"工具栏中的"完成"按钮。

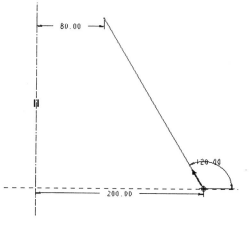

图 8-27 绘制扫描轨迹

❹ 系统弹出"输入节距值"信息提示文本框，输入 30，并按 Enter 键，系统进入草绘工作环境，在"草绘"工具栏中单击"圆心和点"按钮，绘制如图 8-28 所示的扫描截面。

❺ 单击"草绘"工具栏中的"完成"按钮，再单击如图 8-29 所示的"曲面：螺旋扫描"对话框中的"确定"按钮，结果如图 8-30 所示。

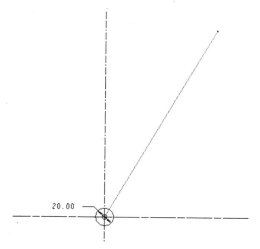

图 8-28 绘制扫描截面

图 8-29 "曲面：螺旋扫描"对话框

图 8-30 创建螺旋扫描曲面特征

8.2.6 创建可变截面扫描曲面特征

　　可变截面扫描曲面是利用扫描轨迹线控制草图剖面的形状，而生成的是形态多变的曲面形状，可变剖面扫描曲面同样包括恒定剖面扫描和可变剖面扫描两种类型，其创建方法与实体的创建方法基本相同，不同之处在于扫描截面的指定更为自由，不仅可以是闭合的线框，还可以是开放的线框。

首先在视图中分别创建控制扫描轨迹的基准曲线，然后在主菜单栏中选择"插入"→"可变截面扫描"选项，并在弹出的操控板中单击"曲面"按钮 ，其后的操作与创建实体相同，故不再赘述，创建结果如图 8-31 所示。

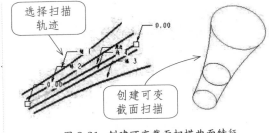

图 8-31 创建可变截面扫描曲面特征

8.3 高级曲面特征

前面介绍的各种基本曲面特征只能创建形状比较规则的简单曲面，而利用本节所介绍的高级曲面特征，不仅可以创建基本曲面，还可以创建形状复杂的高级曲面。在实际设计过程中，配合使用高级曲面特征、基础曲面特征和实体特征，可以创建各类特征形状的实体模型。

8.3.1 创建边界混合曲面特征

边界混合曲面是 Pro/E 曲面设计中一种最常见、最重要的曲面。边界混合曲面也是所有 3D CAD 软件中应用最广泛的通用构面功能，也是在通常的造型中使用频率最高的指令。边界混合曲面是通过一个或两个方向上的序列曲线来构成面的，所以要创建边界混合曲面，首先要创建所有参照边界曲线，包括外部和内部边界。创建边界曲线之后，只需要按照顺序选择两个方向上的曲线即可。在选取参照时，需要注意以下几点。

▷　曲线、零件边、基准点、曲线或边的断点可以作为参照图元使用。

▷　在每个方向上，都必须按连接的顺序选择参照图元。

▷　对于在两个方向上定义的混合曲面而言，其外部边界必须形成一个封闭的环。

1. "边界混合"操控板

在创建"边界混合曲面"之前，需要先创建一个边界曲线，然后在主菜单栏中选择"插入"→"边界混合"选项，或直接在"基础特征"工具栏中单击"边界混合"按钮 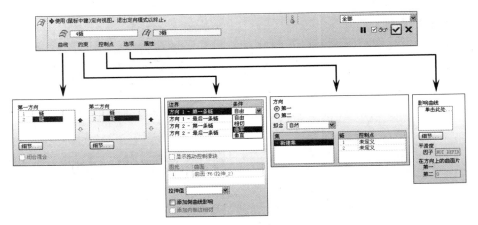，系统弹出"边界混合"操控板，如图 8-32 所示。

图 8-32 "边界混合"操控板

该操控板中主要选项的含义说明如下。

■　"曲线"面板

在"边界混合"操控板中单击"曲线"按钮，系统弹出"曲线"面板，该面板主要用于选取曲线来创建边界混合曲面；其中包含"第一方向"和"第二方向"两个收集器，创建曲面时可以激活这两个收集器来定义第一方向上的曲线，或同时定义第一、第二方向上的曲线。

▷ 第一方向：在"曲线"面板中，用于第一方向选取的曲线创建混合曲面，并控制选取顺序。

▷ 第二方向：指定第一方向上的参照对象后，单击激活"第二方向"收集器，然后按顺序选取第二方向参照，可同时在第一、第二方向上创建曲线造型。

■ "约束"面板

在"边界混合"操控板中单击"约束"按钮，系统弹出"约束"面板。该面板主要用于设置边界混合曲面相对于其相交的曲面之间的边界约束类型。

▷ 自由：表示沿边界没有设置相切条件。

▷ 切线：表示混合曲面沿边界与参照曲面相切。

▷ 曲率：表示混合曲面沿边界具有曲率连续性。

▷ 垂直：表示混合曲面与参照曲面或基准平面垂直。

■ "控制点"面板

在"边界混合"操控板中单击"控制点"按钮，系统弹出"控制点"面板。该面板主要用于在第一方向和第二方向上生成的边界混合曲面指定控制点的对应情况，从而有效地控制曲面的扭曲现象。

▷ 自然：表示使用一般混合，并使用相同的方程来重置输入曲线参数，以获得最逼真的曲面。这可以对任意边界混合曲面进行"自然"拟合控制点设置。

▷ 弧长：表示对原始曲线进行的最小调整。使用一般混合方程来混合曲线，被分成相等的曲线段并逐段混合的曲线除外。这同样可以对任意边界混合曲面进行"弧长"拟合的控制点设置。

▷ "段至段"：表示段至段的混合。曲线链或复合曲线被连接。此选项只用于相同段数的曲线。

■ "选项"面板

在"边界混合"操控板中单击"选项"按钮，系统弹出"选项"面板。在该面板中，利用影响曲线、平滑度因子和两个方向上的曲面片数，可以进一步

调整混合曲面的精度和平滑效果。

2. 创建边界混合曲面特征

下面通过实例的方式，讲解边界混合曲面特征创建的基本方法。

案例 8-7 创建边界混合曲面

❶ 在工具栏中单击"打开"按钮，打开素材库中的 anli8_7 文件。

❷ 在"基础特征"工具栏中单击"边界混合"按钮，系统弹出"边界混合"操控板。在该操控板中单击"曲线"选项，在弹出的"曲线"面板中单击"第一方向"按钮，并将其激活，按住 Ctrl 键，在绘图区域选择如图 8-33 所示的曲线，结束第一个方向上的曲线选取。

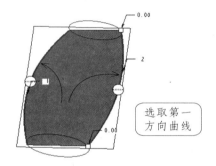

图 8-33 选择第一个方向的曲线

❸ 在弹出的"曲线"面板中单击"第二方向"按钮，并将其激活。按住 Ctrl 键，在绘图区域中选择如图 8-34 所示的曲线，结束第二个方向上的曲线选取。

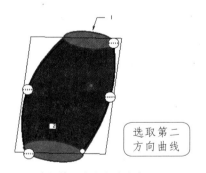

图 8-34 选择第二个方向的曲线

❹ 最后单击"边界混合"操控板中的"确认"按钮，结束边界混合的操作，结果如图 8-35 所示。

8.3.2 创建圆锥曲面特征和 N 侧曲面特征

圆锥曲面和 N 侧曲面都可以创建利用前面所介

绍的扫描、混合、边界混合、扫描混合等工具无法创建出的特殊曲面。其中圆锥曲面能够以两条曲线为曲面的肩曲线或圆弧曲线，定义出具有圆锥参数特征的特殊曲面，而 N 侧面可以以 5 条曲线为曲面的边界，创建出连接各曲线之间的光滑曲面，具体的创建方法分别介绍如下。

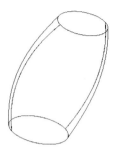

图 8-35　创建边界混合曲面

1．圆锥曲面

圆锥曲面是一种用途比较广泛的曲面特征，也是一种形状规范的曲面类型。创建圆锥曲面的时候，首先选取两条边界曲线生成圆锥曲面，再选取另外一条控制曲线来进一步调节曲面的形状。

■　控制曲线的基本形式

在主菜单栏中选择"插入"→"高级"→"圆锥曲面和 N 侧曲面"命令，系统弹出"边界选项"菜单，选择"圆锥曲面"选项，如图 8-36 所示。

图 8-36　"边界选项"菜单

▷　肩曲线：肩曲线圆锥曲面是在定义圆锥曲面边界曲线后，指定另外的曲线为肩曲线，并以指定圆锥参数定义曲面曲率的方式创建的圆锥曲面，如图 8-37 所示。

图 8-37　肩曲线

▷　相切曲线：相切曲线圆锥曲面是在创建圆锥曲面边界雏形后，添加的另外的曲线为相切圆锥曲线，利用该曲线控制所创建曲

面的曲率。创建的圆锥曲面，如图 8-38 所示。

图 8-38　相切曲线

■　圆锥参数

圆锥参数是用于控制圆锥曲线形状的参数，其参数范围在 0.05 ～ 0.95 之间。

▷　0.05 ～ 0.50：椭圆（不包括 0.50）。

▷　0.50：抛物线。

▷　0.50 ～ 0.95：双曲线（不包括 0.50）。

如图 8-39 所示是设定不同圆锥参数的圆锥曲面的对比。

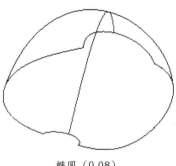

椭圆（0.08）

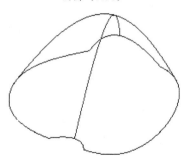

抛物线（0.50）

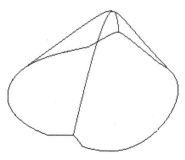

双曲线（0.90）

图 8-39　不同圆锥参数的圆锥曲面的对比

■ 创建圆锥曲面特征实例

下面通过实例的方式，讲解圆锥曲面特征创建的基本方法。

案例 8-8　创建圆锥曲面

❶ 在"文件"工具栏中单击"打开"按钮 ，打开素材库中的 anli8_8 文件。

❷ 在主菜单栏中选择"插入"→"高级"→"圆锥曲面和 N 侧曲面"命令，系统弹出"边界选项"菜单，选择"圆锥曲面"→"肩曲线"→"完成"选项，系统弹出"曲线选项"菜单。根据系统提示，按住 Ctrl 键选取如图 8-40 所示的两条边作为边界曲线。

图 8-40　选取边界曲线

❸ 在"曲线选项"菜单中选择"肩曲线"选项，再根据系统提示，选取如图 8-41 所示的曲线作为肩曲线。

图 8-41　选取肩曲线

❹ 选择"确认曲线"选项，系统弹出输入圆锥曲线参数"范围为 0.05（椭圆）到 0.95（双曲线）"信息提示文本框，在其中输入 0.06，如图 8-42 所示，再按 Enter 键。

图 8-42　设置圆锥曲线参数

❺ 最后单击"曲面：圆锥，肩曲线"对话框中的"确定"按钮，即可创建圆锥曲面特征，结果如图 8-43 所示。

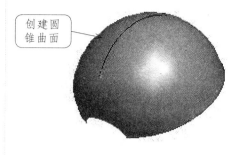

图 8-43　创建圆锥曲面特征

2. 创建 N 侧曲面特征

所谓"N 侧曲面特征"就是用多条（5 条以上）边界曲线来围成曲面，在很多情况下可以直接通过 N 侧曲面创建出复杂的特殊曲面，从而避免了利用添加多个边界面的方法创建多变曲面的繁琐操作。

其选取的多条曲线必须连成封闭边界曲线。在选取曲面的边界曲线时，选取基准曲线时也可以选取实体特征上的边线围成的封闭曲线作为边界曲线。

下面通过实例的形式，讲解 N 侧曲面特征创建的基本方法。

案例 8-9　创建 N 侧曲面特征

❶ 在工具栏中单击"打开"按钮 ，打开素材库中的 anli8_9 文件。

❷ 在主菜单栏中选择"插入"→"高级"→"圆锥曲面和 N 侧曲面"命令，系统弹出"边界选项"菜单，如图 8-44 所示。选择"N 侧曲面"→"完成"选项。

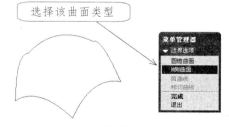

图 8-44　边界选项菜单管理器

❸ 系统弹出"曲面：N 侧"对话框和"链"菜单管理器，根据系统提示，按住 Ctrl 键依次选取绘图区内的所有曲线，再选择"完成"选项。最后单击"曲面：N 侧"对话框中的"确定"按钮，即可创建 N 侧曲面特征，结果如图 8-45 所示。

中文版 Pro/ENGINEER Wildfire 课堂实录

提示：

创建 N 侧曲面后可以在曲面的边界与相接的其他曲面之间添加不同的约束条件，以达到不同的连接效果，这里和创建边界混合曲面的约束条件相同，所以不再赘述。

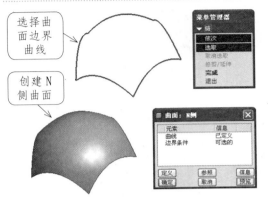

图 8-45 创建 N 侧曲面

8.3.3 创建将截面混合到曲面特征

利用"将截面混合到曲面"工具，可以在曲面和指定的剖截面之间，创建一个与曲面相切的混合曲面。在菜单栏中选择"插入"→"高级"→"将截面混合到曲面"→"曲面"命令，打开"曲面：截面到曲面混合"对话框，如图 8-46 所示。

图 8-46 "曲面：截面到曲面混合"对话框

依次定义该对话框中的 3 个选项，即可创建出截面到曲面的混合曲面。下面分别介绍这 3 个选项。

▷ 曲面：用于指定构成相切边界的曲面。

▷ 截面：用于指定创建曲面的截面草绘平面，并可以进入草绘环境绘制截面线。

▷ 方向：利用"方向"菜单管理器，可以控制截面到曲面混合的生成方向。

下面以两个实例来讲解将截面混合到曲面特征的创建方法。

案例 8-10　创建"将截面混合到曲面"特征

❶ 在菜单栏中单击"新建"按钮 ，新建一个零件实体文件。单击"旋转"按钮 ，打开"旋转"操控板，在该操控板中单击"作为曲面旋转"按钮 ，单击"放置"→"定义"按钮，打开"草绘"对话框，选择 FRONT 平面作为草绘平面，绘制旋转截面，如图 8-47 所示。

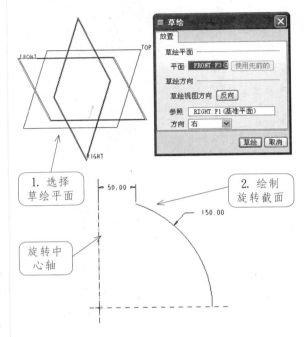

图 8-47　定义草绘平面绘制旋转截面

❷ 绘制完成后单击"完成"按钮 ，返回"旋转"操控板，单击"确定"按钮，创建旋转曲面，如图 8-48 所示。

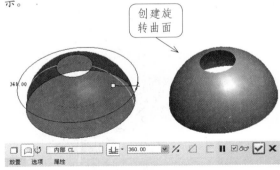

图 8-48　创建旋转曲面

❸ 单击"基准平面"按钮 ，打开"基准平面"对话框，单击"参照"按钮，并将其激活，在绘图区域选择 TOP 平面，设置放置方式为"偏移"，并输入值为 100，如图 8-49 所示，创建 DTM1 平面。

❹ 在菜单栏中选择"插入"→"高级"→"将截面混合到曲面"→"曲面"命令，打开"曲面：截面到曲面混合"对话框和"选取"菜单，并且在信息栏中提示"为切边选择曲面"，按住 Ctrl 键，在绘图区域中选择旋转曲面。在"选取"菜单中，单击"确定"按钮。

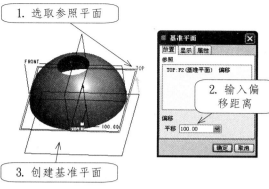

图 8-49 创建 DTM1 平面

❹ 在菜单栏中选择"插入"→"高级"→"将截面混合到曲面"→"曲面"命令,打开"曲面:截面到曲面混合"对话框和"选取"菜单,并且在信息栏中提示"为切边选择曲面"。按住 Ctrl 键,在绘图区域中,选择旋转曲面,如图 8-50 所示。在"选取"菜单中,单击"确定"按钮。

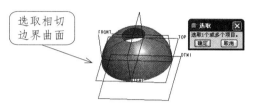

图 8-50 选取相切边界的曲面

❺ 系统弹出"设置草绘平面"菜单管理器,在绘图区域中选择 DTM1 平面,然后选择默认的草绘参照和方向,进入草绘环境,绘制如图 8-51 所示的截面,单击"完成"按钮。

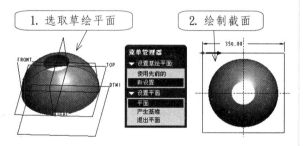

图 8-51 绘制截面

❻ 单击"曲面:截面到曲面混合"对话框中的"确定"按钮,完成将截面混合到曲面特征的创建,如图 8-52 所示。

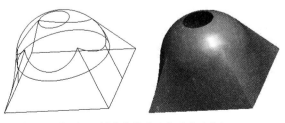

图 8-52 创建将截面混合到曲面特征

8.3.4 曲面自由形状

曲面自由形状是一种以现有的曲面为参照曲面,以控制曲面网格各节点的形式所创建的新曲面造型,并可对创建的曲面进行各类分析,以判断该曲面是否能够满足设计的需要。该曲面的造型方式十分灵活多变,能够创建普通的造型工具无法定义的曲面造型效果。

在菜单栏中选择"插入"→"高级"→"曲面自由形状"命令,打开"曲面:自由形式"对话框,如图 8-53 所示。

图 8-53 "曲面:自由形式"对话框

依次定义"曲面:自由形式"对话框中各"元素"选项,即可创建自由曲面造型,各选项具体说明如下。

1. 基准曲面

基准平面是创建自由形状曲面的基础参照曲面,该曲面可以是拉伸、边界混合等任何形式的曲面对象。打开"曲面:自由形式"对话框的同时,系统自动打开"基准平面"选取对话框,此时,选择图中现有的曲面作为基准曲面。

2. 网格

用于指定或调整所创建自由曲面控制的疏密度,数值越大,控制精度越高。指定基准曲面后,根据信息提示输入第一方向和第二方向上控制线的数目,如图 8-54 所示。然后单击"确定"按钮,即可创建控制网格控制图形,其中,网格线的交点就是自由曲面的控制节点。

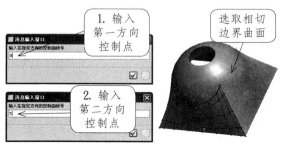

图 8-54 指定控制网格线数

3. 操作

设置控制网格后,双击"操作"按钮,打开"修改曲面"对话框，如图 8-55 所示。利用该对话框可以指定控制点的拖曳方向参照，拖曳控制点时受影响区域的变化情况，而且可以利用各类诊断工具显示曲面的不同效果。

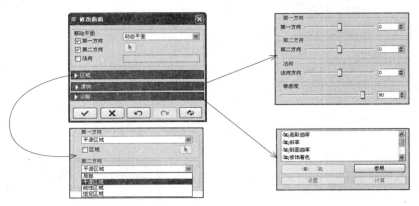

图 8-55　"修改曲面"对话框

"修改曲面"对话框中包含的主要选项说明如下。

■ 移动平面

在"移动平面"选项组中，可以通过下拉列表中的"动态平面"、"定义的平面"和"原始平面"3 个选项，定义控制点移动的参照平面类型，并可以利用左侧的 3 个复选项确定控制点移动的方向，如图 8-56 所示。

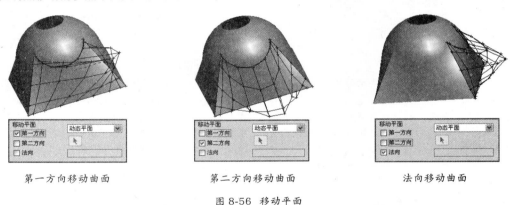

第一方向移动曲面　　　　第二方向移动曲面　　　　法向移动曲面

图 8-56　移动平面

提示：

其中，"动态平面"是指窗口的活动平面；"定义平面"是以指定平面为自由移动平面参照；"原始平面"是系统默认的最开始的平面为移动平面参照。"第一方向"、"第二方向"和"法向"是三种不同的复选框，可以单独选取，也可以同时选取两种不同的复选框创建自由移动曲面网格控制点。

■ 区域

可以利用该选项区，在网格的"第一方向"和"第二方向"上定义所拖曳控制点对自由曲面的影响情况，共包括 4 种方式。

▷ 局部：通过局部区域移动网格控制点，曲面仅在移动控制点附近区域内变化。

▷ 平滑区域：平滑区域是平顺光滑的曲面造型，该方式相对于局部方式移动控制点时

对曲面的影响较大。

▷ 线性区域：在所选择的网格方向上，通过线性的方式移动网格控制点，改变整个网格创建自由曲面。

▷ 恒定区域：类似整体一样，通过控制点移动整个网格创建自由移动曲面。

■ 滑块

利用该选项组中的滑块，能够以所选择的控制点为移动基点，调整该点在第一、第二，以及法向方向上移动的距离，并可以利用"敏感度"滑块调整拖曳其他滑块时对图形效果的影响。敏感度越高，影响越大，需要注意的是，利用滑块调整控制点时，不需要选择"移动平面"选项组中的方向复选框。

■ 诊断

在该选项组中，可以利用"高斯曲率"、"斜率"、"剖面曲率"等选项显示曲面的诊断效果，并可以

单击"设置"按钮，在打开的"显示设置"对话框中调整相应选项的显示效果；单击"计算"按钮，在打开相应选项的"计算"对话框中设置"分辨率"和"间隔"参数。

选择诊断选项后，单击"显示或关闭"按钮，即可显示所选诊断选项的显示效果。

完成所有选项的设置后，单击"曲面: 自由形式"选项中的"预览"按钮，预览生成的曲面。如果不能达到设置要求，可以双击激活相应的选项并重新设置，满足要求后单击"确定"按钮，创建出自由曲面，如图 8-57 所示。

创建自由曲面效果

图 8-57 创建自由曲面

8.4 编辑曲面

由于曲面的形状比较随意，致使单独利用曲面的创建工具很难依次创建出完美的曲面。此时，就需要利用本节介绍的合并曲面、延伸曲面、修剪曲面，以及偏移曲面等曲面编辑工具，进一步编辑曲面的形状，以达到满意的效果。此外，创建的曲面往往无实际意义，并不能将其应用到实际的生产中，只有将其实体化或加厚成实体后，才具有实际的生产意义。本节中，主要介绍曲面的合并、修剪、延伸，以及实体化工具。

8.4.1 合并曲面

一般情况下，我们利用前面所学的曲面创建的方法，创建出数个单独的曲面，然后再将它们合并为整体曲面，以创建出比较复杂的面组特征。合并曲面就是将两个单独的曲面或面组合并为一个整体曲面，可分为求交和连接两种方式。

1. 曲面求交

曲面求交是合并两个相交的面组，并保留原始面组部分。

案例 8-11 创建求交曲面

❶ 在"文件"工具栏中单击"打开"按钮 ，打开素材库中的 anli8_11 文件，如图 8-58 所示。

❷ 按住 Ctrl 键选取绘图区内曲面，然后在主菜单栏中选择"编辑"→"合并"命令，或直接在工具栏中单击"合并"按钮 ，系统弹出"合并"操控板，如图 8-59 所示。

❸ 在操控板中单击"反向"按钮 ，可以改变曲面的合并方向，如图 8-60 所示，最后再单击"确定"按钮，结果如图 8-61 所示。

图 8-58 合并曲面实例

图 8-59 "合并"操控板

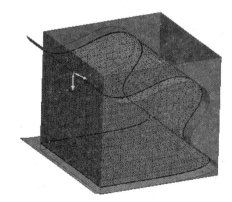

图 8-60 合并曲面方向

提示:

曲面中箭头指向要保留的面组一侧，在操控板中单击 按钮，可以改变方向。

图 8-61 合并曲面

2. 连接曲面

连接曲面是将两个相邻面组合并，并且一个面组的侧边必须在另一个面组上。下面用一个实例来介绍其创建方法。

案例 8-12 创建连接曲面

❶ 在"文件"工具栏中单击"打开"按钮 🔗，打开素材库中的 anli8_12 文件。

❷ 按住 Ctrl 键，依次选取两个需要合并的曲面，然后在菜单栏中选择"插入"→"合并"命令，或直接在工具栏中单击"合并"按钮 🔗，系统弹出"合并"操控板，如图 8-62 所示。

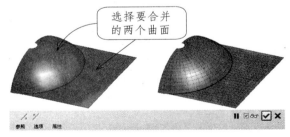

图 8-62 选取合并的曲面

❸ 打开"选项"面板，选择"连接"单选按钮。单击"确定"按钮合并曲面，如图 8-63 所示。

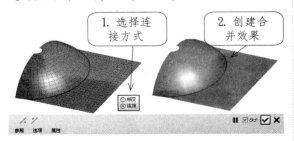

图 8-63 连接方式合并曲面

8.4.2 裁剪曲面

裁剪曲面是以曲线、平面或曲面为修建边界，减去部分曲面。使用该工具可以指定单个面组、基准平面或沿一个选定的曲线链为边界参照对现有曲面剪裁，从而创建新的曲面特征。

1. "修剪"操控板

选取所需修剪的曲面，然后在主菜单栏中选择"编辑"→"修剪"命令，或直接在工具栏中单击"修剪"按钮 🔗，系统弹出"修剪"操控板，如图 8-64 所示，该操控板中各选项含义说明如下。

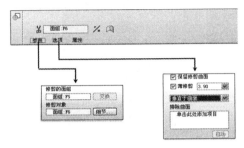

图 8-64 "修剪"操控板

■ "参照"面板

在操控板中单击"参照"按钮，系统弹出"参照"面板。该面板用于选取被修剪的面组和修剪参照。如果所选择的修剪对象较复杂，可以单击"细节"按钮，在弹出的"链"对话框中对所选择修剪对象进行详细编辑。

■ "选项"面板

在操控板中单击"选取"按钮，系统弹出"选取"面板。该面板用于指定是否保留修剪曲面和修剪类型，其中修剪类型可分为保留修剪曲面和薄修剪两种类型。

保留修剪曲面：该修剪类型为系统默认的修剪类型，该类型能够以指定的修剪对象为修剪边界，去除边界一侧的全部曲面，或将被修剪曲面以修剪边界为参照分割为两个曲面，如图 8-65 所示。

▷ 薄修剪：该类型能够以指定修剪对象为参照，向其一侧去除一定厚度的曲面，从而形成具有割断效果的曲面，如图 8-66 所示。

8.4.3 延伸曲面

延伸曲面就是将曲面延长某一距离或延伸到某平面，延伸部分的曲面与原始曲面类型可以相同或不同。

1. "延伸"操控板

选择需要延伸的曲面并选取该曲面上需要延伸的一条边线后，在菜单栏中选择"编辑"→"延伸"

选项，打开"延伸"操控板，如图 8-67 所示。

提示：

裁剪面组时的曲线可以是基准曲线、内部曲面的边线，或者实体模型边的连续链。用于裁剪的基准曲线应该位于要裁剪的面组上，并且不应该延伸超过该面组的边界。如果曲线延伸到面组的边界，系统将计算其到面组边界的最短距离，并在该最短距离方向继续裁剪。

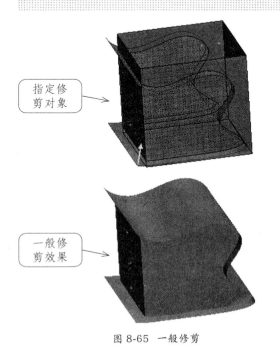

图 8-65 一般修剪

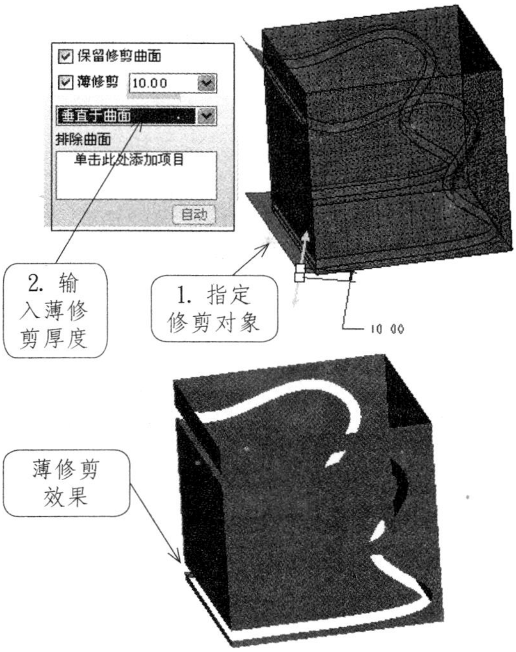

2. 输入薄修剪厚度

1. 指定修剪对象

薄修剪效果

图 8-66 薄修剪

8.4.3 延伸曲面

延伸曲面就是将曲面延长某一距离或延伸到某平面，延伸部分的曲面与原始曲面类型可以相同或不同。

1．"延伸"操控板

选择需要延伸的曲面并选取该曲面上需要延伸的一条边线后，在菜单栏中选择"编辑"→"延伸"选项，打开"延伸"操控板，如图 8-67 所示。

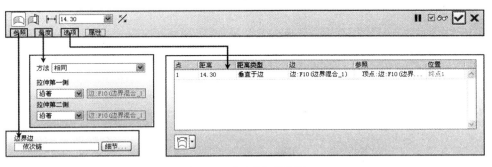

图 8-67 "延伸"操控板

■ "参照"面板

在操控板中单击"参照"按钮，系统弹出"参照"面板，该面板中的"边界边"收集器表示选取的曲面的边界边链。用户可以移除选取的边界边链，然后选取其他曲面的边界边链。也可以对边界边链进行编辑，单击收集器右边的"细节"按钮。

■ "量度"面板

在操控板中单击"量度"按钮，系统弹出"量度"面板，该面板中各选项说明如下。

▷ 垂直于边：垂直于边界边测量延伸距离。

▷ 沿边：表示沿边界边度量延伸距离。

▷ 至顶点平行：表示延伸至顶点处且平行于边界边。

▷ 至顶点相切：表示延伸至顶点处并以与下一单侧边相切的方式延伸曲面。

▷ 参照：表示在选取的边界边链上选取一个参照点，而延伸距离则以该参照点为参照进行度量。

■ "选项"面板

在操控板中单击"选项"按钮，系统弹出"选项"面板，该面板中各选项说明如下。

▷ 相同：该方式为系统默认设置，表示通过选定的边界边链延伸原始曲面，也就是延伸部分的曲面与原始曲面合成为一个曲面。

▷ 切线：创建的延伸曲面与原始曲面相切，而且延伸曲面和原始曲面属于两个曲面，不同于"相同"方式。

▷ 逼近：表示在原始曲面的边界边链与延伸曲面的边之间创建边界混合曲面，当将曲面延伸至不在一条直边上的顶点时，此方法很有用。

▷ 沿着：此选项表示沿选定侧边创建延伸曲面。

▷ 垂直于：此选项表示创建垂直于原始曲面的边界边链来延伸曲面。

2. 创建延伸曲面特征

下面以一个实例的方式，具体讲解延伸曲面特征的创建。

案例 8-13　创建边界混合曲面

❶ 在主菜单栏中单击"打开"按钮 ，打开素材库中的 anli8_13 文件。

❷ 在图形中选择该曲面的一条边，选择主菜单栏中的"编辑"→"延伸"命令，打开"延伸"操控板，如图 8-68 所示。

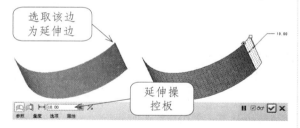

图 8-68　打开延伸操控板

❸ 在操控板中输入延伸距离为 20，设置完参照后，绘图区内将显示出延伸的方向，再单击操控板中的"确定"按钮，对曲面进行延伸，如图 8-69 所示。

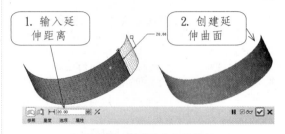

图 8-69　创建延伸曲面特征

8.4.4 偏移曲面

偏移曲面能够以现有的曲面（包括实体上或者曲面上的面）或指定的草图截面为偏移参照，然后偏移指定的距离产生新的曲面。在 Pro/E 5.0 中有 4 种偏移曲面的方式，不同的偏移方式所创建的曲面不同，操作方式也不同，详细介绍如下。

1. "偏移"操控板

利用"偏移"操控板可以创建想要的偏移曲面特征。选取实体上或者曲面上的面，然后在主菜单栏中选择"编辑"→"偏移"命令，系统弹出"偏移"操控板，如图 8-70 所示，该操控板中各选项含义说明如下。

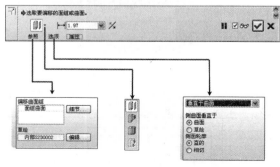

图 8-70　"偏移"操控板

■ 偏移类型

在操控板中单击"标准偏移特征"按钮 右侧的扩展按钮，在弹出的菜单中包含以下 4 个用来指定不同偏移类型的按钮。

▷ 标准偏移特征 ：该类型是为系统默认的偏移类型，能够以参照曲面为偏移对象，向曲面的侧偏移指定距离，创建出新的曲面，如图 8-71 所示。

▷ 具有拔模特征 ：该类型是以指定的参照曲面为拔模曲面、草图截面为拔模截面，向参照曲面一侧创建具有拔模特征的拔模曲面，如图 8-72 所示。

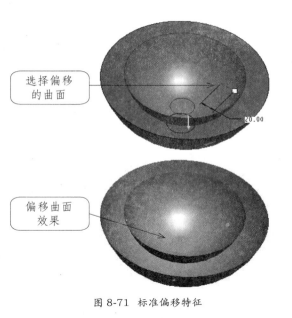

选择偏移
的曲面

偏移曲面
效果

图 8-71 标准偏移特征

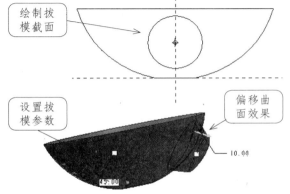

绘制拔
模截面

设置拔
模参数

偏移曲
面效果

——10.00

图 8-72 具有拔模特征的偏移曲面

▷　展开特征 🔲：该类型与"具有拔模特征"偏移类型比较相似，都是以指定的草绘截面为偏移截面，向曲面的一侧偏移一定距离创建新的曲面，如图 8-73 所示。

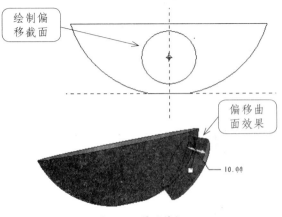

绘制偏
移截面

偏移曲
面效果

——10.00

图 8-73 展开特征

▷　替换曲面特征 🔲：该方式是指将曲面替换

实体表面，从而形成曲面表面的实体特征。选取实体表面后，打开"偏移"操控板，并选择替换曲面特征，接着选取曲面作为替换面，即可创建如图 8-74 所示的实体效果。

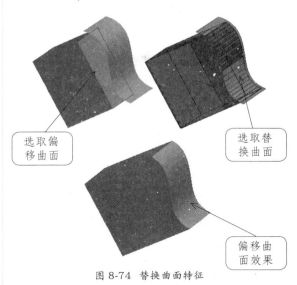

选取偏
移曲面

选取替
换曲面

偏移曲
面效果

图 8-74 替换曲面特征

■　"参照"面板

在操控板中单击"参照"按钮，系统弹出"参照"面板，该面板主要用于选取所要偏移的曲面。当选取偏移类型为"具有拔模特征"时，还可用于定义拔模截面。

■　"选项"面板

在操控板中单击"选项"按钮，系统弹出"选项"面板，在该面板中的选项随所选偏移类型的不同而不同，但其主要作用都是指定偏移曲面的偏移方向参照、侧曲面的垂直参照，以及侧面轮廓的形状，从而调整偏移曲面的形状。

垂直于曲面：该选项为默认选项，表示垂直于参照曲面线或面组偏移曲面，也就是偏移方向为曲面的法向，如图 8-75 所示，其中箭头表示偏移方向。

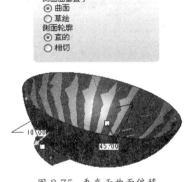

图 8-75 垂直于曲面偏移

189

▷ 自动拟合：系统自动决定一个坐标系，然后将曲面对坐标系的 3 个轴向自动进行曲面的缩放与调整，以产生出偏移曲面（当使用默认的"垂直与曲面"无法产生偏移曲面时，可尝试使用"自动拟合"选项，则系统会调整曲面，尽量使偏移曲面能成功产生出来），如图 8-76 所示。

图 8-76 自动拟合偏移曲面

▷ 控制拟合：表示沿着指定坐标系的轴缩放偏移曲面。选择"控制拟合"选项后，用户可以选择沿 X、Y、Z 轴的偏移约束，如果用户单独选择 Y 轴作为曲面偏移约束，则曲面在偏移时，曲面各点沿 Y 轴的坐标保持不变，如图 8-77 所示。

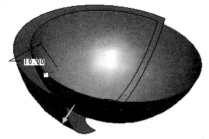

图 8-77 控制拟合偏移曲面

▷ 平移：该选项只有在选择"具有拔模特征"和"展开特征偏移类型"时，才会被激活，如图 8-78 所示。

▷ 创建侧曲面：如果选择该选项，则在偏移的过程中，原曲面和偏移后的曲面之间形成一个封闭的曲面，如图 8-79 所示。

▷ 排除曲面：选择该选项，将无法将偏移成功的小曲面排除掉（即使对象不能够偏

移），还可选中"创建侧曲面"复选框，在原有的曲面与偏移面之间加入各选项特征信息。

图 8-78 平移方式偏移曲面

图 8-79 创建侧曲面

2. 创建偏移曲面

下面通过实例的方式，详细介绍偏移曲面的操作方法。

案例 8-14 创建偏移曲面

❶ 在工具栏中单击"打开"按钮 ，打开素材库中的 anli8_14 文件。

❷ 选择如图 8-80 所示的曲面作为偏移曲面，然后在主菜单栏中选择"编辑"→"偏移"选项，系统弹出

"偏移"操控板，选择偏移曲面类型为"具有拔模特征"。

选取偏移曲面

偏移操控板

图 8-80 选取偏移曲面打开偏移操控板

❸ 在操控板中单击"参照"→"定义"按钮，选择基准平面 DTM1 作为草绘平面，采用默认的参照和方向，进入草绘环境，绘制如图 8-81 所示的截面草图。

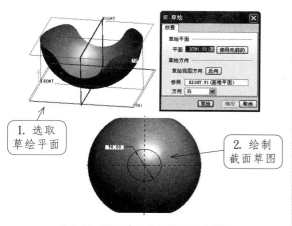

1. 选取草绘平面

2. 绘制截面草图

图 8-81 定义草绘平面绘制截面草图

❹ 绘制完成后，单击"完成"按钮，返回操控板，在该操控板中设置偏移距离为 40，拔模角度为 5°。单击操控板中的"确定"按钮，即可完成曲面偏移操作，如图 8-82 所示。

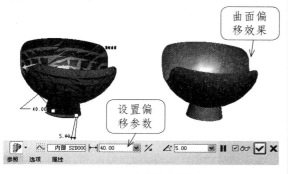

曲面偏移效果

设置偏移参数

图 8-82 曲面偏移特征

❺ 在工具栏中单击"保存"按钮，保存该模型零件文件。

8.4.5 加厚曲面

加厚曲面是通过对曲面面壁加一定的厚度，使其转换成具有实际意义的实体模型。在制作钣金产品中，经常使用该工具。下面以一个实例的形式讲解其创建方法。

案例 8-15　创建加厚曲面

❶ 在"文件"工具栏中单击"打开"按钮，打开素材库中的 anli8_15 文件，如图 8-83 所示。

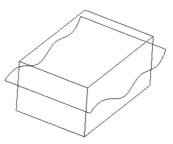

图 8-83　曲面加厚实例

❷ 选取如图 8-84 所示的曲面作为加厚曲面，接着在主菜单栏中选择"编辑"→"加厚"选项，系统弹出"加厚"操控板，如图 8-85 所示。

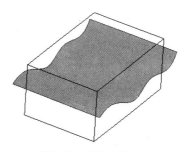

图 8-84　选取加厚曲面

图 8-85　"加厚"操控板

❸ 在操控板中单击"从加厚的面组中去除材料"按钮，并在"加厚厚度"文本框中输入 30，再单击"确定"按钮，结果如图 8-86 所示。

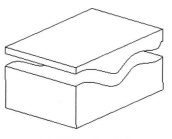

图 8-86(1)　曲面加厚

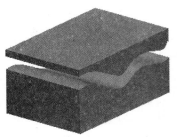

图 8-86(2) 曲面加厚

图 8-89 填充曲面

8.4.6 填充曲面

填充曲面是以填充的方式创建平面类型的曲面。该工具能够以模型上的平面或基准曲面作为绘图平面，绘制曲面的边界线，然后系统将自动在边界线内部填入材料，从而形成平面型的填充曲面。

通常在进行曲面设计时，填充操作位于合并曲面之前，利用填充曲面形成封闭的曲面特征，然后使用合并工具对填充曲面进行修剪，从而形成可实体化的封闭曲面特征。

下面通过实例介绍曲面填充操作的基本方法。

案例 8-16 创建填充曲面

❶ 在工具栏中单击"打开"按钮 ▥，打开素材库中的 anli8_16 文件。

❷ 在主菜单栏中选择"编辑"→"填充"命令，系统弹出"填充"操控板，并提示"选取一个封闭的草绘"，如图 8-87 所示。

图 8-87 "填充"操控板

❸ 在操控板中选择"草绘"右边的"选取 1 个项目"选项，并将其激活，在绘图区域选择封闭的草绘截面，如图 8-88 所示。

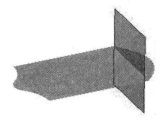

图 8-88 选取填充截面

❹ 在操控板中单击"确定"按钮，完成填充曲面操作，如图 8-89 所示。

8.4.7 实体化曲面

我们在设计中都知道曲面是没有任何实际意义的，它没有质量。所以曲面设计的最终目的是创建具有实际应用价值的实体特征。在 Pro/E 中创建完成曲面造型后，可以利用加厚和实体化这两种编辑工具将曲面转化为实体。前面我们介绍了加厚工具的运用，在本节中，我们将详细介绍实体化工具的应用。

1. "实体化"操控板

在使用"实体化"工具之前，先来了解"实体化"操控板。

选取需要实体化的曲面特征，然后在主菜单栏中选择"编辑"→"实体化"命令，系统弹出"实体化"操控板，如图 8-90 所示。

图 8-90 "实体化"操控板

其主要选项说明如下。

■ **实体填充体积块** ▢

此类实体化工具可以将闭合的曲面面组围成的体积块转化为实体。在操控板中单击"实体填充体积块"按钮 ▢，即可完成操作，结果如图 8-91 所示。

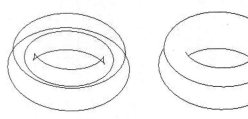

填充前效果　　　　填充后效果

图 8-91 实体填充体积块

■ **移除材料** ▨

当曲面穿过实体特征时，可以使用此工具创建切口特征，主要利用曲面特征作为边界来移除实体几何材料。

■ 面组替换曲面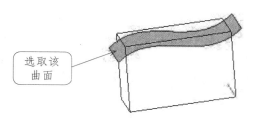

这种操作可以在曲面面组位于曲面上的情况下，利用面组替换部分曲面。因其使用率很低，在此不再详细介绍。

2. 创建曲面实体化特征

案例 8-17 创建曲面实体化特征

❶ 在"文件"工具栏中单击"打开"按钮 ，打开素材库中的 anli8_17 文件。

❷ 选择如图 8-92 所示的曲面作为实体化曲面，然后在主菜单栏中选择"编辑"→"实体化"命令，系统弹出"实体化"操控板。

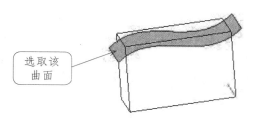

选取该曲面

图 8-92 选取要实体化的曲面

❸ 在操控板中单击"去除材料"按钮 ，并调整方向，单击"确定"按钮，结果如图 8-93 所示。

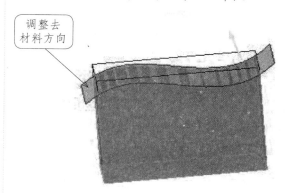

调整去材料方向

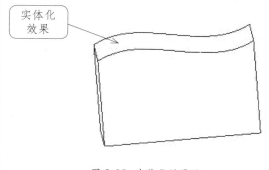

实体化效果

图 8-93 实体化效果图

8.5 实例应用

在本章中，我们主要学习了曲面特征的创建和编辑方法，下面以两个实例来巩固所学的知识，并了解曲面特征在实际设计中的应用。

8.5.1 创建饮料瓶体

本实例将创建一款饮料瓶模型，如图 8-94 所示。创建该饮料瓶主要利用"旋转曲面"、"可变截面扫描"、"拉伸曲面"、"曲面合并"、"曲面加厚"，以及"倒圆角"工具创建。

图 8-94 饮料瓶模型

创建步骤如下：

❶ 单击"新建"按钮 ，新建一个文件名为 8_5_1yinliaoping 的零件文件，进入零件设计环境。单击"草绘"按钮 ，选择 TOP 平面作为草绘平面，绘制如图 8-95 所示的瓶身轮廓线和中心线。

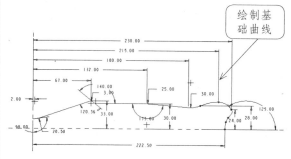

绘制基础曲线

图 8-95 草绘曲线

❷ 选择刚绘制瓶身轮廓线和中心线，单击"旋转"按钮 ，打开"旋转"操控板，选择"曲面"选项 。单击"确定"按钮，创建瓶身曲面，如图 8-96 所示。

图 8-96 创建瓶身曲面

6 选择可变截面扫描曲面和旋转曲面，单击"合并"按钮圆，打开"合并"操控板，单击"反向"按钮，修改合并方向到所需方向，单击"确定"按钮，创建曲面合并特征，重复操作，合并阵列的曲面，如图8-100所示。

❸ 单击"草绘"按钮，打开"草绘"对话框，选择TOP平面为草绘平面，绘制2条曲线，如图8-97所示。

图 8-100 曲面合并特征

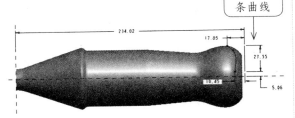

7 单击"倒圆角"按钮，打开"倒圆角"操控板，按住Ctrl键选择如图8-101所示的边线，设置半径为2.5，单击"确定"按钮，添加圆角特征。

图 8-97 草绘两曲线

❹ 单击"可变截面扫描"按钮，打开"可变截面扫描"操控板，选择上一步绘制的直线为原点曲线，另一条曲线为控制曲线。单击"创建或编辑扫描剖面"按钮，绘制扫描截面曲线，单击"完成"按钮，返回操控板，单击"确定"按钮，创建变截面扫描曲面，如图8-98所示。

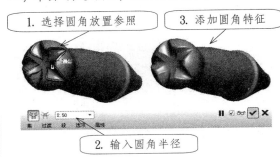

图 8-101 添加圆角特征

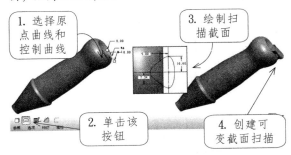

8 单击"旋转"按钮，打开"旋转"操控板，选择"曲面"选项。单击"放置"→"定义"按钮，选择TOP平面作为草绘平面，利用"样条曲线"工具和"中心线"工具绘制旋转截面和旋转中心轴，创建旋转曲面，如图8-102所示。

图 8-98 创建可变截面扫描曲面

❺ 选择刚创建的变截面扫描曲面，单击"阵列"按钮，选择"轴"阵列形式，选择A_1为旋转阵列参照，输入阵列数为5，角度为72，单击"确定"按钮，创建阵列特征，如图8-99所示。

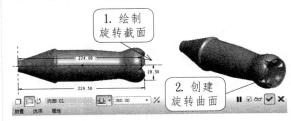

图 8-102 创建旋转曲面

9 选择瓶身曲面和上一步创建的旋转曲面，单击"合并"按钮，打开"合并"操控板，单击"反向"按钮，调整合并方向，单击"确定"按钮，对曲面进行合并，如图8-103所示。

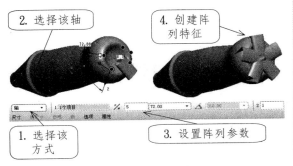

图 8-99 创建阵列特征

图 8-103 合并曲面

❿ 单击"倒圆角"按钮 ，打开"倒圆角"操控板，设置圆角半径值为2，按住Ctrl键选择如图8-104所示的边线，添加圆角特征。

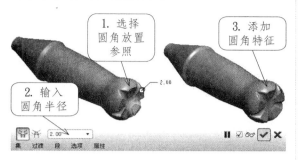

1. 选择圆角放置参照
2. 输入圆角半径
3. 添加圆角特征

图 8-104 添加圆角特征

⓫ 单击"旋转"按钮 ，打开"旋转"操控板，选择"曲面"选项 。单击"放置"→"定义"按钮，选择TOP平面为草绘平面，绘制旋转截面和旋转中心轴，创建旋转曲面，如图8-105所示。

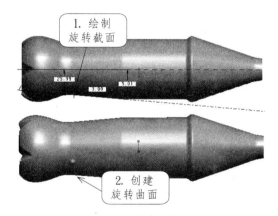

1. 绘制旋转截面
2. 创建旋转曲面

图 8-105 创建旋转曲面

⓬ 选择刚创建的旋转曲面，单击"阵列"按钮 ，打开"阵列"操控板，选择"尺寸"阵列形式，选取25.99的尺寸作为尺寸参照，指定阵列间距为0.8，数量为5，创建阵列特征，如图8-106所示。

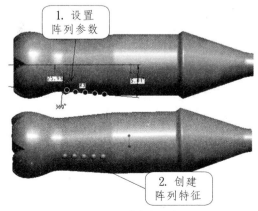

1. 设置阵列参数
2. 创建阵列特征

图 8-106 创建阵列特征

⓭ 选择刚创建的阵列特征，继续单击"阵列"按钮 ，选择"轴"阵列方式，设置阵列数为10，角度为

36，创建阵列特征，如图8-107所示。

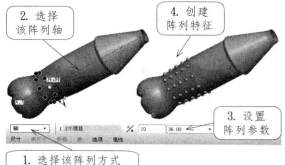

2. 选择该阵列轴
4. 创建阵列特征
3. 设置阵列参数
1. 选择该阵列方式

图 8-107 创建阵列特征

⓮ 选择旋转球曲面和瓶身曲面，单击"合并"按钮 ，打开"合并"操控板，单击"反向"按钮，调整合并方向到所需方向，单击"确定"按钮，对曲面进行合并。采用同样的方法，对其他各个曲面进行合并，如图8-108所示。

1. 选择合并参照
2. 合并曲面
3. 合并阵列曲面

图 8-108 合并曲面

⓯ 单击"倒圆角"按钮 ，打开"倒圆角"操控板，设置圆角半径为2，按住Ctrl键选取如图8-109所示的各边线，单击"确定"按钮，添加圆角特征。

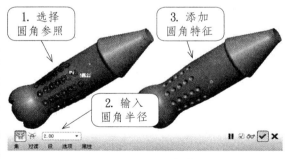

1. 选择圆角参照
2. 输入圆角半径
3. 添加圆角特征

图 8-109 添加圆角特征

⓰ 选择整个曲面，单击"加厚"按钮 ，打开"加厚"操控板，设置厚度值为1，创建加厚实体，如图8-110所示。

⓱ 单击"拉伸"按钮 ，打开"拉伸"操控板，单击"放置"→"定义"按钮，选择RIGHT平面作为草绘平面，进入草绘环境。利用"使用边创建图元"工具 ，绘制拉伸截面，单击"完成"按钮，返回"拉伸"操控板，设置拉伸深度为8，单击"加厚草绘"按钮 ，设置厚度为2，单击"确定"按钮，创建拉伸特征，如图8-111所示。

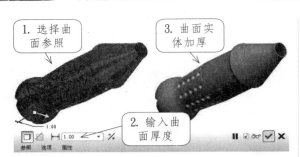

图 8-110 曲面加厚

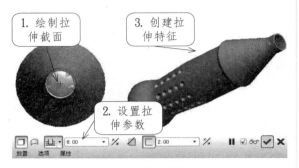

图 8-111 创建拉伸特征

❶❽ 继续单击"拉伸"按钮，打开"拉伸"操控板，单击"放置"→"定义"按钮，选择 RIGHT 平面为草绘平面。进入草绘环境，绘制拉伸截面，单击"完成"按钮，返回"拉伸"操控板，选择"对称"拉伸方式，设置拉伸深度值为 2，单击"确定"按钮，创建拉伸特征，如图 8-112 所示。

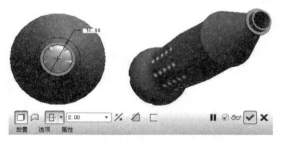

图 8-112 创建拉伸特征

❶❾ 单击"拉伸"按钮，打开"拉伸"操控板，单击"放置"→"定义"按钮，选择上面的瓶口上表面为草绘平面，绘制拉伸截面，单击"完成"按钮，返回"拉伸"操控板。设置拉伸深度值为 12，单击"加厚草绘"按钮，输入厚度值为 1，单击"确定"按钮，创建拉伸特征，如图 8-113 所示。

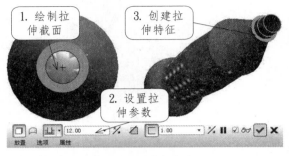

图 8-113 创建拉伸特征

❷⓿ 单击"倒圆角"按钮，打开"倒圆角"操控板，设置半径值为 1，按住 Ctrl 键选择如图 8-114 所示的边线，单击"确定"按钮，创建倒圆角特征。

❷❶ 选择"插入"→"螺旋扫描"→"伸出项"选项，打开"伸出项：螺旋扫描"对话框和"属性"菜单。保持系统默认，在"属性"菜单中选择"常数"→"穿过轴"→"右手定则"→"完成"选项，系统弹出"设置平面"菜单，在绘图区中选择 TOP 平面作为草绘平面，单击"确定"→"缺省"选项，进入草绘环境，如图 8-115 所示。

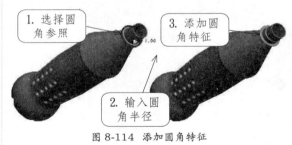

图 8-114 添加圆角特征

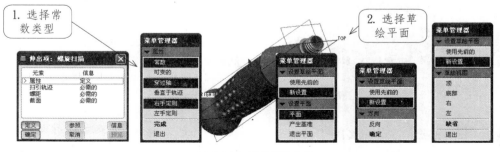

图 8-115 设置草绘平面

❷❷ 利用"直线"、"倒圆角"和"中心线"工具绘制螺旋扫描轨迹和旋转中心线，单击"完成"按钮，系统弹出"输入螺距值"文本框，设置"螺距"为 3.5，系统再次进入草绘环境，绘制螺旋扫描截面，如图 8-116 所示。

❷❸ 单击"伸出项：螺旋扫描"对话框中的"确定"按钮，创建螺旋扫描特征，如图 8-117 所示。

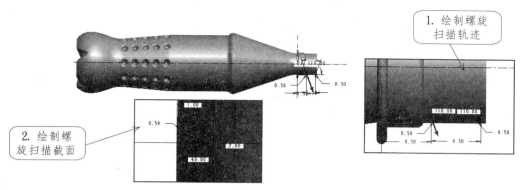

图 8-116　绘制螺旋扫描轨迹和截面

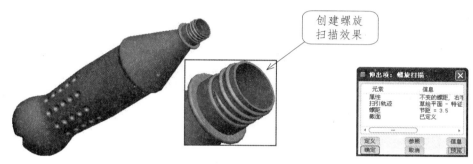

图 8-117　创建螺旋扫描特征

❷❹ 单击"拉伸"按钮 ，打开"拉伸"操控板，单击"放置"→"定义"按钮，选择瓶口上表面作为草绘平面，进入草绘环境，绘制拉伸截面，单击"完成"按钮，返回"拉伸"操控板，设置深度值为12，单击"去除材料"按钮 ，创建拉伸剪切特征，如图 8-118 所示，至此完成整个饮料瓶的创建。

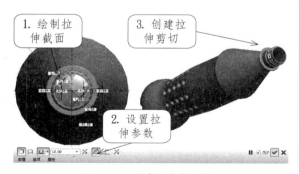

图 8-118　创建拉伸剪切特征

8.5.2 创建上壳盖

该范例主要运用拉伸、旋转、修剪曲面和曲面倒圆角等命令设计如图 8-119 所示的BP 机上壳盖。

创建步骤如下：

❶ 单击主工具栏上的"新建"按钮 ，新建一个文件名为 8_5_2shangkegai 的零件文件，进入零件设计

环境。在基础特征工具栏中单击"拉伸"按钮 ，再单击拉伸操控板中的"曲面"按钮 ，系统提示选取一个草绘平面，在基准工具栏中单击"草绘"按钮 ，系统将会弹出"草绘"对话框，再选择基准平面 FRONT 作为草绘平面，参照平面为 RIGHT，再单击"草绘"对话框中的"确定"按钮，结束草绘平面的选取。

图 8-119　上壳盖

❷ 在绘图工具栏中单击"矩形"按钮 □、"圆形"按钮 、"三点 / 相切端"按钮 和"删除段"按钮 ，绘制如图 8-120 所示的草绘截面，再单击绘图工具栏中的"完成"按钮。

❸ 在"拉伸"操控板的"深度"文本框内输入 8，其他均按系统默认值，单击操控板中的"确定"按钮，如图 8-121 所示。

❹ 在基础特征工具栏中单击"拉伸"按钮 ，再单击

拉伸操控板中的"曲面"按钮 📄，系统提示选取一个草绘平面，在基准工具栏中单击"草绘"按钮 🔧，系统将会弹出"草绘"对话框，再选择基准平面 RIGHT 作为草绘平面，参照平面为 TOP，如图 8-122 所示，再单击"草绘"对话框中的"确定"按钮，结束草绘平面的选取。

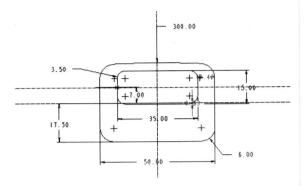

图 8-120 绘制 BP 机外形截面

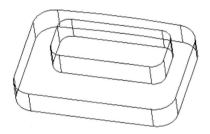

图 8-121 绘制 BP 机上壳盖外形

图 8-122 选取草绘平面

❺ 在绘图工具栏中单击"三点 / 相切端"按钮 ⟍，绘制如图 8-123 所示的草绘截面，再单击绘图工具栏中的"完成"按钮。

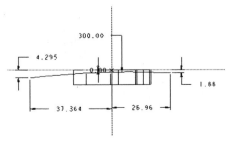

图 8-123 绘制 BP 机上壳盖上表面截面

❻ 在"拉伸"操控板的"深度"文本框内输入 60，其他均按系统默认值，单击操控板中的"确定"按钮，如图 8-124 所示。

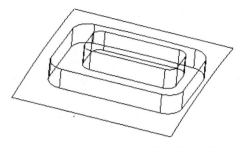

图 8-124 绘制 BP 机上壳盖上表面曲面

❼ 选中 BP 机上壳盖外形曲面和上表面曲面，其编辑特征工具栏中的"合并"按钮 🔧 将被激活，单击该按钮，选择所须保留的曲面，并单击合并操控板中的"确定"按钮，结束合并曲面的操作，结果如图 8-125 所示。

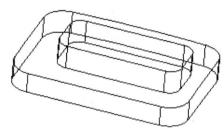

图 8-125 合并曲面

❽ 在主菜单栏中选择"编辑"→"投影"命令，再单击投影操控板中的"参照"按钮，在弹出的"参照"面板中进入"投影链"下拉列表，选中"投影草绘"选项，如图 8-126 所示。

图 8-126 "参照"下滑面板

❾ 单击"草绘"选项下面文本框右边的"定义"按钮，系统提示选取一个平面或曲面以定义草绘平面，选择基准平面 FRONT 作为草绘平面，参照平面为 RIGHT，方向向右，再单击"草绘"对话框中的"确定"按钮，结束草绘平面的选取。

❿ 在绘图工具栏中单击"圆心和点"按钮 ◯ · 右边三角按钮，在弹出的工具条中选择"椭圆"按钮 ◯，绘制如图 8-127 所示草绘截面，并单击工具栏中的

"完成"按钮，结束绘制草绘截面的操作。

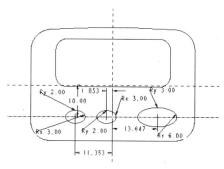

图 8-127 绘制投影截面

⓫ 单击投影操控板中的"曲面"文本框，选取 BP 机上壳盖上表面曲面作为投影曲面，再单击"方向参照"文本框，选取基准面 FRONT 作为投影方向参照平面，并单击操控板中的"确定"按钮，结果如图 8-128 所示。

图 8-128 绘制投影曲线

⓬ 单击基准工具栏中的"平面"按钮 ▱，选取基准平面 TOP，并在弹出的"基准平面"对话框中的"平移距离"文本框中输入 10，向左偏移，单击"确定"按钮，如图 8-129 所示，DTM1 为所创建的基准平面。

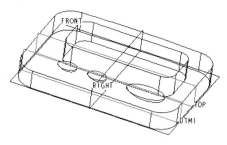

图 8-129 创建基准平面

⓭ 在基准工具栏中单击"草绘"按钮 ，选取基准平面 DTM1 作为草绘平面，基准平面 RIGHT 作为草绘参照平面，并单击对话框中的"确定"按钮，结束草绘平面的选取。

⓮ 在绘图工具栏中单击"中心线"按钮 、"删除段"按钮 和"圆心和点"按钮 右边三角按钮，在弹出的工具条中选择"椭圆"按钮 ，绘制出如图 8-130 所示草绘截面。

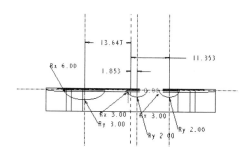

图 8-130 绘制曲线

⓯ 单击工具栏中的"完成"按钮，结束绘制草绘截面的操作，结果如图 8-131 所示。

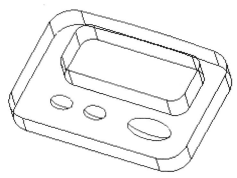

图 8-131 BP 机按钮线框

⓰ 在基准工具栏中单击"点"按钮 ，按住 Ctrl 键选择基准平面 DTM1 和投影曲线创建基准点 PNT0，选择放置文本框中的"新点"选项，采用同样的方法创建基准点 PNT1、2、3、4、5，结果如图 8-132 所示。

图 8-132 创建基准点

❼ 选中投影曲线，其编辑工具栏中的"修剪"按钮
🔲 将被激活，单击该按钮，在弹出的修剪操控板中
单击"参照"按钮，系统弹出"修剪"面板，单击"修剪
的曲线"文本框选取投影曲线，再单击"修剪对象"文
本框选取基准点PNT0，最后单击操控板中的"确定"
按钮，完成投影曲线的修剪，再采用同样的方法修
剪其他的投影曲线，结果如图 8-133 所示。

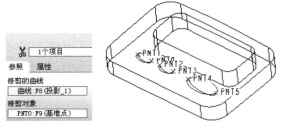

图 8-133 修剪投影曲线

❽ 单击"边界混合"按钮 🗂，按住 Ctrl 键依次选
取修剪后的投影曲线、绘制好的曲线、修剪后的投
影曲线，并单击 ✔️ 按钮，采用同样的方法创建其
他按钮，结果如图 8-134 所示。

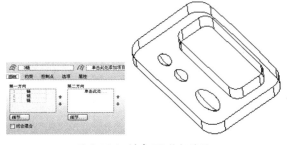

图 8-134 创建 BP 按钮曲面

❾ 选中 BP 机外壳上表面曲面和一个按钮曲面，
再单击编辑工具栏中的"合并"按钮 🗗，单击合并操
控板中的"确定"按钮，结束曲面合并操作，采用同
样的方法合并其按钮曲面，结果如图 8-135 所示。

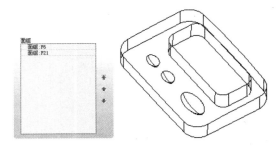

图 8-135 合并 BP 机外壳上表面曲面和按钮曲面

❷⓿ 单击工程特征工具栏中的"倒圆角"按钮 🥄，按
住 Ctrl 键选取 BP 机上壳盖的边，在弹出的倒圆角
操控板的"半径"文本框中输入 1.5，并单击操控板中
的 ✔️ 按钮，结果如图 8-136 所示。

❷❶ BP 机显示屏边界倒圆角，采用同样的方法对
BP 机显示屏边界倒圆角，圆角半径为1，结果如图
8-137 所示。

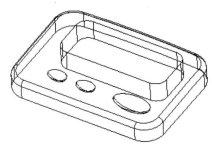

图 8-136 BP 机上壳盖边界倒圆角

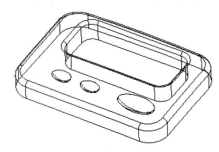

图 8-137 BP 机显示屏边界倒圆角

8.6 课后练习

8.6.1 创建耳机模型

利用本章所学的曲面造型命令，创建如图 8-138
所示的耳机零件模型，尺寸自定。

操作提示：

❶ 创建耳机机体。首先绘制一个椭圆草图，然后在
其垂直方向绘制两段圆弧截面线，在此基础上构建
出边界混合曲面，得到单个的耳机机体。

图 8-138 耳机零件模型

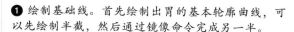

❷ 创建扫描曲面。使用扫描曲面命令创建出耳机机体上的圆环状包容部分。

❸ 合并曲面。使用合并命令将耳机机体和包容部分合并,让其成为一个整体。

❹ 镜像曲面。使用镜像命令将上一步合并的曲面进行镜像处理,得到另一侧的耳机。

❺ 创建耳机机架。通过可变剖面扫描命令创建耳机上方的机架。

❻ 创建投影修饰。通过编辑工具栏中的投影命令创建耳机外侧的文字投影。

8.6.2 创建胃曲面模型

利用本章所学的曲面造型命令,创建如图8-139所示的胃曲面模型,尺寸自定。

图 8-139 胃曲面模型

操作提示:

❶ 绘制基础线。首先绘制出胃的基本轮廓曲线,可以先绘制半截,然后通过镜像命令完成另一半。

❷ 绘制截面线。在上一步绘制的轮廓线之上,绘制出胃的截面曲线和参考曲线。

❸ 创建混合曲面。指定基础轮廓线为第一方向曲线,截面线为第二方向曲线,通过混合曲面创建出胃的部分轮廓模型。

❹ 补齐其余曲面。创建若干基准平面,然后在其中绘制相应的截面线,同样使用混合曲面的方法创建出其余曲面。

❺ 创建镜像曲面。通过镜像曲面的命令完成另外一半的曲面。

第⑨课 组件装配

组件装配

本书前面几章介绍了使用Pro/E软件进行零件设计的方法。在现代工业设计中，零件设计只是最初的环节，只有将各个零件按照设计和使用要求组装到一起，才能形成一个完整的系统，以直观地表达出设计的意图。同时，还可以对整个机构执行爆炸操作，从而更清晰地查看产品的内部结构及部件组装的顺序。

本章将重点介绍组件装配设计的基本知识，以及设置放置约束、调整元件或组件在装配环境中的位置和编辑装配体的方法和技巧。

本课知识:

◆ 装配的基本操作
◆ 装配约束的方法
◆ 分解图
◆ 简化视图的方法
◆ 显示样式的设置方法

9.1 组件装配概述

现在的产品往往由成千上万个零件组成，装配就是把加工好的零件按一定的顺序和技术要求连接到一起，成为完整的产品，并且能够可靠地实现产品的价值及其功能。

组件装配处于产品制造所必需的最后阶段，产品的质量最终通过装配得到保证和检验。因此，组件装配是决定产品质量的关键环节。研究制定合理的装配工艺，采用能有效保证装配精度的装配方法，对保证进一步提高产品质量有着十分重要的意义。

在Pro/E中，组件装配就是使用各种约束方法，定义组件各个零件之间的相对自由度。这就是说，在各个零件之间建立一定的约束关系，对其进行部分或全部自由度进行约束，从而确定零件在整个组件中的相对位置。

1. 产品的装配单元

在机械产品中，为保证有效地组织装配，必须将产品分解为若干个能进行独立装配的装配单元，具体的类型如下。

■ **零件**

零件是组件组成产品的最小单元，由整块金属（或其他材料）制成，在机械装配中，一般先将零件组装成套件、组件和部件，然后再组装成产品。

■ **套件**

套件是在一个基准零件上装配一个或若干个零件而构成的，是最小的装配单元。套件中唯一的基准零件用于连接相关零件和确定各零件的相对位置，为组装套件而进行的装配称为"套装"。因工艺或材料问题，套件按照零件制造，但在以后的装配中可作为一个整体，不再分开。在产品零件中，

可以将齿轮、阶梯轴和半圆键零件组装成一个套件。

■ **组件**

组件是在一个基准零件上装配若干个套件或零件而构成的。组件中唯一的基准零件用于连接相关零件盒套件，并确定它们的相对位置，为形成组件而进行的装配称为"组装"。组件中可以没有套件，即由一个基准零件加若干个零件组成，组件与套件的区别在于组件在以后的装配中可以拆卸。

■ **部件**

部件是在一个基准零件上装配若干组件、套件和零件构成的。部件中唯一的基准零件用来连接各个组件、套件和零件，并决定它们之间的相对位置，为形成部件而进行的装配称为"部装"。部件在产品中能实现一定的完整功能。

■ **机器**

在一个基准零件上装配若干个部件、组件、套件和零件就构成了机器或产品。一台机器只能有一个基准零件，其作用与上述介绍相同，为形成机器而进行的装配工作称为"总装"。

2. 实际装配与Pro/E装配的区别

CAD技术中的装配是模拟各元件在装配环境中的装配方法，并对装配进行必要的干涉和间隙分析，这样的装配方式和现实生活中的装配有相同之处，但也有不同点，分别如下。

■ **实际装配与Pro/E装配的共同点**

不管是哪种装配，都必须能够正确地定义零件间的相对自由度。在Pro/E环境中模拟产品装配、装配的原理和装配顺序，以及在装配过程中进行必

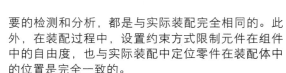

要的检测和分析，都是与实际装配完全相同的。此外，在装配过程中，设置约束方式限制元件在组件中的自由度，也与实际装配中定位零件在装配体中的位置是完全一致的。

■ **实际装配与 Pro/E 装配的不同点**

CAD 技术中的装配是使用几种预先定义完成

的约束类型，当基本约束类型不够使用时，再使用多种约束综合定义；而现实生活中的装配，就是使用机械连接机构将各个零件的相对自由度固定下来。此外，CAD 软件中的约束是对现实生活中各种连接机构的总结和抽象，使用约束进行组合，可以得到与任何种类的机械连接结构等效的相对自由度约束。

9.2 放置约束

放置约束就是定义两元件参照，限制元件在装配体中的旋转或移动自由度，从而使该元件完全定义到装配体中。放置约束是所有约束方式中最简单的约束方法，同时也是整个装配设计的关键，合理地选择约束类型十分重要。

在工具栏中单击"新建"按钮，打开"新建"对话框。选择"组件"类型、"设计"子类型，输入组件名称，取消"使用缺省模板"复选框的勾选，单击"确定"按钮，打开"新文件选项"对话框，选择 mmns_asm_design 模板，进入组件设计环境，如图 9-1 所示。

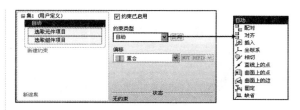

图 9-2 "放置"面板

9.2.1 放置约束的原则

在设置放置约束之前，首先应当遵守下列约束放置的原则。

1. 指定元件和组件参照

通常来说，建立一个装配约束时，应当选取元件参照和组件参照。元件参照和组件参照是元件和装配体中用于约束位置和方向的点、线、面。例如，通过对齐约束将一根轴放入装配体中的一个孔中时，轴的中心线就是元件参照，而孔的中心线就是组件参照。

2. 一次只能添加一个约束

如果需要使用多个约束方式限制组件的自由度，则需要分别设置约束，即使是利用相同的约束方式指定不同的参照时，也是如此。例如，将一个零件上两个不同的孔与装配体上另一个零件上的两个不同的孔对齐时，不能使用一个对齐约束，而必须定义两个不同的对齐约束。

3. 多种约束方式定位元件

在装配过程中，要完整地指定元件的位置和方向（即完整约束），往往需要定义整个装配约束。在 Pro/E 中装配元件时，可以将所需要的约束添加到元件上。从数学角度来说，即使元件的位置已被完全约束，为了确保装配体达到设计意图，仍然需要指定添加附加约束。系统最多允许指定 50 个附加约束，但建议将附加约束限制在 10 个以内。

图 9-1 新建组件文件

单击"添加元件到组件"按钮，并指定元件文件后，打开"元件放置"操控板。在操控板中单击"放置"按钮，打开"放置"面板，Pro/E 提供了11 种放置约束方式，如图 9-2 所示。

9.2.2 配对约束

提示：

在设置放置约束时，如果一个约束不能定位元件的特定位置，可以选择"元件放置"面板上的"新建约束"选项，设置下一个约束。确定元件位置后，单击"确定"按钮，即可获得元件约束设置的效果。

Pro/E 5.0 中的"配对"约束即为以前软件版本中的"匹配"约束命令，是装配环境中使用最频繁的约束方式。

单击"添加元件到组件"按钮 ，并指定元件文件后，即可在元件放置操控板的"放置"面板中选择"配对"约束类型，该约束类型包括了以下 3 种类型。

1. 偏距配对约束

使用偏距方式定义配对约束时，选取的元件参照面与装配体参照面平行，并保持偏移距离参数指定的距离。如果参照方向相反，可以单击该面板中的"反向"按钮，或者在"距离"文本框中输入负值，如图 9-3 所示。

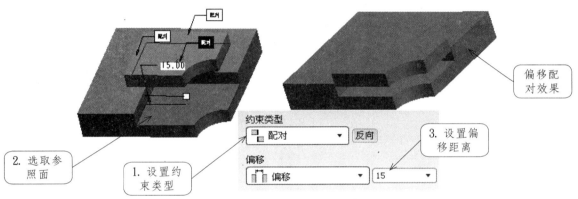

图 9-3 指定偏移距离设置约束

提示：

在配对和对齐约束输入偏距值时，系统显示偏移方向。要选取相反的方向，需要输入一个负值或在图形窗口中拖曳控制柄。

2. 定向配对约束

定向和偏移配对约束不同之处在于，该约束方式仅定义元件参照与组件参照平行，即确定新添加元件的活动方向，但不能设置间隔距离，如图 9-4 所示。

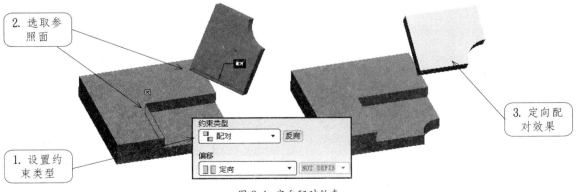

图 9-4 定向配对约束

3. 重合

重合是默认的配对类型,设置该约束可使元件和组件的参照面贴合在一起。选取参照面后进入"偏移"下拉列表,选择"重合"选项,然后单击"预览"按钮,此时,则完成两个参照面的约束放置,效果如图9-5所示。

对齐指将两个平面定义在一个平面上,且朝向同一个方向,还可以对两平面间设置一定的间隔距离,间隔距离的设置与匹配中的间隔距离设置相同。该约束也可以进行两条轴线对齐、两个点对齐或两条边对齐操作。两个参照平面的方向可以通过单击"放置"面板中的 **反向** 按钮或在"距离"文本框中输入正 / 负值来定义。

在对齐约束类型选项的"偏移"列表中包含了偏移、重合、定向3种偏移类型,这3种类型的含义如下。

▷ 重合:进入"偏移"下拉列表,选中"重合"选项,表示所选两元素相互重合。

▷ 定向:与配对约束中的含义相似。

▷ 偏移:进入"偏移"下拉列表,选中"偏移"选项,表示所选两元素间存在一定的间距,此时可以由用户在偏移右边的文本框中输入一个数值来定义。其操作过程:分别选取两组件间的三组元素,其中第一、二组元素以重合类型进行对齐,第二组以偏移类型进行对齐,设置偏移距离,最后单击装配操控板中的"确定"按钮,结束两组件的装配操作,如图9-6所示。

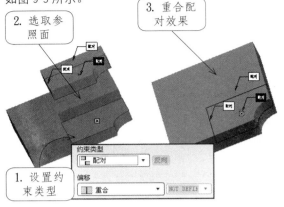

图9-5 重合方式定义配对约束

9.2.3 对齐约束

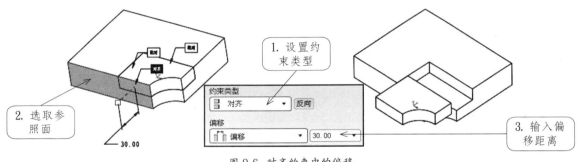

图9-6 对齐约束中的偏移

9.2.4 插入约束

插入是指将一个组件中的旋转曲面插入到另一个组件中的旋转曲面中,且可以对齐两旋转曲面的对应轴线,还可以只将两个旋转特征的轴线定义为一条直线,例如一条轴的轴线与一个孔的轴线对齐。该约束类型可以用于选取轴线为无效或不方便时进行约束操作,该约束类型只能定义组件的方向,而无法定位组件的位置。

其操作过程如下。

单击装配操控板中的"放置"按钮,在弹出的"放置"面板中选中"插入"约束类型。

分别选取两组件中的一个圆柱面,完成插入约束的操作,最终效果如图9-7所示。

9.2.5 默认、自动和坐标系约束

在 Pro/E 5.0 约束类型中,使用默认、自动和坐标系约束,可以一次定位元件在装配环境中的位置。并且使用默认设置时不需要选取参照,即可定位元件,而使用坐标系约束只需选取两个元件的坐标系,即可定位元件。

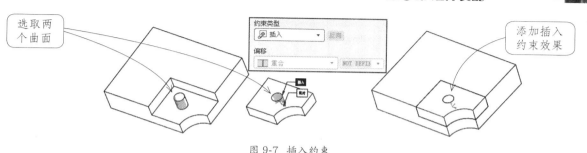

图 9-7 插入约束

1. 默认约束

使用"缺省"约束,可将系统创建的元件的默认坐标系与系统创建的组件的默认坐标系对齐,这与"坐标系"约束相似,该约束方式主要用于第一个元件添加到装配环境的定位方式,使用该约束定位元件后,则其他新载入的元件将参照该元件进行定位。

2. 自动约束

当设置"自动"约束后,仅需要选取元件及组件参照,由系统猜测意图而自动放置适当的约束。

3. 坐标系约束

使用坐标系约束,可通过对齐元件坐标系与组件坐标系的方式(既可以使用组件坐标系又可以使用零件坐标系)将元件放置在组件中,这种约束可以一次完全定位指定元件,完成限制6个自由度,如图9-8所示。

为了便于装配,可以在创建模型时指定坐标系位置,如果没有指定,可以在保存当前配置文件后,打开要装配的元件并指定坐标系位置,然后加以保存并关闭。这样,在重新打开的装配体中载入新文件时,便可以指定两个元件坐标系,执行约束设置。

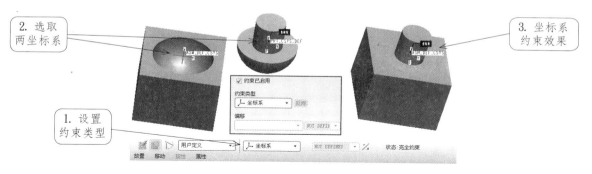

图 9-8 坐标系约束

9.2.6 相切约束

装配模型与装配元件中选取的对象之间相切,其选取对象是模型中的表面或基准平面,但至少要选取一个曲面。

选取此选项后分别在装配模型和装配元件中选取对应参考对象,系统会自动改变装配元件的放置位置,使用相切约束控制两个曲面在切点位置的接触,也就是说新载入的元件与指定元件以对应曲面相切的方式进行装配,相切约束的功能与配对约束相似,因为这种约束将配对曲面,而不对齐曲面,如图9-9所示。

9.2.7 线上的点约束

线上的点约束用于控制装配体的边、轴或基准曲线与新载入元件上的点之间的接触,从而使新载入的元件只能沿着直线移动或旋转,而且仅保留1个移动自由度和3个旋转自由度。

首先选择组件上的一条边,然后选择新载入元件上的一个点,这个点将自动约束到这条以红色显示的边上,如图9-10所示。

中文版 Pro/ENGINEER Wildfire 课堂实录

使用这种约束时，并非只有选取新载入元件上的点才能设置约束，同样可以指定组件上的点。此外，还可以根据设计需要，灵活调整点和边的选择顺序。

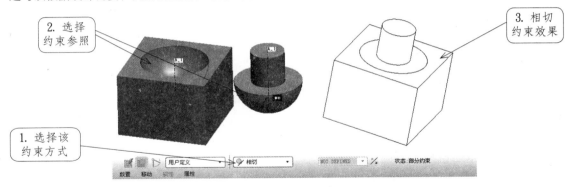

图 9-9　相切约束

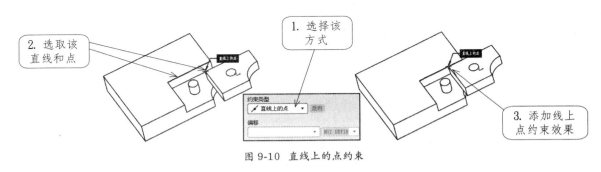

图 9-10　直线上的点约束

9.2.8 曲面上的点和边约束

利用该放置约束，可限制元件上的点或边相对于指定元件参照曲面之间的移动或旋转，从而限制该元件相对于装配体的自由度，该点或边无须确实落于平面上（延伸面上也可以）。

1. 曲面上的点约束

该约束可以控制曲面与点之间的接触，能够以零件或装配体的基准点、曲面特征、基准平面或零件的实体曲面作为参照，方法与线上的点类似，在此不再赘述。

2. 曲面上的边约束

使用该约束方法，可以将一条线性边约束至一个平面，从而控制曲面与平面边界之间的接触。同样可以使用基准平面、平面零件或装配体的曲面特征或者任何平面零件的实体曲面作为参照。装配方法与线上点的类似，在此不再赘述。

9.3 移动约束

在 Pro/E 装配环境中，单纯靠命令面板的约束命令很难对复杂的零件进行装配，此时，在零件进行放置约束后，需要对其进行更细致的移动，弥补放置约束的局限性，以达到准确装配零件的目的。要移动元件，必须封装元件或者预定义约束集来配置元件。

单击装配操控板中的"移动"按钮，在弹出的"移动"面板中单击"运动类型"下拉按钮，如图 9-11

所示。其约束类型中包含了定向模式、平移、旋转、调整 4 种类型。

9.3.1 定向模式

使用"定向模式"移动类型，可以在组件窗口中以任意位置为移动基点，指定任意旋转角度或移动距离调整元件在组件中的放置方式。具体方法如下。

图 9-11 移动约束类型

❶ 通过在装配窗口中单击鼠标左键来拖拉被装配的组件，再按住中键来控制组件在各个方向上进行旋转。

❷ 也可以通过按住 Ctrl 键并单击中键，在装配窗口中旋转组件。

❸ 还可以通过按住 Shift 键并单击中键拖曳来在装配窗口的垂直和水平方向上移动组件。

在"移动"面板中的其他选项说明如下。

▷ 在视图平面中相对：该选项为系统默认选项，表示通过选取旋转或移动的组件，再按中键拖曳以三角形图标为旋转中心或移动起点，在相对于视图平面旋转或移动组件。

▷ 运动参照：选中该选项前面的复选框，其选取参照文本被激活，在设置参照时，可以选取视图中的平面、点或线作为运动参照，但最多只能选取2个参照。选取参照后，文本框右边的"垂直"和"平行"选项将被激活，当选择"垂直"选项时，表示执行旋转操作时将垂直于选定移动组件；当选择"平行"选项时，表示执行旋转操作时将平行于选定参照移动组件。

▷ 平移：用于设置平移的平滑程度，其中包括：光滑、1、5、10选项。

▷ 相对：用于显示组件相对于移动操作前其位置的坐标。

9.3.2 平移

相对于其他移动工具，平移方式是最简单的移动方法。这种方式对比定向模式，只需要选取新载入的元件，然后拖曳鼠标即可将元件移动到组件窗口中的任意位置，如图9-12所示。

9.3.3 旋转

旋转方式与平移方式一样，只需要选取新载入的元件，然后拖曳鼠标，即可旋转元件，再次单击元件，即可退出旋转模式。操作方法与平移方法相同。

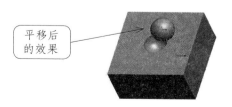

图 9-12 平移元件

9.3.4 调整

使用调整运动方式的方法可以为元件添加新的约束，并可以通过选择参照对元件进行移动。这种活动类型对应的选项设置与以上三种类型大不相同，在该面板中可以选择"配对"或"对齐"两种约束。此外，还可以在下面的"偏移"文本框框中设置偏移距离，如图9-13所示。

图 9-13 调整组件

9.4　零件重复放置

在进行组件装配时，有时候需要多次对一个相同的结构进行装配，并在装配时使用相同类型的约束，此时，可以使用重复装配的方法来完成此类结构的装配操作。

指定组件中的某个元件，选择"编辑"→"重复"选项，打开"重复元件"对话框，如图9-14所示。利用打开的"重复元件"对话框对所选元件进行重复装配，该对话框由3部分组成。

图9-14　"重复元件"对话框

■　指定元件

"元件"收集器选择需要重复装配的元件，其名称会显示在按钮 右侧的文本框内。用户也可以单击 按钮，在图形窗口或者模型树中选择需要重复装配的元件，如图9-15所示。

图9-15　指定元件

■　可变组件参照

"可变组件参照"部分用于显示和选择需要的组件参照。在该列表框中，列出了组件与所选需要重复装配元件的所有参照。

■　放置元件

"放置元件"由"新加入元件"列表框，以及"添加"和"移除"按钮组成。在"可变组件参照"列表中选择要添加的参照，单击"添加"按钮，开始从组件中选择参照。用户在组件中完成一组"可变组件参照"列表框中的参照设置后，系统自动在"新加入元件"列表框中添加元件信息，同时在图形窗口中添加新加入的元件，最后单击"确定"按钮即可完成零件的重复放置，如图9-16所示。

图9-16　放置元件

9.5　阵列装配元件

在某些特殊情况下，某一个零件需要多次重复装配，且组件参照也有特殊的排布规律时，可以采用阵列装配元件方法来大量重复装配元件。

使用阵列可以快速装配多个元件。在模型树中

选取需要阵列的元件，单击鼠标右键，在弹出的右键快捷菜单中选择"阵列"选项，打开"阵列"操控板，可以使用不同阵列方法阵列装配体中均匀分布的元件，现将几种阵列方式的操作步骤介绍如下。

▷ 参照: 将第一个元件装配到现有元件或特征阵列的导引中, 然后使用 "参照" 阵列化该元件。该方法只有在阵列已经存在时才可用。

▷ 尺寸: 在曲面上使用 "配对" 或 "对齐" 偏移约束装配第一个元件。使用所应用约束的偏移值作为尺寸, 以创建非表达式的独立阵列。

▷ 方向: 沿指定方向装配元件。选取平面、平整曲面、线性曲线、坐标系或轴以定义第一方向; 选取类似的参照定义第二方向。

▷ 轴: 将元件装配到阵列中心。选取一个要定义的基准轴, 然后输入阵列数量, 以及阵列成员之间的角度。

▷ 填充: 在曲面上装配第一个元件, 然后使用同一个曲面上的草绘生成元件填充阵列。

▷ 表: 在曲面上使用 "配对" 或 "对齐" 偏移约束装配第一个元件。使用所应用约束的偏移值作为尺寸。单击 "编辑" 创建表, 或单击 "表" 按钮并从列表中选取现有的表阵列。

▷ 曲线: 将元件装配到组件中的参照曲线上。如果在组件中不存在现有的曲线, 可以从 "参照" 面板中打开 "草绘器" 以草绘曲线。

阵列装配元件时, 阵列导引用 ◉ 表示, 阵列成员用 ⦿ 表示。要排除某个阵列成员, 可以单击相应的黑点, 黑点将变为 ⦾, 此时该阵列成员被排除。再次单击该点可以增加该阵列成员, 如图 9-17 所示。

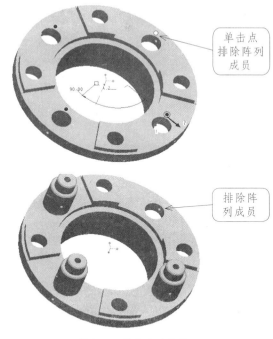

图 9-17 排除阵列成员

9.6 隐含和恢复

在装配环境中, 隐含特征类似于将元件或组件从再生中暂时删除, 而执行恢复操作可以随时解除已隐含的特征。通过设置隐含特征, 不仅简化装配体中的元件或组件, 而且可以减少再生时间。

■ 隐含元件或组件

在创建复杂装配体时, 为方便对部分组件执行创建或编辑元件操作, 可将其他单个或多个元件或组件隐含。这样的设置便于用户更专注于当前工作区, 同时因为更新及显示内容较少的原因, 同时因为根系及显示内容较少的原因, 而缩短了修改和显示的过程, 以达到提高工作效率的目的。

在模型树中选取须隐含的对象 (按住 Ctrl 键可进行多选), 单击鼠标右键, 在弹出右键菜单中选择 "隐含" 选项, 即可将对象从模型树窗口中移除, 如图 9-18 所示。

■ 显示隐含对象

隐含对象之后, 可将隐含的对象显示在模型树中。将鼠标移至模型树中, 然后选择 "设置" → "树过滤器" 选项, 打开 "模型树选项" 对话框, 如图

9-19 所示。勾选 "隐含的对象" 复选框, 单击 "确定" 按钮, 此时所有被隐含的对象将显示在模型树上。

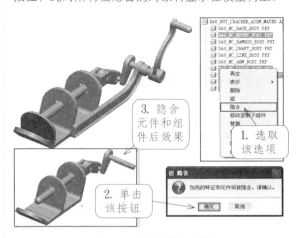

图 9-18 隐含元件和组件

■ 恢复隐含对象

通过恢复隐含对象操作, 可以将单个或多个隐含的对象恢复到原来的状态。在模型树中选取要恢

复的隐含对象，单击右键，在弹出的右键快捷菜单中选择"恢复"选项，即可将隐含的对象显示在当前环境中，如图 9-20 所示。

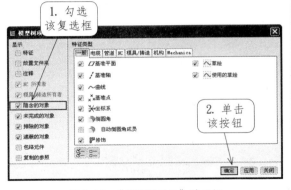

图 9-19 "模型树项目"对话框

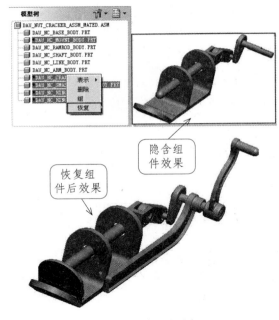

图 9-20 恢复隐含对象

9.7 视图

在实际装配过程中，为了避免设置约束时多个参照影响选取，同时也为了更清晰地查看元件的结构特征，可以使用视图管理功能对这些视图进行有效管理，从而提高设计的工作效率。视图管理功能包括简化视图、分解视图、显示样式等。

9.7.1 简化视图

视图简化就是暂时移除当前装配不需要的元件，从而减少装配复杂元件时设计重绘、再生和检索的时间，避免局部元件装配设计时产生缺陷，使工作更为高效。

选择"视图"→"视图管理器"选项，打开"视图管理器"对话框，然后单击"简化表示"标签按钮，展开"简化表示"选项卡，如图 9-21 所示。单击该面板下方的"属性"按钮，切换到属性窗口。

1. 原始窗口

在"简化表示"选项卡中，可自定义和编辑多个简化显示名称，并且可以设置显示方式。

■ 新建

单击"新建"按钮，可以新定义一个或多个简化显示名称，如图 9-22 所示。并在"名称"列表框中显示这些名称，可以通过新的文本框输入新简化表示名称并按 Enter 键，系统弹出的"编辑:

Rep0001"对话框中，可以显示定义名称的包括、排除、替代方式。

图 9-21 "简化表示"选项卡

■ 编辑

单击"编辑"按钮，系统弹出如图 9-23 所示的编辑下拉列表，选择该下拉列表中的选项可以对简化视图进行保存、重定义、移除等操作。选择"重定义"选项可以重新定义显示名称的包括、排除和替代方式。

■ 显示

单击"显示"按钮，系统弹出如图 9-24 所示的显示下拉列表，选择"设置为活动"选项时，将在选取的简化视图名称前显示一个红色箭头；单击"添加列"选项时，可以在模型树中增加选定简化名称的列表,再通过选择"移除列"选项即可移除该列表;选择"列表"选项时,可以显示简化名称的信息窗口。

图9-22 新建Rep0001 图9-23 编辑下拉列表

▷ **主表示**:是指选取元件以实体的方式显示,是系统默认的显示方式。

▷ **几何表示**:是指选取元件以几何的方式显示。

▷ **图形表示**:是指选取元件以图形显示,图形显示与以上显示方式的区别是,元件边缘以线框显示。

▷ **符号表示**:是指选取的元件将以符号方式显示。

2. 属性窗口

如图9-25所示简化表示属性窗口,其窗口中各选项的含义说明如下。

图9-24 显示下拉列表 图9-25 属性窗口项目列表框

▷ **排除按钮**:在装配窗口中选取一个元件,再单击该按钮可将选取的元件在装配窗口中暂时隐藏起来,通过该方法可以选取更多的元件将其暂时隐藏,仅保留所属操作的元件,其隐藏的元件将显示在属性窗口的项目列表框中,如图9-25所示。

▷ **主表示按钮**:其含义与原始窗口中主表示含义相同。

▷ **仅限几何按钮**:其含义与原始窗口中的几何表示含义相同。

▷ **仅限图形**:其含义与原始窗口中的图形表示含义相同。

▷ **仅限符号**:其含义与原始窗口中的符号表示含义相同。

9.7.2 样式

样式窗口可以对通过选取装配视图中的元件,使其在装配体中以实体或线框等多种显示样式表显示出来,从而提高计算机的显示性能。

❶ 在"视图管理器"对话框中单击"样式"选项卡,进入"样式"选项卡。

❷ 单击"样式"选项卡中的"属性"按钮,进入"属性"编辑显示窗口。

❸ 在装配视图中选取装配体元件,其各显示样式按钮将被激活。

❹ 单击相应按钮来设置元件的显示方式,如图9-26所示。

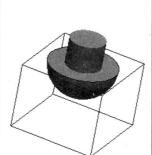

图9-26 设置元件显示样式

显示样式按钮的含义说明如下。

▷ **线框显示按钮**:在装配视图中选取元件,再单击按钮,选取的元件将以线框模式在装配体中显示出来。

▷ **着色显示按钮**:在装配视图选取元件,再单击按钮,选取的元件将以着色实体模式在装配体中显示出来。如图9-26所示为线框和透明实体模式显示的对比图。

▷ **透明显示按钮**:在装配视图选取元件,再单击按钮,选取的元件将以透明模式在装配体中显示出来。

▷ **隐藏线显示按钮**:在装配视图选取元件,再单击按钮,选取的元件将以重影色调模式，在装配体中显示隐藏线。

▷ 无隐藏线显示按钮 ⬚：在装配视图选取元件，再单击 ⬚ 按钮，选取的元件不可见的边将不显示，只显示出可见的边。

▷ 遮蔽显示按钮 ⬙：在装配视图选取元件，再单击 ⬙ 按钮，将不显示元件的模型。

9.7.3 分解

分解视图又称为"爆炸视图"，是指将装配后装配体中的各元件沿轴线、边或坐标进行移动或旋转，从而使各元件从装配体中分解出来。执行分解操作时，系统将会根据使用的约束产生默认的分解视图，但是这样的视图通常无法正确地表现出各个元件的相对位置。用户通常使用编辑位置修改分解位置，这样不仅可以为每个组件定义多个分解视图，还可以为组件的每个视图设置一个分解状态。

在"视图管理器"对话框中单击"分解"选项卡，进入"分解"选项卡，如图9-27所示。再单击"分解"显示窗口中的"属性"按钮，进入"属性"

编辑显示窗口，如图9-28所示。

图 9-27 分解显示窗口　　图 9-28 属性对话框

单击 ⬙ 按钮，系统弹出如图9-29所示的"分解位置"对话框，该对话框中包括运动类型、运动参照和运动增量3个选项区域，可以分别设置元件的分解方式、分解参照和控制元件的运动类型。其3个选项区域各选项的含义说明如下。

图 9-29 "分解位置"对话框

1. 运动类型

▷ 平移：选中该选项，是指对装配体中的元件以平移的方式进行移动分解操作。在运动参照选项区域中选择该类型后，在装配视图中单击所需平移的元件，然后移动鼠标，就可以在运动参照方向上调整元件的位置。

▷ 复制位置：选中该选项，指在装配视图中当有几个元件都具有相同的分解方式时，可以先分解其中的一个元件，然后使用"复制位置"功能，单击其他的元件，复制已

分解元件的分解位置。

▷ 缺省分解：选中该选项，在装配视图中选取的元件，将以系统默认的分解方式调整到相应位置，对于简单的零件来说，使用该分解方式可以快速获得分解效果。

▷ 重置：选中该选项，在装配视图中单击元件，选取的元件将恢复到初始位置，可以连续单击多个元件。

2. 运动参照

▷ 视图平面：是指在视图平面的法线方向

上移动。选择该选项，再选取元件，移动鼠标即可在视图中将元件移动到指定位置。

▷ 选取平面：是指在选取某一个平面或基准面作为元件的移动平面。选择该选项，选取一个平面作为参照面，然后选取元件单击拖曳鼠标进行平移，移动范围将受该平面的约束。

▷ 图元/边：是指选取图元的轴、直线边作为移动元件的参照。选择该选项，选取一根轴或直线边作为参照，然后选取元件移动鼠标进行平移，移动范围将受该边的约束。

▷ 平面法向：是指选取某一个平面或基准面的法向作为移动元件的方向。选择该选项，再选取面参照和元件，元件只能在选取面

的法向位置移动。

▷ 2点：是指选取两个基准点或顶点连线的方向移动元件。选择该选项，选取两个参照点和元件，选取的元件只能在选取点所在的连线方向上移动。

▷ 坐标系：选择该选项，右侧将显示3个X、Y、Z轴向选项，单击可以激活相应的轴向，然后在装配视图中选取参照坐标系和元件，再移动鼠标，元件即可在约束的轴向上进行移动。

3. 运动增量

系统提供了平滑、1、5、10，4种运动增量，可以在参数文本框中输入相应的数值来设置运动增量。如在文本框中输入10，元件将以每隔10个单位的距离移动。

9.8 创建剖面视图

在查看简单的装配视图时，使用简化视图、定向视图和显示样式工具，便能清晰地表现装配体的内部结构，但对于较复杂的装配体来说，如果配合使用剖切面对元件进行剖切，则能够更清晰地表现装配体的零件结构和装配关系。

9.8.1 以平面方式获取剖面

在查看模型的截面时，一般都是创建一个剖面，然后切除零件或者组件的一部分。利用Pro/E提供的剖面工具，可以创建组件剖面、偏移剖面，以及来自多面模型的剖面。

下面以如图9-30所示的模型为例来创建一个剖面，让读者能更详细地理解创建剖面的方法。

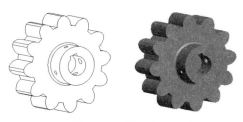

图9-30 创建剖截面

案例 9-1 以平面创建剖切面

❶ 打开素材文件 sucai/09/anli9_1。

❷ 在主菜单栏中选择"视图"→"视图管理器"命令，系统将弹出如图9-31所示的"视图管理器"窗口。

图9-31 "视图管理器"窗口

❸ 在该窗口中单击"X截面"选项卡，然后单击"新建"按钮，此时，窗口中的框格将出现Xsec0001名称选项，如图9-32所示。

图9-32 "新建"剖截面

❹ 按Enter键，系统将弹出"剖截面创建"菜单管理

器，选择默认的"平面"→"单一"→"完成"命令，系统弹出"设置平面"菜单管理器，如图 9-33 所示。

图 9-33　设置剖截面选项

❺ 在模型中选择 TOP 平面，此时模型中出现了沿着 TOP 平面的剖面线，且系统将自动返回到"视图管理器"菜单栏，单击"显示"按钮，在弹出的菜单中选择"设置为活动"选项，如图 9-34 所示。

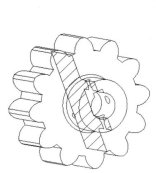

图 9-34　设置"剖截面"的显示模式

❻ 此时，图形中的模型将以剖面线显示一部分，如图 9-35 所示。

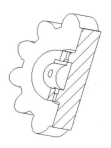

图 9-35　剖截面显示模型

9.8.2　以偏移方式获取剖面

生成剖面的另一种方式是通过草绘平面切割组件，从而得到剖截面，这种方式更加灵活。

案例 9-2　以偏移方式创建剖面

❶ 打开素材文件 sucai/09/anli9_1。

❷ 在打开的"剖截面选项"菜单中选择"偏移"命令。

❸ 按照平面方式指定参照平面后，系统进入草绘界面，然后通过草绘平面来剖切组件，如图 9-36 所示。

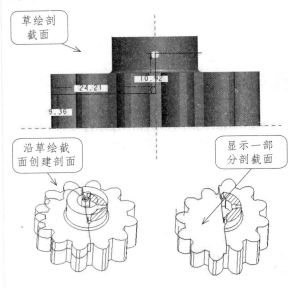

图 9-36　"偏移"方式创建剖截面

9.8.3　以区域方式获取剖截面

这种方式与偏移方式类似，可以在一定范围内对组件进行切割。不同之处在于切割的区域限制不仅存在于平面方向，还包括纵深方向，即立体区域的切割，其创建方法在此不再赘述。

9.9　实例应用

本节以创建组件装配来巩固本章所学的知识，让读者更好地掌握组件装配的应用方法。

9.9.1　气压缸装配

本实例将装配一个气压缸组件，效果如图 9-37

所示。装配该气压缸组件主要利用"配对"、"对齐"，以及"插入"约束工具。

装配过程如下。

❶ 新建装配文件并载入气压缸管元件。单击"新建"按钮，在打开的"新建"对话框中创建名称为

9_9_1qyg 的组件，然后单击"确定"按钮进入装配环境。单击"将元件添加到组件"按钮 ，在弹出的"打开"对话框中选择本书配套光盘文件 09/ 气压缸 / qyg1.prt 并打开。在打开的"元件放置"操控板中设置约束类型为"缺省"，然后单击"确认"按钮，完成添加元件的操作，如图 9-38 所示。

图 9-37 气压缸组件模型

图 9-38 装配气压缸管元件

❷ 载入气缸盖。单击"将元件添加到组件"按钮，载入本书配套光盘中的 qyg2.prt 文件。单击"元件放置"操控板中的"放置"按钮，在"约束类型"面板中选择"对齐"约束类型，选择对齐轴，并设置约束，如图 9-39 所示。

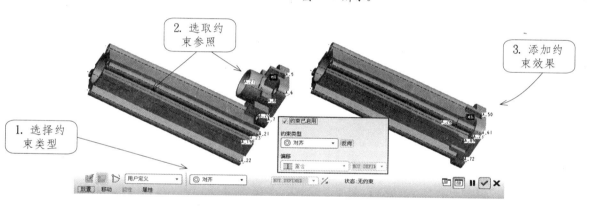

图 9-39 载入气缸盖

❸ 移动元件。单击"元件放置"操控板中的"移动"按钮，打开"移动"面板，选择要移动的元件，拖曳鼠标到适当位置并单击，完成元件的移动，如图 9-40 所示。

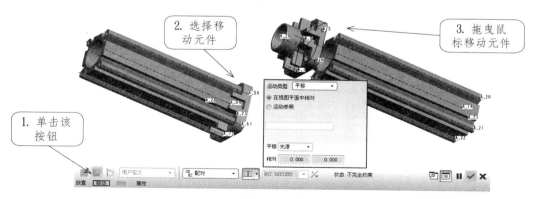

图 9-40 移动元件

❹ 定位气缸盖。由于两个元件还未达到完全约束的状态，因此，可以单击"放置"面板中的"新建约束"按钮，选择约束类型为"配对"，设置偏移选项为"重合"，选取如图 9-41 所示的参照面，添加重合配对约束。

❺ 添加六角螺栓 1。单击"将元件添加到组件"按钮，载入本书配套光盘中的 qyg3.prt 文件。单击"元件放置"操控板中的"放置"按钮，在"约束类型"面板中选择"插入"约束类型，添加插入约束，如图 9-42 所示。

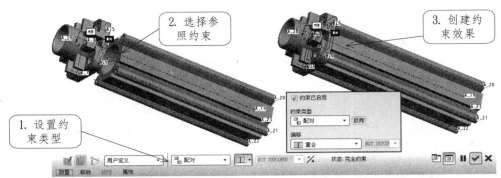

图 9-41 定位汽缸盖

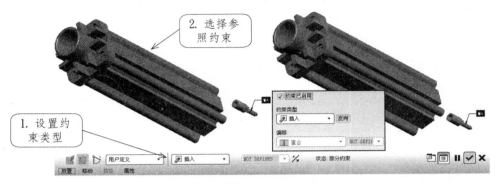

图 9-42 添加六角螺栓

❻ 定位六角螺栓。单击"放置"面板中的"新建约束"按钮，选择约束类型为"配对"，偏移选项为"重合"，指定如图 9-43 所示的平面为参照，添加约束。

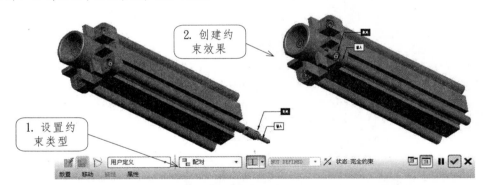

图 9-43 定位六角螺栓

❼ 阵列六角螺栓 1。选择刚定位的六角螺栓，单击工具栏中的"阵列"按钮，打开"阵列"操控板，选择阵列类型为"轴"，选择阵列轴，创建阵列特征，如图 9-44 所示。

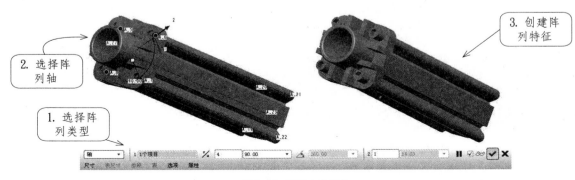

图 9-44 阵列六角螺栓

❽ 添加气压缸杆。单击"将元件添加到组件"按钮 ，载入本书配套光盘中的 qyg4.prt 文件。单击"元件放置"操控板中的"放置"按钮，在"约束类型"面板中选择"插入"约束类型，添加插入约束，如图 9-45 所示。

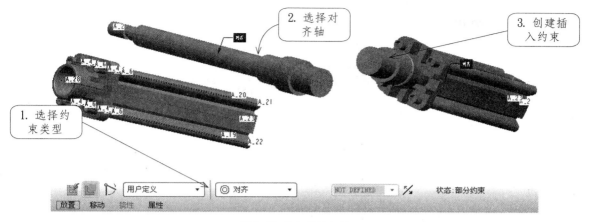

图 9-45 添加气压缸杆

❾ 隐藏气压缸管。单击操控板上的"暂停"按钮 ，选择模型树中名为 qyg1.prt 的模型并单击右键，在弹出的右键快捷菜单中选择"隐藏"选项，隐藏气压缸管，如图 9-46 所示。

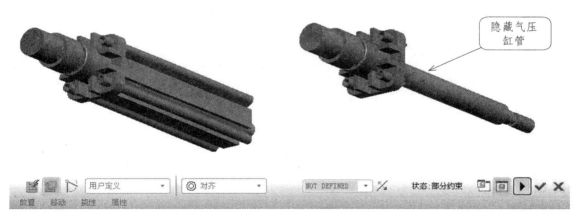

图 9-46 隐藏气压缸管

❿ 定位气压缸管配对约束。单击操控板中的"退出暂停模式"按钮 ，重新激活操控板，单击"放置"按钮，打开"放置"面板。单击"新建约束"按钮，选择约束类型为"配对"，选择约束参照，定位气压缸管，如图 9-47 所示。

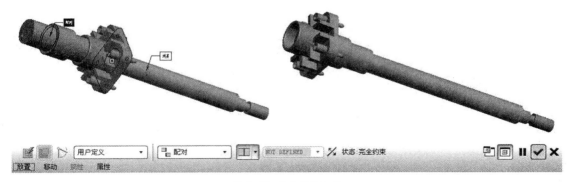

图 9-47 定位气压缸管

⓫ 显示气压缸管。选择模型树中的 qyg1.prt 文件并单击鼠标右键，在弹出的右键菜单中选择"取消隐藏"选项，显示气压缸管，如图 9-48 所示。

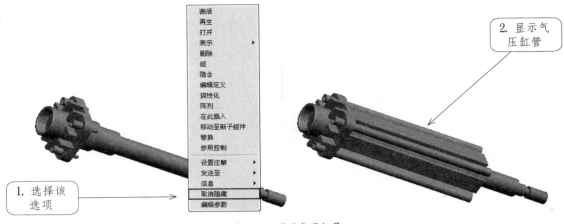

图 9-48 显示气压缸管

❶❷ 载入元件并添加对齐约束。单击"将元件添加到组件"按钮🗔，载入本书配套光盘中的 qyg2.prt 文件。单击"元件放置"操控板中的"放置"按钮，在"约束类型"面板中选择"对齐"约束类型，选择对齐轴并设置对齐约束，如图 9-49 所示。

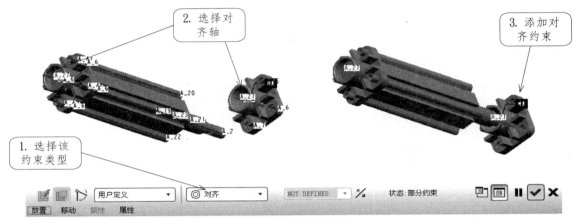

图 9-49 添加汽缸盖

❶❸ 定位元件配对约束。由于两个元件还未达到完全约束的状态，因此，可以单击"放置"面板中的"新建约束"按钮，选择约束类型为"配对"，偏移选项为"重合"，选取如图 9-50 所示的参照面，添加重合配对约束。

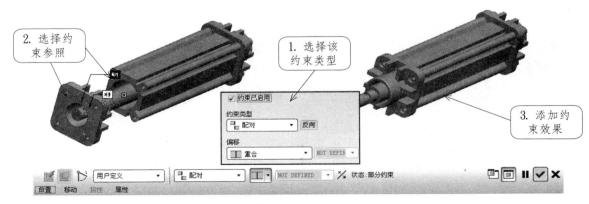

图 9-50 定位元件

❶❹ 添加六角螺栓 2。按照上面添加六角螺栓的方法，利用插入和配对约束，定位六角螺栓，如图 9-51 所示。

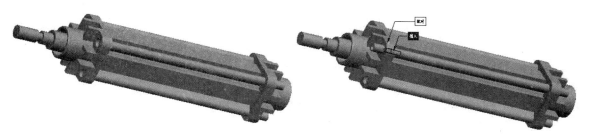

图 9-51　定位六角螺栓

❶❺ 阵列六角螺栓 2。按照上面的阵列方法添加阵列特征。选择刚定位的六角螺栓，单击工具栏中的"阵列"按钮，打开"阵列"操控板，选择阵列类型为"轴"，选择阵列轴，创建阵列特征，如图 9-52 所示。

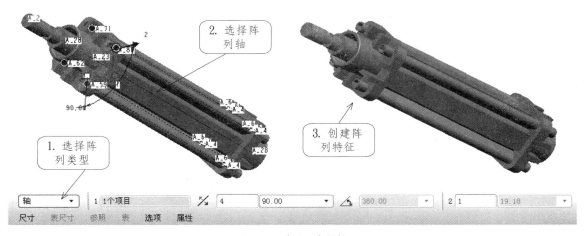

图 9-52　阵列六角螺栓

❶❻ 载入衬套并添加插入约束。单击"将元件添加到组件"按钮 🖳，载入本书配套光盘中的 qyg5.prt 文件。单击"元件放置"操控板中的"放置"按钮，在"约束类型"面板中选择"插入"约束类型，添加插入约束，如图 9-53 所示。

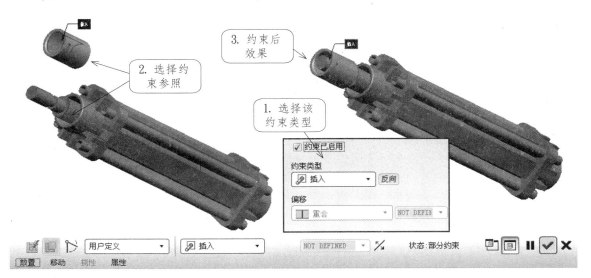

图 9-53　载入衬套并添加插入约束

❶❼ 定位衬套元件。单击"放置"面板中的"新建约束"按钮，选择约束类型为"对齐"，偏移类型为"重合"，选择需要对齐的面，创建对齐约束，至此完成了整个气压缸组件的装配，如图 9-54 所示。

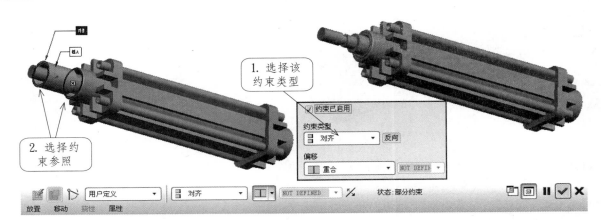

图 9-54　添加对齐约束定位衬套

9.9.2 电风扇装配

如图 9-55 所示为电风扇装配效果图，该实例使用配对、对齐和插入等多种约束方式来确定元件在装配体中的准确位置。

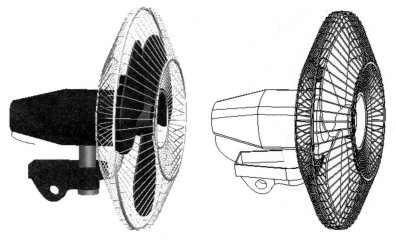

图 9-55　电风扇

装配过程如下。

❶ 新建装配文件并载入元件。单击"新建"按钮，在打开的"新建"对话框中创建名称为 9_9_2dianfengshan 的组件文件，单击"确定"按钮进入装配环境。

❷ 单击窗口右侧工具栏中的"装配"按钮 ，系统弹出"打开"对话框，在该对话框中选择装配体零件文件 "09/ 电风扇 /dianfengshanjitou.prt"，并单击"打开"按钮，系统将弹出"装配"操控板，如图 9-56 所示。

图 9-56　装配操控板

❸ 在操控板中进入"约束类型"下拉列表，选择"缺省"选项作为约束类型，如图 9-57 所示，再单击"确定"按钮，即可完成电风扇机头模型的放置。

❹ 单击窗口右侧工具栏中的"装配"按钮 ，系统弹出"打开"对话框，在该对话框中选择装配体零件文件 dianfengshanzhuanzhou.prt，并单击"打开"按钮。

❺ 在装配操控板中单击"放置"按钮，系统弹出"放置"面板，然后在"约束类型"下拉列表中选择"对齐"选项，

选取电风扇机头中的A2轴和电风扇转轴中的A1轴，如图9-58所示。

图9-57 装配元件

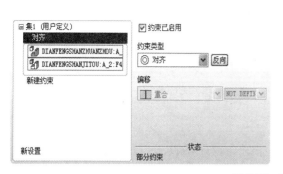
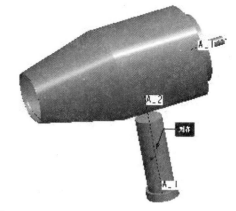

图9-58 选取对齐轴线

❻ 接着在"放置"面板中选择"新建约束"选项，然后在"约束类型"下拉列表中选择"匹配"选项，选取电风扇机头中的基准平面DTM1和电风扇转轴中的上端面，偏移方式为"偏距"类型，如图9-59所示，输入距离为40，再单击"确定"按钮。

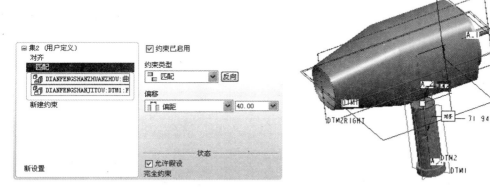

图9-59 选取匹配平面

❼ 单击窗口右侧工具栏中的"装配"按钮，系统弹出"打开"对话框，在该对话框中选择装配体零件文件dianfengshanfangfuzhao.prt，并单击"打开"按钮。

❽ 在装配操控板中单击"放置"按钮，系统弹出"放置"面板，然后在"约束类型"下拉列表中选择"对齐"选项，选取电风扇机头中的A1轴和电风扇防护罩中的A1轴，如图9-60所示。

❾ 接着在"放置"面板中选择"新建约束"选项，然后在"约束类型"下拉列表中选择"匹配"选项，偏移方式为"重合"类型，选取电风扇机头中的端面和电风扇防护罩中的端面，如图9-61所示，单击"确定"按钮。

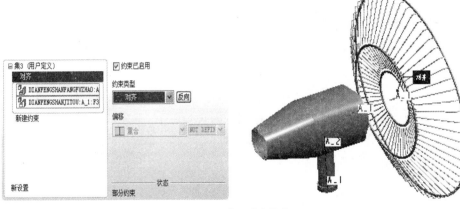

图 9-60　选取对齐轴线

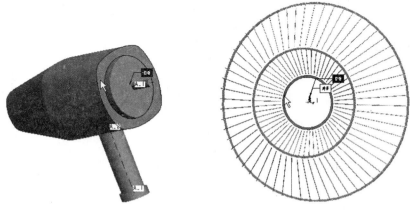

图 9-61　选取匹配平面

❶⓿ 单击窗口右侧工具栏中的"装配"按钮 📦，系统弹出"打开"对话框，在该对话框中选择装配体零件文件 dianfengshandianpian.prt，并单击"打开"按钮。

❶❶ 在装配操控板中单击"放置"按钮，系统弹出"放置"面板，然后在"约束类型"下拉列表中选择"对齐"选项，选取电风扇机头中的 A1 轴和电风扇垫片中的 A1 轴，如图 9-62 所示。

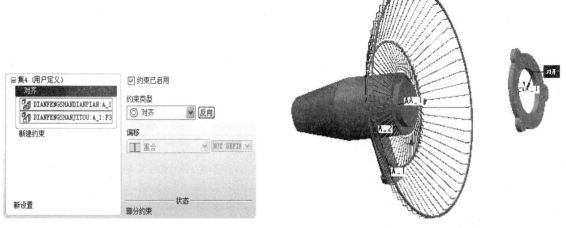

图 9-62　选取对齐轴线

❶❷ 接着在"放置"面板中单击"新建约束"选项，然后在"约束类型"下拉列表中选择"匹配"选项，偏移方式为"重合"类型，选取电风扇防护罩中的端面和电风扇垫片中的端面，如图 9-63 所示，单击"确定"按钮 。

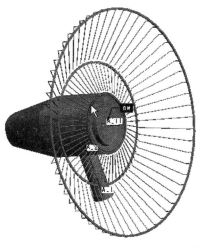
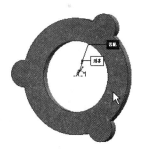

图 9-63 选取匹配平面

❶❸ 单击窗口右侧工具栏中的"装配"按钮 ，系统弹出"打开"对话框，在该对话框中选择装配体零件文件 dianfengshanyepian.prt，并单击"打开"按钮。系统弹出装配操控板，进入"放置类型"下拉列表，选择"销钉"选项，如图 9-64 所示。

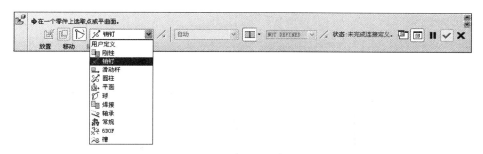

图 9-64 选取放置类型

❶❹ 在装配操控板中单击"放置"按钮，系统弹出"放置"面板，然后选择"轴对齐"选项，选取电风扇机头中的 A1 轴和电风扇叶片中的 A1 轴，如图 9-65 所示。

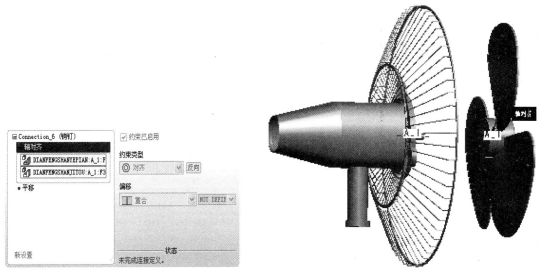

图 9-65 选取对齐轴线

❶❺ 接着在"放置"面板中选择"平移"选项，选取电风扇机头中的端面和电风扇叶片圆柱孔中的端面，如图 9-66 所示，单击"确定"按钮。

225

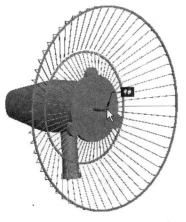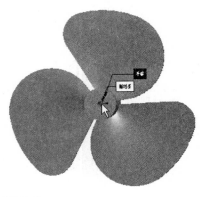

图 9-66　选取匹配平面

❶❻ 单击窗口右侧工具栏中的"装配"按钮 ，系统弹出"打开"对话框，在该对话框中选择装配体零件文件 dianfengshanfangfuzhao.prt，并单击"打开"按钮。

❶❼ 在装配操控板中单击"放置"按钮，系统弹出"放置"面板，然后在"约束类型"下拉列表中选择"对齐"选项，选取电风扇机头中的 A1 轴和电风扇防护罩中的 A1 轴，如图 9-67 所示。

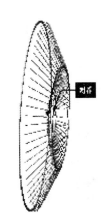

图 9-67　选取对齐轴线

❶❽ 在"放置"面板中选择"新建约束"选项，然后在"约束类型"下拉列表中选择"匹配"选项，偏移方式为"重合"类型，选取载入元件 3（电风扇防护罩）中的端面和电风扇防护罩中的端面，如图 9-68 所示，单击"确定"按钮。

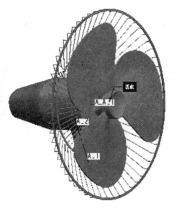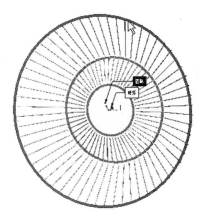

图 9-68　选取匹配平面

❶❾ 单击窗口右侧工具栏中的"装配"按钮 ，系统弹出"打开"对话框，在该对话框中选择装配体零件文件

dianfengshanjijia.prt，并单击"打开"按钮。

❷⓿ 在装配操控板中单击"放置"按钮，系统弹出"放置"面板，然后在"约束类型"下拉列表中选择"对齐"选项，选取电风扇转轴中的A1轴和电风扇机架中的A2轴，如图9-69所示。

图 9-69　选取对齐轴线

❷❶ 在"放置"面板中选择"新建约束"选项，然后在"约束类型"下拉列表中选择"对齐"选项，选取电风扇机头中的端面和电风扇防机架中的端面，如图9-70所示，"偏移方式"为"角度偏移"类型，"偏移角度"为180。

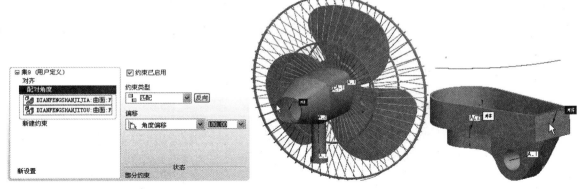

图 9-70　选取对齐平面

❷❷ 在"放置"面板中选择"新建约束"选项，然后在"约束类型"下拉列表中选择"匹配"选项，偏移方式为"重合"类型，选取电风扇转轴中的端面和电风扇防机架中的端面，如图9-71所示。

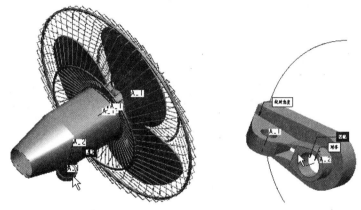

图 9-71　选取匹配平面

❷❸ 在操控板中单击"确定"按钮,完成机架的装配,结果如图 9-72 所示。

图 9-72 机架装配

9.10 课后练习

9.10.1 平口钳装配

利用本章所学的装配命令,用"sucai/09/习题一"中的零件创建平口钳装配,如图 9-73 所示。

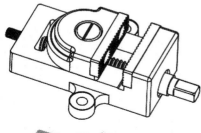

图 9-73 平口钳装配

操作提示:

❶ 加载钳座模型 1.prt。新建装配文件,载入钳座的模型,约束选择默认。

❷ 加载钳扣模型 4.prt。设置约束为两重合和一定距离约束。

❸ 加载虎口板模型 6.prt。设置约束为两重合和一定向约束。

❹ 加载虎口板模型 6.prt。设置约束为两重合和一定向距离。

❺ 加载方头螺母模型元件 3.prt。设置约束为两重合和一平行约束。

❻ 加载螺杆模型元件 2.prt。设置约束为两重合约束。

❼ 加载圆头螺钉模型元件 5.prt。设置约束为两重合约束。

9.10.2 截止阀装配

利用本章所学的装配命令,用"sucai/09/习题二"中的零件创建截止阀装配,如图 9-74 所示。

图 9-74 截止阀装配

操作提示:

❶ 加载阀体模型 jiezhifa_1.prt。新建装配文件,载入阀体的模型,约束选择默认。

❷ 加载调节杆模型 jiezhifa_2.prt。设置约束为插入和配对重合。

❸ 加载压板模型 jiezhifa_3.prt。设置约束为对齐和配对重合。

❹ 加载阀瓣模型元件 jiezhifa_4.prt。设置约束为配对和插入。

❺ 加载扳手模型 jiezhifa_5.prt。设置约束为插入和配对重合。

第⑩课 绘制工程图

中文版 Pro/ENGINEER Wildfire 课堂实录

在工业生产中，为了便于产品设计人员之间进行交流，提高工作效率，需要在创建完零件之后建立相应的工程图。在 Pro/E 中，工程图是一个独立的模块，利用该模块不仅能够准确创建完整的零件工程图，还可以使用层管理不同项目的显示。工程图中的所有视图都是相关的，如果改变一个视图的尺寸值，系统会自动更新其他工程图的显示。

绘制工程图

本章详细介绍如何使用工程图模块绘制模型工程图，以及在工程图中执行调整视图、尺寸标注、公差标注和添加技术要求等操作方法。

本课知识：

◆ 工程图的基本知识
◆ 各类视图的创建方法

◆ 视图的各种编辑操作方法
◆ 尺寸标注和文本注释操作方法

10.1 工程图概述

工程图用来显示零件的各种视图、尺寸、尺寸公差等信息，以及各装配元件彼此之间的关系和组装顺序。

10.1.1 进入工程图环境

工程图环境是一个独立的模块，绘制工程图时，必须先进入工程图环境。在进入之前，一般需要进行两项设置：新建工程图文件和设置工程图布局。

1. 新建工程图文件

单击"新建"按钮，打开"新建"对话框，选择"绘图"单选按钮，并在"名称"文本框中输入名称，取消"使用缺省模板"复选框，如图 10-1 所示。

图 10-1 "新建"对话框

单击"确定"按钮，即可创建一个新工程图文件。

2. 设置工程图的布局

设置工程图的布局包括指定模块、图纸方向、大小等属性。新建工程图文件时，如果启用"使用

默认模板"复选框，则打开"新建绘图"对话框，如图 10-2 所示。在"模块"选项列表中选择默认模板，无须再设置布局格式；若禁用"使用默认模板"复选框，则打开"新建绘图"对话框，如图 10-3 所示，可以设置工程图布局。

图 10-2 "新建绘图"对话框

图 10-3 "新建绘图"对话框

设置布局格式时，主要选项说明如下。

▷ **缺省模型：** 该文本框主要用于选择绘制工程图的实体模型，一般系统默认为当前活动模型。此外，也可以单击"浏览"按钮，打开并选取其他实体模型零件。

▷ **使用模板：** 选择此单选按钮，可以使用默认模板绘制零件工程图，一般无须再设置布局格式。

▷ **格式为空：** 选择此单选按钮，将使用某个图框格式或系统格式作为布局格式。

▷ **空：** 选择此单选按钮，可以自定义设置布局格式。

▷ **方向：** 该选项组用于定义图纸的放置方向，包括纵向、横向和可变 3 种类型。其中，选择"可变"选项，可激活"毫米"、"英寸"、"高度"和"宽度"等选项，然后设置图幅大小。

▷ **标准大小：** 该选项列表用于定义图纸的图幅大小，包括 A0、A1、A2、A3、A4、A、B、C、D、E 和 F，11 种类型。

提示：

在"新建绘图"对话框中，选取绘制工程图的实体模型，并设置工程图布局格式后，单击"确定"按钮，即可进入工程图环境。

10.1.2 工程图界面

进入工程图环境，如图 10-4 所示，Pro/E 5.0 的工程图界面与以前的版本有很大不同。

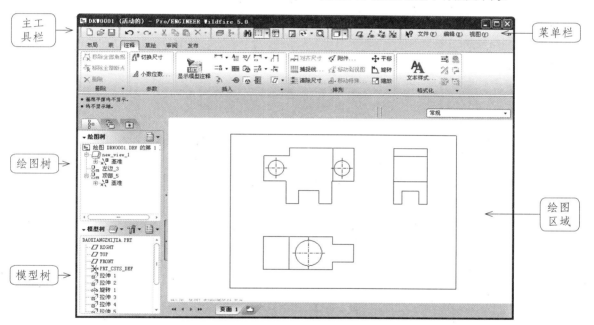

图 10-4 工程图界面

工程图界面中，大多数选项命令或图标工具的功能与其他模块相同，但在主工具栏中的图标工具是工程图模块所特有的，此类工具在绘制工程图过程中将会频繁使用。

10.2 创建基本工程视图

在 Pro/E 中，为了准确表达零件或组件的结构形状、尺寸，以及公差配合等技术信息，往往需要利用基本视图完全或部分表达该零件或组件。必要时，再添加其他辅助或详细视图，进一步表达模型的局部或内部结构造型。

10.2.1 主视图

主视图是表达零件结构形状最主要的视图，绘图和看图都是先从主视图开始的。因此，在全面分析零件的结构形状的基础上，绘制主视图应遵循以下 3 个原则。

> ▷ 参照零件在机床上的主要加工工序中的装夹位置。

> ▷ 参照零件在机器整个组件中工作时的位置。

> ▷ 尽量选择最能反映零件结构形状的方向，作为主视图的主视方向。

在 Pro/E 中，要绘制工程图，必须先绘制一般视图，它是创建其他视图的前提条件。其中，主视图属于一般视图，可以是前视图、后视图、顶视图、俯视图、左视图或右视图中的任意一种类型。绘制方法如下。

❶ 进入工程图环境，在主工具栏中单击"一般"按钮 。

❷ 系统提示"选取绘制视图的中心点"，在图纸图框内选择放置一般视图的位置，单击后打开零件轴测图和"绘图视图"对话框，如图 10-5 所示。

❸ 在该对话框中，"模型视图名"列表框中列出了实体模型的所有平面投影视图。在"默认方向"选项组中选择"用户定义"选项，然后选择一种平面投影视图作为主视图。

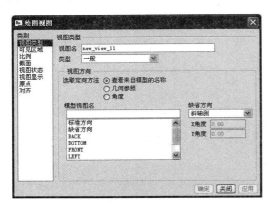

图 10-5 "绘图视图"对话框

10.2.2 投影视图

投影视图是以水平和垂直视角来建立前、后、上、下、左、右等直角投影视图的。创建投影视图包括选择"投影"选项和将一般视图转换为投影视图两种方式。投影视图的创建是以一般视图的创建为前提的，具体操作方法如下。

> ▷ 选择"投影"选项：选择一般视图并单击右键，然后在弹出的快捷菜单中选择"插入投影视图"选项，或者在主工具栏中单击"创建投影视图"按钮 ，然后在绘图区域中选择放置位置，如图 10-6 所示。

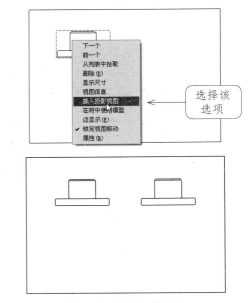

图 10-6 创建投影视图

> ▷ 一般视图转换为投影视图：当绘图区域中有两个一般视图时，双击其中一个一般视图，然后在"绘图视图"对话框的"类型"下拉列表中选择"投影"选项，并激活"父项视图"选项，选择父项视图后单击"确定"按钮即可，将一般视图转换为投影视图，如图 10-7 所示。

图 10-7 一般视图转换为投影视图

10.2.3 辅助视图

如果模型比较复杂，并且通过投影视图无法表现非垂直投影方向上的某些特征，则可以利用辅助视图。辅助视图是一种特殊的投影视图，是以选取的曲面或轴为参照，在垂直于参照的方向上投影所形成的视图。需要注意的是，所选定的参照必须垂直于屏幕平面。

打开一个零件模型，首先创建零件的一般视图和投影视图，然后在工具栏中单击"辅助视图"按钮 ，系统弹出"选取"对话框，在绘图区内选取边、轴、基准平面或曲面为投影参照，然后在适当的位置单击鼠标左键，系统将自动在该位置创建零件的一个辅助视图，如图 10-8 所示。

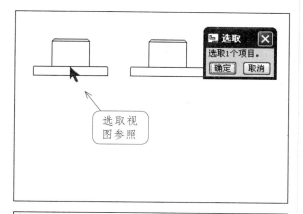

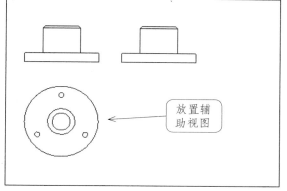

图 10-8 创建辅助视图

10.2.4 轴测图

轴测图是一种单面投影图，因此也称为"轴测投影图"。它是在适当位置设置一个投影面，然后将模型连同确定其空间位置的直角坐标系一起沿一定的投射方向，用平面投影法向投影面投影，得到的能同时反射模型长、宽、高和三个表面的投影图。

轴测图的外形与三维模型相似，但实际上属于二维平面图中的特殊类型。在 Pro/E 中，轴测图也属于一般视图，主要包括等轴测和斜轴测两种类型。单击"一般"按钮，打开"绘图视图"对话框，在"默认方向"选项组中选择"等轴测"或"斜轴测"选项，然后在"模型视图名"列表中选择"默认方向"或"标准方向"选项，即可创建轴测图，如图 10-9 所示。

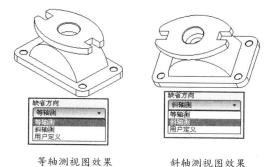

等轴测视图效果　　　　斜轴测视图效果

图 10-9 创建轴测图

10.3 视图操作

一张完整的工程图除了包含一组能够准确、清晰、简便地表达零件的内外结构形状的视图外，还应清楚一些基本的视图绘制原则。例如，在三视图布局中，必须注意"主、俯视图长对正，主、左视图高平齐，俯、左视图宽相等"的投影规律。因此在绘制视图时，往往需要不断调整视图的位置，或删除多余视图，才能创建一幅标准的工程图。

10.3.1 移动、锁定视图

移动视图是为了修改投影视图或一般视图在图纸上的位置，视图间距太紧或太松都会影响效果。而锁定视图移动，是为了避免调整好的视图在图纸上位置的发生改变，下面将分别介绍这两种视图的操作方法。

1. 移动视图

移动视图包括移动投影视图和移动一般视图两种情况，不同的视图选择，移动方式也不同。

▷ 移动一般视图：选择一般视图并单击右键，然后在弹出的快捷菜单中取消对"锁定视图移动"选项的选择。单击该视图并在出现的箭头指示下拖曳鼠标移动视图，如图 10-10 所示。

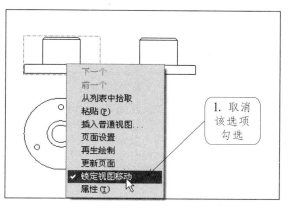

图 10-10（1） 移动一般视图

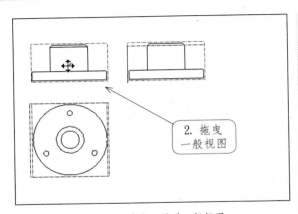

图 10-10（2） 移动一般视图

▷ 移动投影视图：移动投影视图包括在某一方向移动和在任意方向移动两种情况。右击投影图，在弹出的快捷菜单中取消对"锁定视图移动"选项的选择，单击该视图即可在指定路径内移动，如图 10-11 所示。

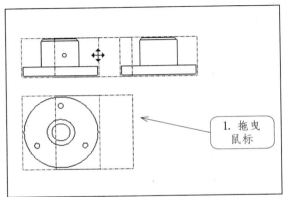

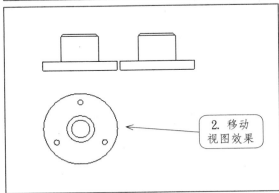

图 10-11 沿指定路径移动

右击该投影视图并在快捷菜单中选择"属性"选项，在弹出的"绘图视图"对话框中选择"对齐"选项，禁用"将此视图与其他视图对齐"复选项，单击"确定"按钮。然后在绘图区单击该视图，即可将该视图移到任意位置，如图 10-12 所示。

2. 锁定视图移动

锁定视图移动的方法很简单，首先选择该视图

并单击右键，在弹出的快捷菜单中选择"锁定视图移动"选项，系统会自动锁定该视图在固定位置并相对不变，如图 10-13 所示。

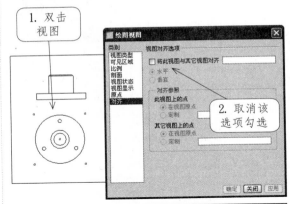

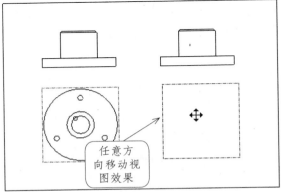

图 10-12 在任意方向移动

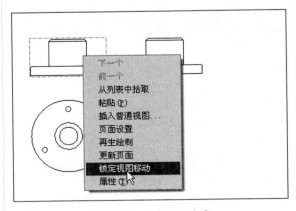

图 10-13 锁定视图移动

10.3.2 删除视图

删除视图是为了删除图纸上多余的视图或者错误操作形成的视图，从而得到满意的视图布局和观察效果。视图删除的操作很简单，可以通过快捷菜单来实现。

在绘图区域选择要删除的视图，单击右键，然后在快捷菜单中选择"删除"选项，即可删除该视

图，如图 10-14 所示。也可以直接在键盘上按 Delete 键删除。

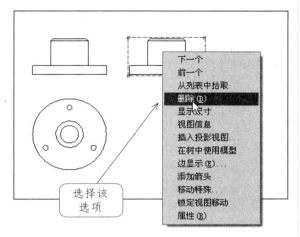

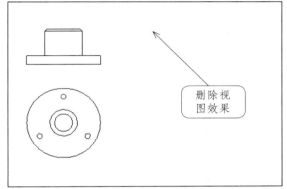

图 10-14　删除视图

10.3.3 设置视图显示模式

利用视图显示模式可以控制视图或视图上单个边的显示状态，尤其是在装配视图中，可以将不同元件以不同的显示模式显示，以示区分。此外，在放置详细、区域或剖视图过程中，打开视图中的栅格显示，可以辅助视图定位或标注尺寸并添加注释。

1．视图显示

在工程图环境中，视图显示包括视图线性显示模式、面组隐藏线显示、剖面线隐藏显示，以及线性显示颜色等内容。通过设置视图显示，可以将零件的结构造型层次化，以便分类管理。

在绘图区双击该视图，系统弹出"绘图视图"对话框。在该对话框中选择"类别"选项列表中的"视图显示"选项，其右侧显示"视图显示选项"设置面板，如图 10-15 所示，在该面板中各选项的含义说明如下。

■　显示样式

该选项区主要用于设置视图显示的模式，包括

以下 4 种方式。

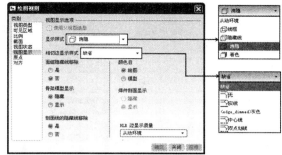

图 10-15　"视图显示选项"设置面板

▷　从动环境：选择该选项，则视图显示将从动于源模型显示模式。

▷　线框：选择该选项，则视图显示将以实线线框形式显示。

▷　隐藏线：选择该选项，则视图的隐藏线将以虚线形式显示。

▷　隐藏线：选择该选项，则视图的隐藏线不显示。

■　相切边显示样式

该选项区用于设置模型中的相切边在视图中的显示模式，主要包括无、实线、灰色、中心线和双点划线 5 种样式，其中"无"表示相切边不显示。

■　面组隐藏线移除

该选项区用于控制面组的显示，选择"是"单选按钮，表示隐藏线删除时包括面组；选择"否"单选按钮，表示隐藏线删除时排除面组。

■　骨架模型显示

该选项区用于控制骨架模型的显示。

■　剖面线的隐藏移除

该选项区用于控制剖视图的剖面线显示。选择"是"单选按钮，表示启用剖面线显示；选择"否"单选按钮，表示禁用剖面线显示。

■　颜色自

该选项区用于控制模型显示。选择"绘图"单选按钮，表示用绘图颜色显示模型；选择"模型"单选按钮，表示用模型颜色显示模型。

2．边显示控制

利用"边显示"命令可设置视图的边或相切边的显示模式。在主工具栏中单击"边显示"按钮，打开"边显示"菜单栏，如图 10-16 所示。

在该菜单中选择"拭除直线"、"线框"、"隐

藏线"等选项，可以设置视图边线的显示模式；选择"切线中心线"、"切线虚线"、"切线灰色"等选项，可设置相切边线的显示模式；选择"任意视图"或"选取视图"选项，可以控制选取边线的范围。例如，依次在"边显示"菜单中选择"隐藏线"→"切线灰色"→"任意视图"选项，然后选取如图 10-17 所示的边线，再选择"完成"选项。

助视图精确定位、尺寸标注或相关文本注释。在主菜单栏中选择"视图"→"绘制栅格"命令，系统弹出"网格修改"菜单，如图 10-18 所示，然后选择"显示网格"选项，则绘图区将显示出栅格，如图 10-19 所示。该菜单中各选项的含义说明如下。

▷ 隐藏网格：选择该选项，可以在绘图区内将显示的栅格隐藏。

▷ 类型：选择该选项，可以利用弹出的"网格类型"菜单定义网格类型，包括"笛卡儿"和"极坐标"两种类型。

▷ 原点：选择该选项，可以利用弹出的"网格原点"菜单定义栅格原点。

▷ 网格参数：选择该选项，可以利用弹出的"极坐标参数"菜单定义网格的线数、间距或角度等参数。

图 10-16 "边显示"菜单

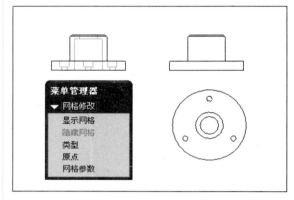

图 10-18 "网格修改"菜单

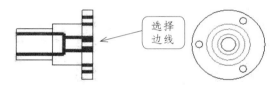

图 10-17 控制边线上

3. 显示视图栅格

在工程图中，通过利用打开的模型栅格可以辅

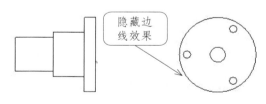

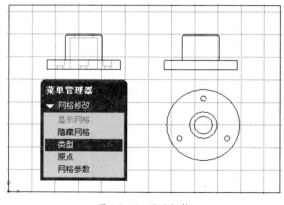

图 10-19 显示栅格

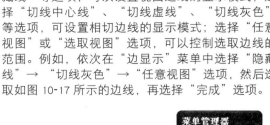

10.4 创建剖视图

对于一个产品，如果想要在工程图中表达产品被隐藏部分的情况，就要用到剖视图。剖视图是在一般视图的基础上创建的，是一般视图的补充表示工具。它包括了全剖、半剖、局部剖、旋

转剖等类型。

10.4.1 创建全剖视图

全剖视图是指对整个模型从头至尾切割两半，并完全显示模型的剖视图，然后从水平或垂直的投影角度观察模型。在定义全剖视图时，在图中应选取一个面作为剖截面，该面必须在欲生成截面图的视图中平行于屏幕。

案例 10-1 创建全剖视图

❶ 在工具栏中单击"打开"按钮，打开素材库中的 anli10_1.drw 文件。

❷ 在绘图区中双击视图，打开"绘图视图"对话框。选择"截面"选项，单击"剖面选项"中的"2D 截面"单选按钮。单击 ➕ 按钮，如图 10-20 所示。

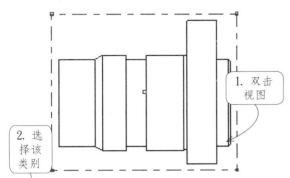

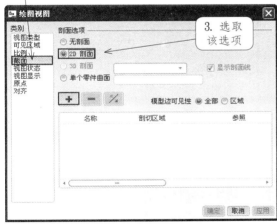

图 10-20 "绘图视图"对话框

❸ 系统弹出"剖截面创建"菜单，接受系统默认选项，选择"平面"→"单一"→"完成"选项。接着系统弹出"输入剖面名"信息输入窗口，在该窗口中输入 A，按 Enter 键确认。系统弹出"设置平面"菜单和"选取"菜单，在模型树中选取 TOP 平面为剖切面，如图 10-21 所示。

❹ 最后在"绘图视图"对话框中设置剖切区域为"完全"形式，并单击"绘图视图"对话框中的"确定"按钮，完成全剖视图的创建，如图 10-22 所示。

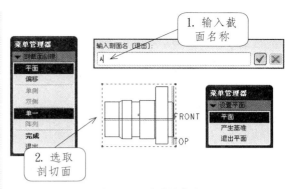

图 10-21 设置剖截面

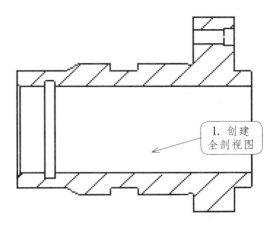

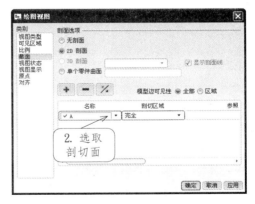

图 10-22 创建全剖视图

10.4.2 创建半剖视图

半剖视图是指显示视图的一半被剖切的情况，常用于形状比较规则零件的视图中，与全剖视图比较相似，但生成方法上有两点不同。

▷ 在"剖切区域"下拉列表中应选择"一半"选项。

▷ 创建过程中，需要在视图中选择一个平面来决定将视图的哪一半剖切情况显示出来。

其创建方法如下案例所示。

案例 10-2 创建半剖视图

❶ 在工具栏中单击"打开"按钮，打开素材库中的 anli10_2.drw 文件。

❷ 绘图区中双击视图，打开"绘图视图"对话框，在"类别"选项框中，选择"截面"选项。在"剖面选项"区域中，选择"2D 截面"选项。单击 ➕ 按钮，如图 10-23 所示。

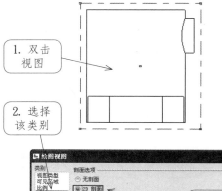

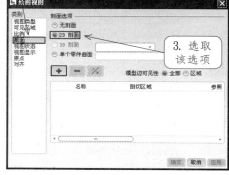

图 10-23 "绘图视图"对话框

❸ 系统弹出"剖截面创建"菜单，保持系统默认选项，选择"平面"→"单一"→"完成"选项。系统弹出"输入剖面名"信息输入窗口，在该窗口中输入 B，按 Enter 键确认。接着系统弹出"设置平面"菜单和"选取"菜单，在模型树中选取 RIGHT 平面为剖切面，如图 10-24 所示。

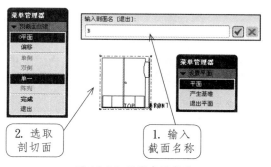

图 10-24 设置半剖截面

❹ 系统自动切换到"绘图视图"对话框，设置剖切区域为"一半"形式。系统提示"为半截面创建选取参照平面"，选取 TOP 平面作为参照，此时视图上将出现一个红色的箭头，箭头指示定义要显示剖切效果的一侧。最后单击"确定"按钮，即可创建半剖视图，如图 10-25 所示。

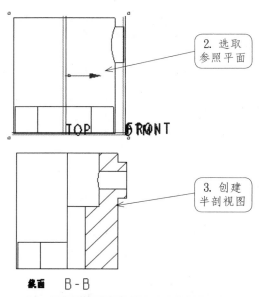

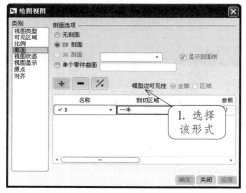

图 10-25 创建半剖视图

10.4.3 创建局部剖视图

在有的视图中，有一些内部细节需要进行剖切才能表达清楚，但不需要对视图进行全部剖切，只需要把细节处剖切出来即可，此时就用到了局部剖视图。局部剖视图不同于局部放大视图，尽管都是突出显示结构的某一细节特征的，但由于局部剖是剖视图的一种，因此它具有显示局部结构内外部特征的双重作用。局部剖视图的生成方法与前面两种剖视图的生成方法有些不同，主要体现在以下两点。

▷ 在"剖切区域"下拉列表中应选择"局部"选项。

▷ 需要在视图中草绘出局部剖切的范围。

案例 10-3　创建局部剖视图

❶ 在工具栏中单击"打开"按钮，打开素材库中的 anli10_3.drw 文件。

❷ 在绘图区中双击视图，打开"绘图视图"对话框，在"类别"选项框中，选择"截面"选项。在"剖面选项"区域中，选择"2D 截面"选项。

❸ 单击 ➕ 按钮，系统弹出"剖截面创建"菜单，保持系统默认选项，选择"平面"→"单一"→"完成"选项。在弹出的"输入截面名"信息输入窗口中输入 O，按 Enter 键确认。接着系统弹出"设置平面"菜单和"选取"菜单，如图 10-26 所示。

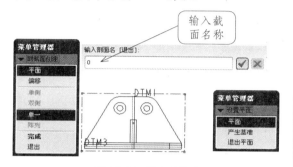

图 10-26　创建剖截面

❹ 在"设置平面"菜单管理器中选择"产生基准"选项，系统会自动打开"基准平面"菜单管理器，选择"偏移"→"平面"→"坐标系"→"小平面的面"选项，在俯视图中选择 DTM2 平面作为参照，并在"偏移"菜单中选择"输入值"选项，在弹出的"输入指定方向的偏移"文本框中输入 -30，系统自动返回"基准平面"菜单，选择"确定"选项，创建基准平面 DTM4，如图 10-27 所示。

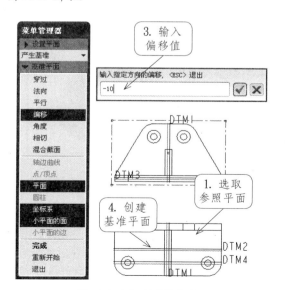

图 10-27(1)　创建基准平面

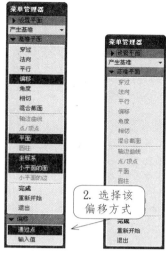

图 10-27(2)　创建基准平面

❺ 在"绘图视图"对话框的"剖切"区域中，选择"局部"形式，在主视图中要添加局部剖视图的中点单击，绘制样条曲线确定局部剖视图的范围，绘制完成后单击"绘图视图"对话框中的"确定"按钮，创建局部剖视图，如图 10-28 所示。

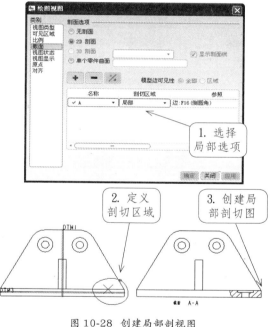

图 10-28　创建局部剖视图

10.4.4 创建旋转剖视图

当一个零件中将要进行剖切的特征不在一个对称面上时，平面形式的剖截面将无法完全对这些特征剖切，必须使用旋转剖视图来表示。旋转剖视图的生成方法与前面剖截面为平面的全剖视图和半剖视图的生成方法相似，但旋转剖视图需要草绘出一个非平面的剖切面。

案例 10-4 创建旋转剖视图

❶ 在工具栏中单击"打开"按钮，打开素材库中的 anli10_4.drw 文件。

❷ 单击主工具栏中的"创建一般视图"按钮 ，或在绘图区内单击右键，在弹出的右键菜单中选择"插入普通视图"选项，接着系统提示"选取绘制视图的中心点"，选取图中一点放置视图。在弹出的"绘图视图"对话框中，选择"视图类型"选项，在"模型视图名"选项框中选择BACK选项，如图10-29所示，并单击该对话框中的"确定"按钮。

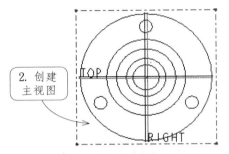

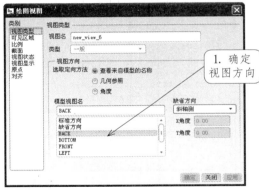

图 10-29 创建主视图

❸ 选中刚创建的视图，单击鼠标右键，在弹出的右键菜单中选择"插入投影视图"选项，再移动鼠标到适当位置单击，确定视图的放置位置。双击刚投影的视图，弹出"绘图视图"对话框，在"类别"选项框中，选择"剖面"选项。在"剖面选项"区域中，选择"2D截面"选项，如图10-30所示。

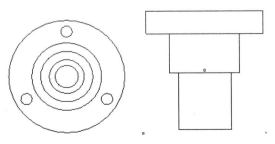

图 10-30(1) 创建俯视图

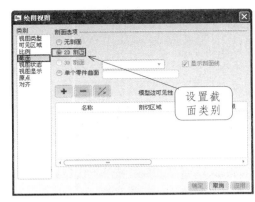

图 10-30(2) 打开"绘图视图"对话框

❹ 在该对话框中单击 按钮，选择"创建新…"命令，系统弹出"剖截面创建"菜单，选择"偏移"→"双侧"→"单一"→"完成"选项。接着系统弹出"输入截面名"信息输入窗口，在该窗口中输入A，并按Enter键确认。系统弹出"设置草绘平面"菜单和"选取"菜单，同时系统自动转到三维活动窗口中，并提示"选取或创建一个草绘平面"，如图10-31所示。

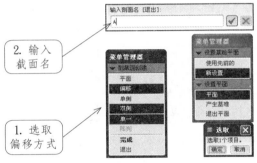

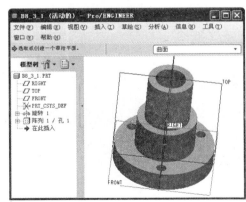

图 10-31 设置草绘平面

❺ 选择基准平面FRONT作为草绘平面，在弹出的"方向"菜单中选择"正向"选项，然后选择"草绘视图"菜单中的"缺省"选项。在三维活动窗口中选择"草绘"→"线"→"线"选项绘制剖切平面。绘制完成后，选取"草绘"→"完成"选项，结束草绘截面的创建操作。系统自动切换到"绘图视图"对话框，在"剖切区域"选项中选择"全部（对齐）"选项，选取A_1轴作为参照，单击"确定"按钮，创建旋转视图，如图

10-32 所示。

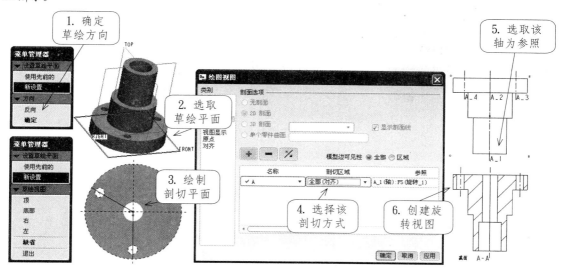

图 10-32　草绘剖切平面创建旋转视图

❻ 单击鼠标左键选中投影视图，然后再单击鼠标右键，在弹出的右键菜单中选择"添加箭头"选项，接着系统将提示"绘制箭头选出一个截面在其处垂直的视图"，然后再单击主视图，即可完成创建，结果如图 10-33 所示。

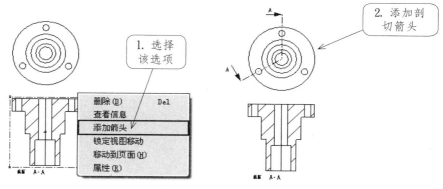

图 10-33　创建剖切方向箭头

10.5　视图标注与文本注释

　　零件图的尺寸标注在绘图过程中占有重要的地位。零件图所标注尺寸是零件加工制造的主要依据，应当正确、完整、清晰、合理地标注出零件的尺寸。在为零件添加尺寸标注时，既要符合设计要求，又要满足加工、测量、检测和装配等制造工艺的要求。一个完整的工程图，只有图和尺寸是远远不够的。特别是在一些模具零件、机床配件等复杂的零件或装配视图上，都需要很多的相关文字或其他文本说明。

10.5.1　标注尺寸

　　在 Pro/E 中，尺寸标注包括已创建模型特征的驱动尺寸和手动标注的尺寸两种类型。其中，被驱动尺寸是创建模型特征时已有的尺寸，而手动标注的尺寸是新创建的尺寸标注，下面分别详细介绍它们的具体创建方法。

1．显示模型注释

　　在主工具栏中单击"注释"选项卡，系统弹出如图 10-34 所示的"注释"工具栏，在"插入"工具栏中单击"显示模型注释"按钮，或者选中所要标注的视图，单击鼠标右键选择"显示模型注释"选项，弹出"显示模型注释"对话框，如图 10-35 所示。

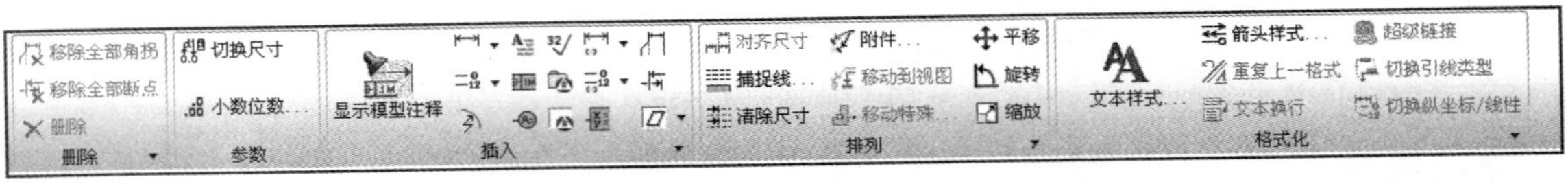

图 10-34 “注释”工具栏

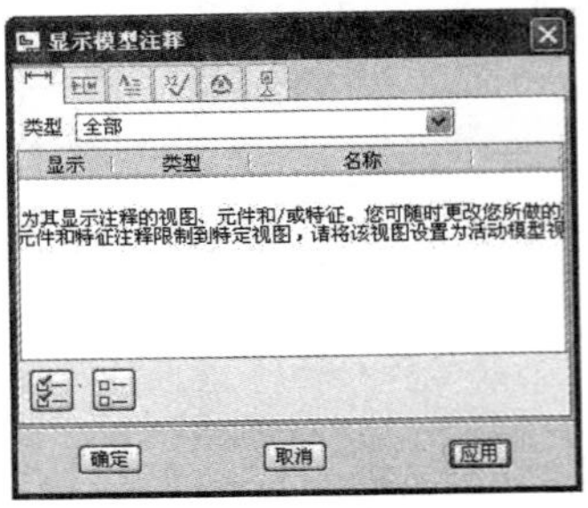

图 10-35 “显示模型注释”对话框

在“显示模型注释”对话框中的各按钮的功能介绍如表 10-1 所示。

表 10-1 “显示模型注释”对话框的按钮功能

图标	功能说明
	显示尺寸
	显示注解
	显示定制符号
	全部选取
	显示 / 几何公差
	显示表面光洁度
	显示基准
	全部取消

“显示尺寸”选项卡显示类型选项介绍如下。

- 全部：显示视图中未显示的全部尺寸标注。
- 驱动尺寸注释元素：显示视图中未显示的驱动尺寸注释元素。
- 显示所有驱动尺寸：显示视图中未显示的驱动尺寸。
- 显示强驱动尺寸：显示视图中未显示的强驱动尺寸，即在创建模型时确认过的尺寸。
- 从动尺寸：显示视图中未显示的从动尺寸。
- 参照尺寸：显示视图中未显示的参照尺寸。
- 纵坐标尺寸：显示视图中未显示的纵坐标尺寸。

“显示基准”选项卡显示类型选项介绍如下。

- 全部：显示视图中未显示的基准。
- 设置基准平面：显示视图中未显示的设置基准目标。
- 设置基准轴：显示视图中未显示的设置基准轴。
- 设置基准目标：显示视图中未显示的设置基准目标。
- 轴：显示视图中未显示的轴。

2. 删除（隐藏）模型注释

- 方式 1：选中要“删除”的注释，单击鼠标右键选择“拭除”选项，如图 10-36 所示，或者直接按 Delete 键，或者单击工具栏中的“删除”按钮。

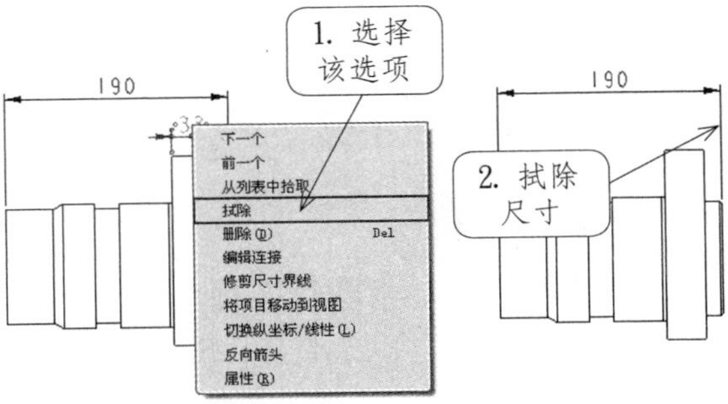

图 10-36 拭除尺寸

- 方式 2：在模型树中选择要删除（隐藏）的模型注释，单击鼠标右键选择“拭除”或者“删除”选项或者按 Delete 键，或者单击“删除”工具栏中的“删除”按钮 ×。

3. 手动标注尺寸

在生成工程图时，用户除了可以通过系统自动对创建视图进行标注尺寸外，还可以通过手动的方式对视图进行尺寸标注，其标注方法与草绘模式下标注尺寸的操作方法基本相同。手动方式来标注的尺寸值为驱动尺寸值，不能被修改。

■ 标注线性尺寸

在主菜单栏中单击“注释”选项卡，系统弹出“注释”工具栏，在“插入”工具栏中单击“尺寸-新参照”按钮，系统弹出如图 10-37 所示的“依附类型”菜单，其菜单中各选项的功能介绍如下。

- 图元上：在视图中选取一个或两个几何图元来标注尺寸。选择该选项后，直接在视图中选取需要标注尺寸的几何图元，然后单击鼠标中键来放置尺寸，如图 10-38 所示。

图 10-37 "依附类型"菜单

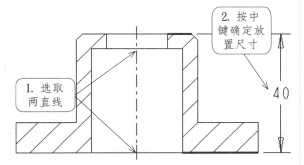

图 10-38 在图元上标注尺寸

▷ 在曲面上：在视图中选取曲面为依附对象，在曲面对象之间添加标准尺寸。选择该选项，在视图中指定依附曲面对象和参照点并单击鼠标中键，然后在弹出的"弧/点类型"菜单中选择其中一个选项来指定参照点类型，即可完成对该图元的尺寸标注，如图 10-39 所示。

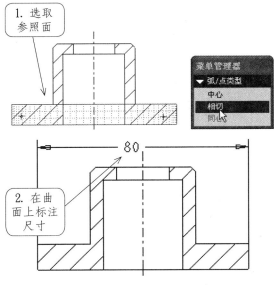

图 10-39 在曲面上标注尺寸

▷ 中点：在视图中捕捉几何图元的中点作为尺寸标注的起点或终点。选择该选项，在视图中选择标注几何图元并单击鼠标中

键，然后在弹出的"尺寸方向"菜单中选择其中一个选项来指定参照点类型，即可完成对该图元的尺寸标注，如图 10-40 所示。

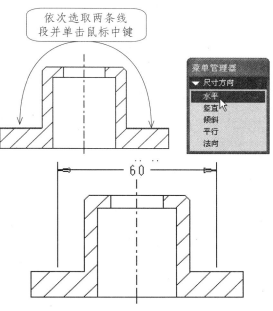

图 10-40 中点标注尺寸

▷ 中心：在视图中捕捉圆或圆弧的中心作为尺寸标注的起点或终点。选择该选项，在视图中选择两段圆弧并单击鼠标中键，然后在弹出的"尺寸方向"菜单中选择其中一个选项来指定参照点类型，即可完成对该图元的尺寸标注，如图 10-41 所示。

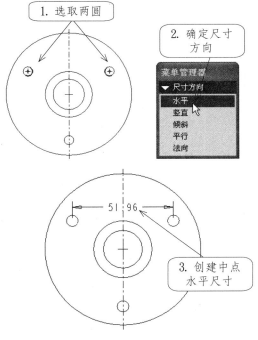

图 10-41 中心标注尺寸

▷ 求交：在视图中两条线段的交点作为尺寸标注的起点或终点。选择该选项，再按住 Ctrl 键选取 4 条线段并单击鼠标中键，然后在弹出的"尺寸方向"菜单中选择"倾斜"选项，即可完成对该图元的尺寸标注，如图 10-42 所示。

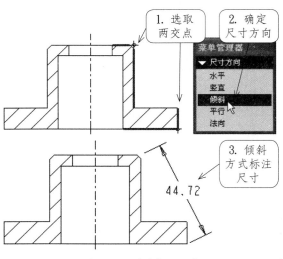

图 10-42　求交标注尺寸

▷ 做线：以绘制的参照线为依附对象添加尺寸标注。选择该选项，在打开的"做线"菜单中选择做线的类型，然后在视图中绘制尺寸依附对象的参照，单击鼠标中键完成做线标注，如图 10-43 所示。

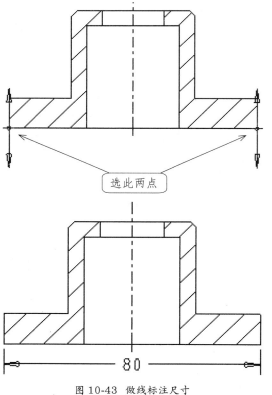

图 10-43　做线标注尺寸

■ 标注圆弧尺寸

在视图中用鼠标单击圆或圆弧，则标注半径尺寸；双击圆或圆弧，则标注直径尺寸，如图 10-44 所示。

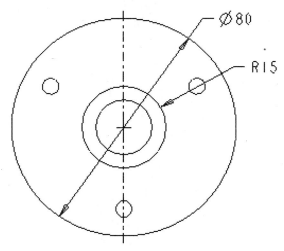

图 10-44　标注圆弧尺寸

■ 标注角度尺寸

在视图中选择两图元，再单击鼠标中键来放置尺寸，如图 10-45 所示。

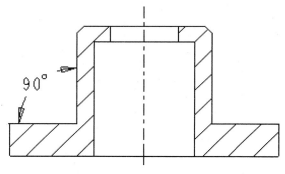

图 10-45　标注角度尺寸

■ 按基准方式标注尺寸

单击主菜单栏的"注释"选项卡，在系统弹出的"注释"工具栏中单击"插入"工具栏中的"尺寸 - 新参照"右边的扩展按钮，然后再单击"尺寸 - 公共参照"按钮，系统弹出"依附类型"菜单，选择菜单中的"图元上"选项，在视图中选取一个公共尺寸标注参照，然后再选取一个进行尺寸标注的附加图元，单击鼠标中键来放置尺寸，如图 10-46 所示。

■ 标注纵坐标尺寸

单击主菜单栏的"注释"选项卡，在系统弹出的"注释"工具栏中单击"插入"工具栏中的"纵尺寸"按钮，系统弹出"依附类型"管理器，选择"图元上"选项，接着选取轴、边、基准点、曲线、顶点作为参照基准，最后选取要标注的图元，如图 10-47 所示。

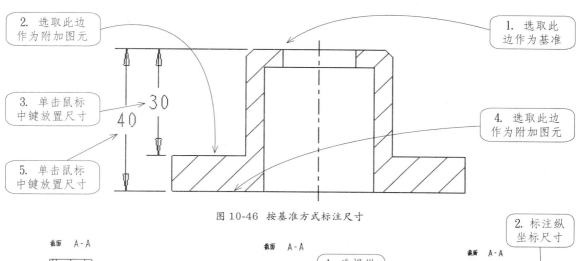

图 10-46 按基准方式标注尺寸

2. 选取此边作为附加图元

1. 选取此边作为基准

3. 单击鼠标中键放置尺寸

4. 选取此边作为附加图元

5. 单击鼠标中键放置尺寸

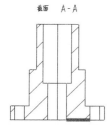
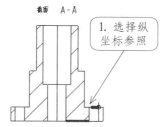
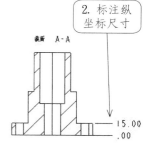

1. 选择纵坐标参照

2. 标注纵坐标尺寸

图 10-47 标注坐标尺寸

10.5.2 编辑尺寸

在工程图中有时候由于手动标注的尺寸都是通过"显示模型注释"对话框自动生成的尺寸，往往杂乱交错地分布在视图中，此时需要对视图中的尺寸文本进行修改、移动、拭除或删除尺寸的数值和属性，以及尺寸的切换视图等修改项目。下面分别介绍几种常用的方法。

1. 移动尺寸

在视图中选中需要移动的尺寸，再按住鼠标左键并拖曳，尺寸将会随着鼠标一起移动，直到所需位置再释放鼠标左键，即可完成尺寸的移动，如图10-48 所示。

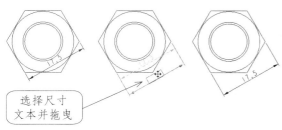

选择尺寸文本并拖曳

图 10-48 移动尺寸

2. 修剪尺寸界线

在视图中选中所需修剪的尺寸，并单击鼠标右键，在弹出的右键快捷菜单中选择"修剪尺寸界线"命令，然后选取要修剪的尺寸界线，单击鼠标中键确认选择，接着移动尺寸界线至合适的位置，即可完成尺寸界线的修剪，如图 10-49 所示。

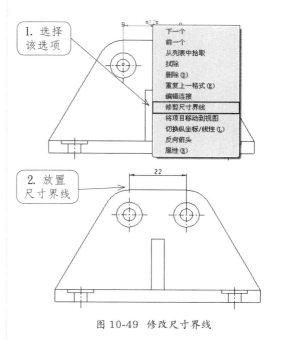

1. 选择该选项

下一个
前一个
从列表中拾取
拭除
删除 (D)
重复上一格式 (E)
编辑连接
修剪尺寸界线
将项目移动到视图
切换纵坐标/线性 (L)
反向箭头
属性 (R)

2. 放置尺寸界线

图 10-49 修改尺寸界线

3. 修改公称值

该选项功能只能用于修改系统自动标注的尺寸，被修改的尺寸将使三维模型发生相应的改变。

在视图中选中所需修改的尺寸，并单击鼠标右键，在弹出的右键快捷菜单中单击"修改公称值"选项，然后在弹出的文本框中输入修改的数值，并按 Enter 键，如图 10-50 所示。

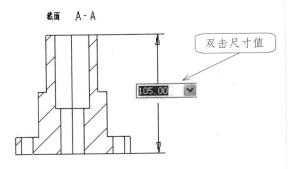

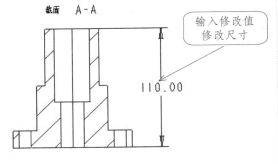

图 10-50 修改公称值

4. 修改尺寸的属性

在视图中选中所需修改的尺寸，并单击鼠标右键，在弹出的右键快捷菜单中选择"属性"选项，系统弹出如图 10-51 所示的"尺寸属性"对话框。

如图 10-51 所示为属性选项卡，该选项卡用于设置尺寸的基本属性，如公差、格式、尺寸界线等。

▷ 值和显示：可以修改公称值，设置其精确度，"四舍五入的尺寸值"选项是将尺寸的小数按照"四舍五入"法转化为整数。

▷ 公差：用于设置所选尺寸的公差，包括公差显示模式、尺寸的公称值和上下偏差（系统环境允许的前提下）。

▷ 格式：用于设置尺寸的显示格式，即尺寸是以小数点形式，还是以分数形式显示，并且可以设置小数点后的保留位数和角度尺寸的单位。

▷ 双重尺寸：用于设置尺寸的第二重尺寸（系统环境允许的前提下）。

"显示"选项可以将零件的外部轮廓等基础尺寸按照"基本"形式显示，将零件中需要检验的重要尺寸按照"检查"形式显示。另外，还可以单击"反向箭头"按钮，使尺寸的箭头翻转，可以修改尺寸

的文本，在"前缀"文本框中输入尺寸的前缀，在"后缀"文本框中输入尺寸的后缀，如图 10-52 所示。

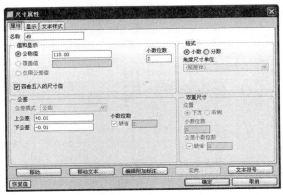

图 10-51 "尺寸属性"对话框

图 10-52 "显示"对话框

"显示"选项卡中的几个选项及按钮介绍如下。

▷ 基本：将尺寸以基本形式显示，如图 10-53 所示。

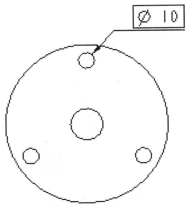

图 10-53 "基本"形式显示尺寸

▷ 检查：将尺寸以检查形式显示，如图 10-54 所示。

▷ 两者都不：按标准形式显示，既不按基本形式显示，也不按检查形式显示。

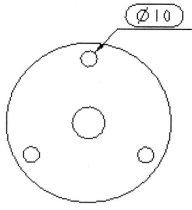

图 10-54 "检查"形式显示尺寸

▷ 前缀/后缀：在尺寸上添加前缀或者后缀，也可以在文本框编辑栏中直接为尺寸加上前缀或者后缀。如在尺寸 ∅10 加上前缀 3- 后，再单击"尺寸属性"对话框中的"确定"按钮，该尺寸变为 3-∅10，如图 10-55 所示。

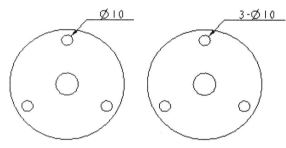

图 10-55 在直径前面添加前缀

▷ 反向箭头：使尺寸箭头反向。

▷ 显示：将尺寸界线全部显示。

▷ 拭除：拭除选中的尺寸界线，但必须保留一条尺寸界线。

▷ 缺省：按缺省模式显示尺寸界线。

在"文本样式"选项卡中，可以对尺寸的文本样式、字符样式等进行修改，如图 10-56 所示。

图 10-56 "文本样式"选项卡

▷ 字符：在该选项区域中，可以设置尺寸文本的字体、高度、粗细等。

▷ 注释/尺寸：如果选择的是注释文本，则可以调整注释文本在两个方向上的对齐特性，以及文本的行间距和边距等。单击"预览"按钮可以查看显示效果；单击"重置"按钮恢复为默认设置。

10.5.3 标注几何公差

在设计零件或装配时，需要使用几何公差来控制几何形状、轮廓、定向或跳动，在机械制图中被称为"形位公差"。在添加模型的标注时，为满足使用要求，必须正确、合理地规定模型几何要素的形状和位置公差，即对于大小与形状所允许的最大偏差值。

几何公差是由几何公差的标注基准和设定的几何公差项目所组成的。

1. 创建几何公差的标注基准

创建几何公差的标注基准分为两种情况，分别介绍如下。

■ 选取一个平面作为基准

单击主菜单栏的"注释"选项卡，在系统弹出的"注释"工具栏中单击"插入"工具栏扩展按钮，然后再单击"模型基准平面"按钮 □ 模型基准平面，系统弹出如图 10-57 所示的"基准"对话框。

图 10-57 "基准"对话框

在"基准"对话框的"名称"文本框中输入新生成的基准名称，然后单击"在曲面上"按钮，并在视图中选择一个平面作为基准。接着在"类型"选项区域中单击 [A◀] 按钮，选取生成几何公差标注类型。最后单击该对话框中的"确定"按钮，生成几何公差所需的基准。

■ 选取一条轴作为基准

单击主菜单栏的"注释"选项卡，在系统弹出的"注释"工具栏中单击"插入"工具栏扩展按钮，然后单击 □ 模型基准平面 ▪ 右边的扩展按钮，再单击"模型基准轴"按钮 ![模型基准轴]，系统弹出如图 10-58 所示的"轴"对话框。

图 10-58 "轴"对话框

在"轴"对话框的"名称"文本框中输入新生成的基准名称，然后单击"定义"按钮，接着在弹出的"基准轴"菜单中选择其中一个选项，并在视图中选择一条轴或边作为基准，在"类型"选项区域中单击 ![A◀] 按钮，选取生成几何公差标注类型。最后单击该对话框中的"确定"按钮，生成几何公差所需的基准。

2. 创建几何公差项目

单击主菜单栏的"注释"按钮，在系统弹出的"注释"工具栏中单击"几何公差"按钮 ![图标]，系统将弹出如图 10-59 所示的"几何公差"对话框。

图 10-59 "几何公差"对话框

在"几何公差"对话框中，最左边的两排按钮为几何公差定义类型按钮，其含义如表 10-2 所示。

表 10-2 "几何公差"对话框按钮功能

图标	功能说明
—	直线度
○	圆度
⌒	线轮廓度
∠	倾斜度
//	平行度
◎	同轴度
↗	圆跳动
▱	平面度
/◯/	圆柱度
⌒	曲面轮廓度
⊥	垂直度
⊕	位置度
=	对称度
⨏	总跳动

■ "模型参照"选项卡

该选项卡用于选取模型、参照，以及指定公差符号的放置方式。

■ "基准参照"选项卡

该选项卡用于指定基准参照、材料状态和复合公差，其中的基准参照由基准平面工具和基准轴工具创建。

■ "公差值"选项卡

该选项卡用于设置"总公差"或者"每单位公差"，也可以设置材料状态。

■ "符号"选项卡

该选项卡用于在几何公差中添加符号、注释和投影公差区域等选项。对于不同的几何公差类型，加入的符号也不尽相同。

■ "附加文本"选项卡

该选项卡在几何公差上方或者右侧添加说明性的文本，还可以添加前缀和后缀。

3. 创建几何公差的方法

下面以一个具体实例介绍几何公差的生成过程。

案例 10-5 创建几何公差基准（A）

❶ 在工具栏中单击"打开"按钮，打开素材库中的 anli10_5.drw 文件。

❷ 单击主菜单栏的"注释"选项卡，在系统弹出的"注释"工具栏中单击"插入"栏扩展按钮，再单击 ![模型基准平面▼] 右边的扩展按钮中的"模型基准轴"按钮 ![模型基准轴]，系统弹出"轴"对话框。

❸ 在该对话框的"名称"文本框中输入 A 作为创建基准的名称，并单击"定义"按钮，系统弹出"基准轴"菜单，选择"过边界"选项，选择如图 10-60 所示的边作为基准的参照边。在该对话框的"类型"选项区域中单击 [A ◄] 按钮，在"放置"选项区域中选择"在基准上"选项，并单击该对话框中的"确定"按钮，完成几何公差基准 A 的创建操作。

❸ 在"参照"选项区域中选择"轴"选项，接着单击"选取图元"按钮，选取生成平行度公差的基准轴。然后在"放置"选项区域中的"类型"下拉列表中选择"带引线"选项，系统弹出"依附类型"菜单，选择"图元上"→"箭头"选项。选取如图 10-61 所示的边为生成平行度公差的边。

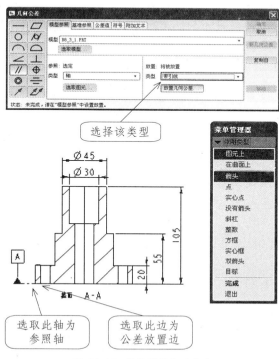

图 10-61 设置模型参照基准

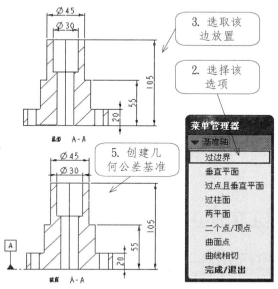

图 10-60 创建几何公差基准

❹ 在该对话框中单击"基准参照"选项卡，在"首要"选项区域中进入"基本"下拉列表并选择 A。单击"公差值"选项卡，在"总公差"文本框中输入公差值为0.001。在"几何公差"对话框中单击"移动"按钮，将几何公差移动到视图中合适的位置，并单击该对话框中的"确定"按钮，结束平行度公差的创建，如图10-62 所示。

案例 10-6 创建平行度公差

❶ 在工具栏中单击"打开"按钮 ，打开素材库中的anli10_5.drw 文件。

❷ 单击主菜单栏的"注释"选项卡，在"注释"工具栏中单击"几何公差"按钮 ，在弹出的"几何公差"对话框中单击"平行度"按钮 // 。

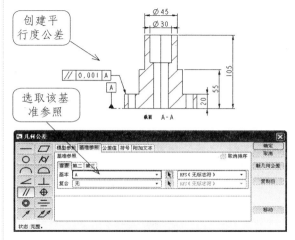

图 10-62 创建平行度公差

中文版 Pro/ENGINEER Wildfire 课堂实录

案例 10-7 创建垂直度公差

❶ 在工具栏中单击"打开"按钮，打开素材库中的 anli10_5.drw 文件。

❷ 单击主菜单栏的"注释"选项卡，在系统弹出的"注释"工具栏中单击"几何公差"按钮，在弹出的"几何公差"对话框中单击"垂直度"按钮。

❸ 在"参照"选项区域中选择"轴"选项，选取生成垂直度公差的轴。在"放置"选项区域中的"类型"下拉列表中选择"带引线"选项，系统弹出"依附类型"菜单，选择"图元上"→"箭头"选项。选取如图 10-63 所示的边为生成垂直度公差的边。

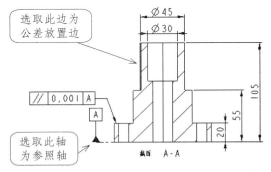

图 10-63 设置模型参照基准

❹ 选取完成后，单击鼠标中键确认。在该对话框中单击"基准参照"选项卡，在"首要"选项区域中进入"基本"下拉列表并选择 A。单击"公差值"选项卡，在"总公差"文本框中输入公差值为 0.001，在"几何公差"对话框中单击"移动"按钮，将几何公差移动到视图中合适的位置，单击该对话框中的"确定"按钮，结束垂直度公差的创建，如图 10-64 所示。

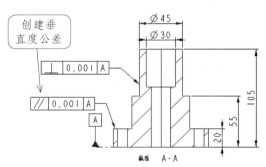

图 10-64(1) 创建垂直度公差

图 10-64(2) 创建垂直度公差

案例 10-8 创建同轴度公差

以创建平行度 A 的创建方法，创建另一个平行度公差 B，如图 10-65 所示。

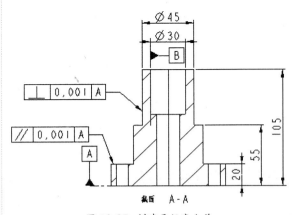

图 10-65 创建平行度公差

❶ 在工具栏中单击"打开"按钮，打开素材库中的 anli10_5.drw 文件。

❷ 单击主菜单栏的"注释"选项卡，在"注释"工具栏中单击"几何公差"按钮，在弹出的"几何公差"对话框中单击"同轴度"按钮。在"参照"选项区域中选择"轴"选项，选取生成同轴度公差的轴。在"放置"选项区域中的"类型"下拉列表中选择"带引线"选项，系统弹出"依附类型"菜单，选择"图元上"→"箭头"选项。选取如图所示的边为生成垂直度公差的边，并单击鼠标中键确认，如图 10-66 所示。

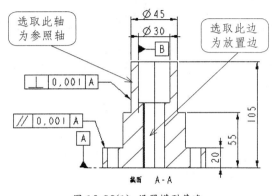

图 10-66(1) 设置模型基准

图 10-66(2) 设置模型基准

❸ 在该对话框中单击"基准参照"选项卡,在"首要"选项区域中进入"基本"下拉列表并选择 B。单击"公差值"选项卡,在"总公差"文本框中输入公差值为 0.005。在"几何公差"对话框中单击"移动"按钮,将几何公差移动到视图中合适的位置,并单击对话框中的"确定"按钮,结束同轴度公差的创建,如图10-67 所示。

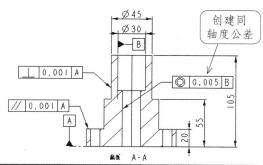

图 10-67 创建同轴度公差

10.5.4 标注表面粗糙度

标注表面粗糙度的方法比较简单,下面通过实例的方式进行说明。

案例 10-9 标注表面粗糙度

❶ 在工具栏中单击"打开"按钮,打开素材库中的 anli10_5.drw 文件。

❷ 单击主菜单栏中的"注释"按钮,在系统弹出的"注释"工具栏中单击"表面光洁度"按钮,系统弹出"得到符号"菜单。在该菜单选择"检索"选项,在弹出的"打开"对话框中选择 machined 文件,并打开该文件中的 standard1.sym,如图 10-68 所示。

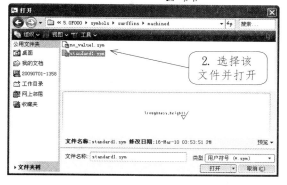

图 10-68 打开光洁度符号文件

❸ 系统弹出"实例依附"菜单,在该菜单中选择"法向"选项,选取如图 10-69 所示的边作为表面粗糙度的放置边。在粗糙度值信息提示文本框中输入 3.2,并按 Enter 键。在"实例依附"菜单中选择"完成 / 返回"选项,添加表面光洁度。

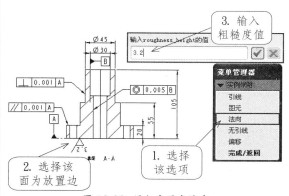

图 10-69 添加表面光洁度

10.5.5 注释

一张完整的工程图不仅包括各类表达模型形状大小的视图和尺寸标注,还包括对视图进行补充说明的各类文本注释。工程图中的文本主要用来说明图纸的技术要求、标题栏内容,以及特殊加工要求等。

1. 创建注释

创建注释文本包括无方向导引、有方向导引和 ISO 导引三种类型。单击"显示模型注释"栏中的"注释"按钮,利用打开的"注解类型"菜单管理器完成注释的创建。

中文版 Pro/ENGINEER Wildfire 课堂实录

■ 创建无方向导引注释文本

无方向导引注释就是不带有指引线的注解。单击"创建注释"按钮，打开"注释类型"菜单。依次选择"无引线"→"输入"→"水平"→"标准"→"缺省"→"进行注解"选项，并在"获得点"菜单中选择"选出点"选项，然后在绘图区适当位置选择一点来放置注解。在"输入注解"文本框中输入注释文本即可，如图 10-70 所示。

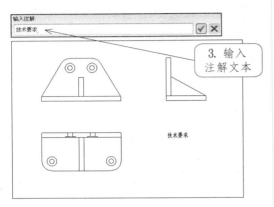

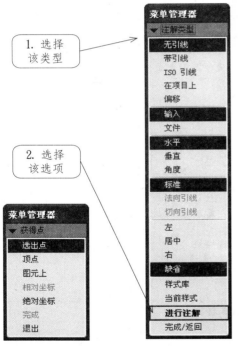

图 10-70 创建无导引注释文本

■ 创建有方向导引注释文本

在"注释类型"菜单管理器中选择"带引线"→"输入"→"水平"→"标准"→"缺省"→"进行注解"选项，在图元中选择一点作为引线起点，然后单击"完成"选项，并在"获得点"菜单中选取注释的位置，并选择"退出"选项，最后在"输入注解"文本框中输入注释文本即可，如图 10-71 所示。

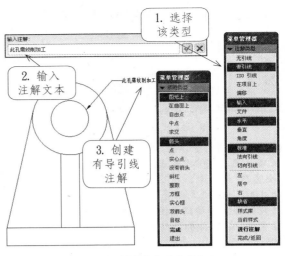

图 10-71 创建有导引注释文本

■ 创建 ISO 导引注释文本

ISO 导引文本是指 ISO 样式的方向指引。ISO 导引注释文本的创建同前两种的类型相似，只是设置的选项不同而已，如图 10-72 所示。

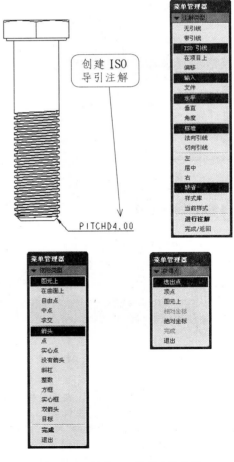

图 10-72 创建 ISO 导引注释文本

2. 编辑注释

选择要编辑的注释文本，再双击该注释文本，或直接选中要编辑的注释文本并单击鼠标右键，在弹出的右键菜单中选择"属性"选项，系统弹出如图 10-73 所示的"注释属性"对话框，在该对话框中单击"文本"或"文本样式"选项卡，可以编辑注释文本的内容、字型、字宽和字高等注释文本属性。

图 10-73 "注释属性"对话框

10.6 表格

在绘制工程图时，有时候需要利用表格表达图形相关的标准、数据信息、材料信息等内容，尤其在装配图中，往往需要列表显示组成零件的数量、材料、重量等信息。在 Pro/E 中，可以利用"表格"工具在视图中插入表格，并注明视图信息标题栏或所表达的组件结构、零件材料、数量、重量等信息。

1. 表格的创建

❶ 在工具栏中单击"打开"按钮 ，打开素材库中的 anli10_10.drw 文件。

❷ 单击主菜单栏中的"表"选项卡，在表工具栏中单击"表"按钮，系统弹出"创建表"菜单，如图 10-74 所示。该菜单可定义设置表的行定义、行对齐、行宽度或高度，以及表格起点等内容。

❸ 在"创建表"菜单中选择"升序"→"左对齐"→"按长度"→"选出点"选项，选取右下角的顶点，系统弹出"输入第一列的宽度"文本框，分别输入每列宽度为 35、18、12、25、28、12。输入宽度后系统会继续弹出"输入第一行的高度"文本框，输入每行高度均为 8，即完成表格的创建，如图 10-75 所示。

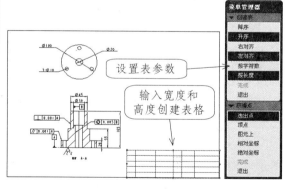

图 10-75 创建表格

2. 合并单元格

❶ 单击主菜单栏的"表"选项卡，按住 Ctrl 键选取要合并单元格，单击"合并单元格"按钮 合并单元格 ，即可完成单元格的合并，如图 10-76 所示。

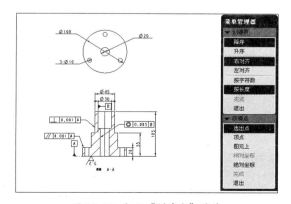

图 10-74 打开"创建表"菜单

3. 输入表格文本

❹ 双击单元格，系统会弹出"注解属性"对话框，在文本框中输入注释文本即可在单元格中添加注释文本，在"文本样式"选项卡中，可以设置字体的高度和宽度，以及注解文本的位置等，如图10-77所示。

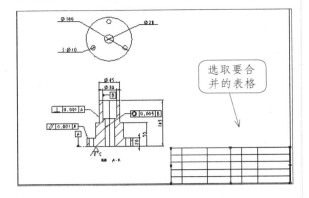

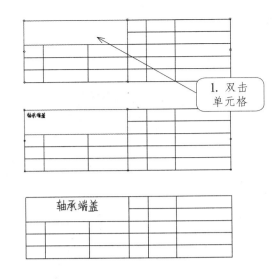

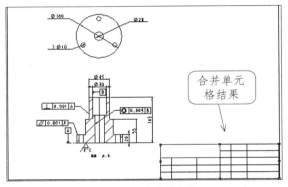

图 10-76 合并单元格

图 10-77 添加注释文本

10.7 实例应用

本章详细介绍了工程图的绘制，为使读者更好地掌握所学知识，并能够灵活地应用，本节将以两个实例的形式，具体讲解绘制工程图的全部过程。

10.7.1 绘制泵体工程图

如图 10-78 所示，该泵体工程图包括一般视图和局部视图两种类型，在创建过程中，首先利用"插入普通视图"命令创建该曲轴的一般视图，接着以该视图为基础，利用"绘图视图"对话框中的"剖切"选项，通过指定不同的剖切平面，来创建相应的局部全剖视图，最后利用"创建标准尺寸"、"创建注释"、"表"等工具，标注视图相关尺寸、创建表格和文本注释即可。

1. 泵体工程图绘制过程

■ 设置工作目录及创建工程图文件

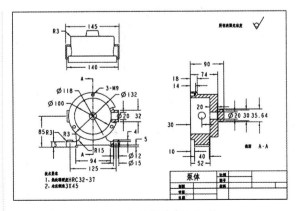

图 10-78 绘制泵体工程图

❶ 在主菜单栏上选择"文件"→"设置工作目录"命令，然后在打开的"选取工作目录"窗口中设置需要放置路径，单击"确定"按钮。

❷ 在工具栏中单击"新建"按钮，系统弹出"新建"对话框，在"类型"选项区域中选择"绘图"选项，在名称文本框中输入 10_7_1bengti，然后再去掉"使用缺省模板"复选框当中的"√"，并单击该对话框中的"确定"按钮，如图 10-79 所示。

图 10-79 "新建"对话框

❸ 系统弹出"新建绘图"对话框，单击"浏览"按钮，在弹出的"打开"对话框中选取光盘中的 sucai/10/10_7_1bengti.prt 文件，在"指定模板"选项区域中选择"空"选项，"方向"选项区域中选择"横向"选项，进入"标准大小"下拉列表，选择 A4 选项，最后单击"确定"按钮，如图 10-80 所示。

图 10-80 "新建制图"对话框

■ 创建主视图

❶ 系统进入工程图设计界面。在工具栏中单击"创建一般视图"按钮，接着在工程图工作界面中选取一个位置作为绘制视图的放置中心，单击鼠标左键，模型将以 3D 形式显示在工程图中。

❷ 在系统弹出的"绘图视图"对话框的"模型视图名"栏中选择 RIGHT 方向，在"缺省方向"选项中选择"用户自定义"选项，如图 10-81 所示。单击"比例"选项，选择"定制比例"复选框，在比例文本框中输入比例因子为 0.4，最后单击该对话框中的"确定"按钮，结果如图 10-82 所示。

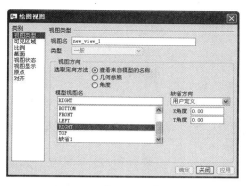

图 10-81 "绘图视图"对话框

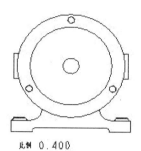

图 10-82 绘制主视图

■ 创建投影视图

❶ 单击 投影(P)... "创建投影视图"按钮，在绘图区域中选择主视图后向下拖曳鼠标，在适当位置单击鼠标左键，创建如图 10-83 所示的俯视图。

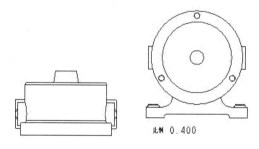

图 10-83 创建俯视图

❷ 采用同样的方法，创建右视图，如图 10-84 所示。

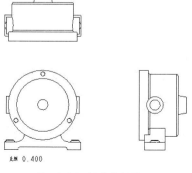

图 10-84 创建右视图

■ 创建全剖视图

❶ 双击右视图，或直接单击鼠标左键选中右视图，然后再单击鼠标右键，在弹出的右键菜单中选择"属性"选项，系统弹出"绘图视图"对话框，在"类别"选项框中，选择"剖面"选项。在"剖面选项"区域中，选择"2D 截面"选项，如图 10-85 所示。

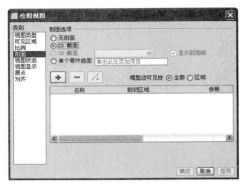

图 10-85　"绘图视图"对话框

❷ 在该对话框中单击"将截面添加到视图"按钮 ➕，系统弹出如图 10-86 所示的"剖截面创建"菜单，保持系统默认选项，选择"平面"→"单一"→"完成"选项。

图 10-86　"剖截面创建"菜单

❸ 系统弹出"输入截面名称"信息输入窗口，然后在该窗口中输入 A，如图 10-87 所示，并单击该窗口中的 ☑ 按钮，或按 Enter 键。

图 10-87　"输入截面名称"消息输入窗口

❹ 系统弹出"设置平面"菜单和"选取"菜单，如图 10-88 所示。

图 10-88　"设置平面"菜单和"选取"菜单

❺ 单击主工具栏中的"基准平面"按钮 ◸，再选择俯视图中的 FRONT 基准平面。

❻ 系统自动切换到"绘图视图"对话框，如图 10-89 所示。单击该对话框中的"确定"按钮，结束剖截面创建的操作，结果如图 10-90 所示。

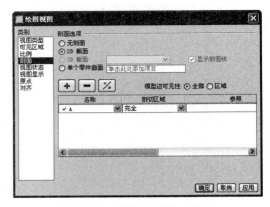

图 10-89　"绘图视图"对话框

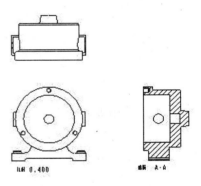

图 10-90　创建全剖右视图

❼ 为了表示全剖主视图的剖切方向，应在主视图中生成一个显示右视图剖切方向的箭头。单击鼠标左键选中右视图，然后再单击鼠标右键，在弹出的右键菜单中选择"添加箭头"选项，接着系统将提示"给箭头选出一个截面在其处垂直的视图"，然后再单击主视图，即可完成创建，结果如图 10-91 所示。

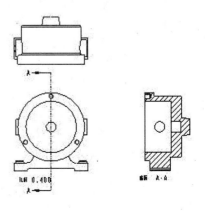

图 10-91　创建剖切方向箭头

■ 创建局部剖视图

❶ 双击图中的主视图，或直接单击鼠标左键选中主视图，然后再单击鼠标右键，在弹出的右键菜单中选择"属性"选项。

❷ 系统弹出"绘图视图"对话框，在"类别"选项框中，选择"剖面"选项。在"剖面选项"区域中，选择"2D 截面"选项。

❸ 在该对话框中单击"将截面添加到视图"按钮 ➕，系统弹出"剖截面创建"菜单，接受系统默认选项，选择"平面"→"单一"→"完成"选项。

❹ 系统弹出"输入截面名称"信息输入窗口，然后在该窗口中输入 B，并单击该窗口中的 ✅ 按钮，或按 Enter 键。

❺ 系统弹出"设置平面"菜单和"选取"菜单，单击主工具栏中的"基准平面"按钮 ⟋，再选择俯视图中的 DTM1 平面。

❻ 系统自动切换到"绘图视图"对话框，在该对话框中单击"剖切区域"下拉列表按钮，在弹出的下拉列表中选择"局部"选项，选择"参照"下面的"选取点"选项，并将其激活，在俯视图中选择一点，如图 10-92 所示。

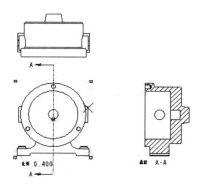

图 10-92 选取点

❼ 选择"边界"下的"草绘样条"选项，在俯视图中创建如图 10-93 所示的样条曲线。单击该对话框中的"确定"按钮完成剖截面创建的操作，结果如图 10-94 所示。

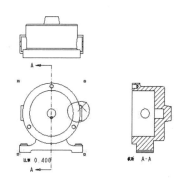

图 10-93 创建样条曲线

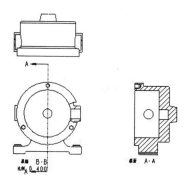

图 10-94 创建局部剖视图

❽ 使用同样的方法创建另一处局部剖视图，效果如图 10-95 所示。

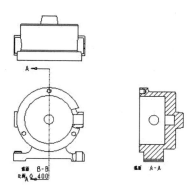

图 10-95 局部剖视图效果

❾ 选择局部剖视图中的剖面线，双击弹出"修改剖面线"菜单管理器，如图 10-96 所示，然后选择"间距"→"一半"→"完成"选项。

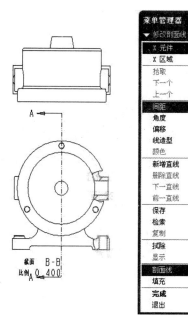

图 10-96 "修改剖面线"菜单管理器

257

❿ 选择主视图下的"截面 B-B，比例 0.400"文本框，单击鼠标右键，选择 hide 选项，将其隐藏，效果如图 10-97 所示。

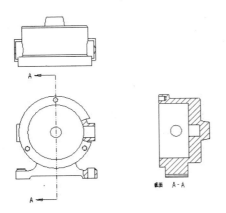

图 10-97 视图最终效果

■ **标注尺寸**

❶ 在主工具栏中单击"注释"按钮 注释 ，系统弹出如图 10-98 所示的"注释"工具栏。

❷ 在"插入"工具栏中单击"显示模型注释"按钮，如图 10-99 所示，或者选中所要标注的视图，单击鼠标右键选择"显示模型注释"选项。系统弹出"显示模型注释"对话框，如图 10-100 所示。

❸ 单击主视图，效果如图 10-101 所示。

❹ 选中在该视图中要显示的尺寸，单击"应用"按钮，然后用新参照创建尺寸的方式来创建一些使用"显示模型注释"无法表达设计意图的尺寸，选中所有尺寸，单击鼠标右键，选中"文本样式"选项，修改文本样式，使尺寸显示更为清晰，最终效果如图 10-102 所示。

图 10-98 "注释"工具栏

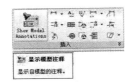

图 10-99 "插入"工具栏

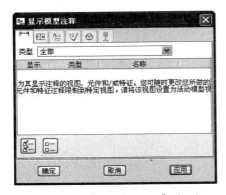

图 10-100 "显示模型注释"对话框

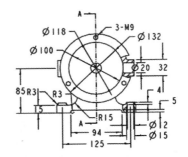

图 10-102 调整主视图尺寸效果

❺ 使用同样的方法，标注其他两个视图的尺寸。

❻ 将整体尺寸调整一下，补全尺寸，效果如图 10-103 所示。

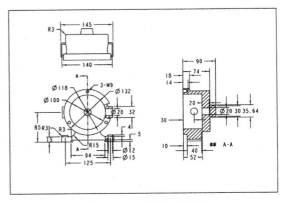

图 10-103 尺寸标注效果

■ **标注表面粗糙度**

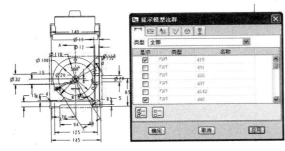

图 10-101 显示主视图模型注释

❶ 单击主菜单栏中的"注释"按钮，在系统弹出的"注释"工具栏中单击"表面光洁度"按钮，系统弹出"得到符号"菜单，如图 10-104 所示。在菜单中单击"检索"选项，在弹出的"打开"对话框中选择 unmachined 文件，并打开该文件中的 no_value2. sym 文件，如图 10-105 所示。

图 10-104 "得到符号"菜单

图 10-105 "打开"对话框

❷ 系统弹出如图 10-106 所示的"实例依附"菜单，在该菜单中选择"无引线"选项，系统提示"选取符号位置"，选取如图 10-107 所示的空白处作为表面粗糙度的放置边。

图 10-106 "实例依附"菜单

❸ 创建表面粗糙度注释。单击主菜单栏的"注释"按钮 注释，在系统弹出的"注释"工具栏中单击"注释"按钮 ，在弹出的"注释类型"菜单中选择"无引线"→"输入"→"水平"→"标准"→"缺省"→"制作注释"选项，在需要添加注释的地方单击鼠标左键。在"注释"信息提示输入窗口中输入"所有表面光洁度"，并按两次 Enter 键，如图 10-108 所示。

■ 标注技术要求注释

❶ 单击主菜单栏的"注释"按钮，在系统弹出的"注释"工具栏中单击"注释"按钮，在弹出的"注释类型"菜单中选择"无引线"→"输入"→"水平"→"标准"→"缺

省"→"制作注释"选项，在需要添加注释的地方单击鼠标左键。

❷ 在"注释"信息提示输入窗口中输入"技术要求"，并按 Enter 键；继续在"注释"信息提示输入窗口中输入"1、热处理硬度 HRC32~37"，按 Enter 键。

❸ 继续在"注释"信息提示输入窗口中输入"2、未注倒角 3X45°"，按两次 Enrer 键，如图 10-109 所示。

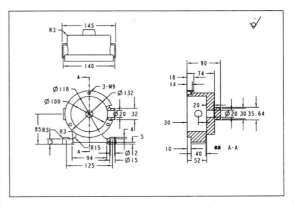

图 10-107 标注表面粗糙度

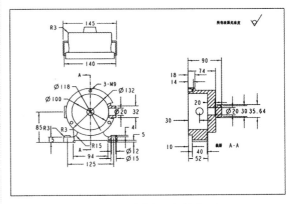

图 10-108 创建表面粗糙度注释

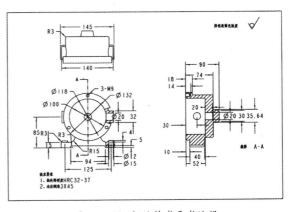

图 10-109 标注技术要求注释

■ 创建表格

❶ 单击主菜单中的"表"按钮 表，在系统弹出的"表"工具栏中单击"表"按钮插入表格，系统弹出"创

建表"菜单和"获得点"菜单，如图10-110所示。

图10-110 "创建表"菜单和"获得点"菜单

❷ 在"创建表"菜单中选择"升序"→"左对齐"→"按长度"→"选出点"选项，在视图中选取一点来定位表，接着系统弹出"用绘图单位（mm）输入第一列的宽度"信息提示文本框，在文本框中输入15，并按Enter键，再直接在文本框中分别输入30、30、15、30、30，完成后在不输入任何数字的情况下按Enter键；此时系统弹出"用绘图单位（mm）输入第一行的宽度"信息提示文本框，在文本框中输入8，并按Enter键，这里共需要5次这样的操作，结果如图10-111所示。

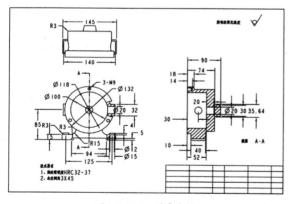

图10-111 创建表格

❸ 合并单元格，单击主菜单栏的"表"按钮，在系统弹出的"行和列"工具栏中单击"合并单元格"按钮，系统弹出如图10-112所示的"表合并"菜单，选取要合并的第一个和最后一个单元格，如图10-113所示。单击鼠标中键退出合并单元格命令。

图10-112 "表合并"菜单

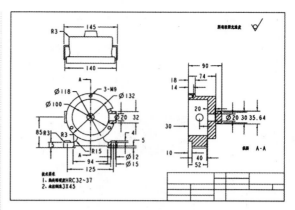

图10-113 合并单元格

■ 填写标题栏

❶ 双击要输入文字的单元格，系统弹出如图10-114所示的"注释属性"对话框。单击"文本样式"选项卡，可以设置字符的字体、高度、宽度和排列方式等，如图10-115所示。

图10-114 "注释属性"对话框

图10-115 "文本样式"选项卡

❷ 在标题栏需要的单元格中输入相应文本，结果如图 10-116 所示。

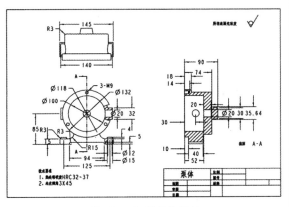

图 10-116 填写标题栏

10.7.2 绘制曲轴工程图

如图 10-117 所示，该曲轴工程图包括一般视图和剖视图两种类型，但也较为复杂，在创建过程中，首先是利用"插入普通视图"命令创建该曲轴的一般视图，接着以该视图为基础，利用"绘图视图"对话框中的"剖切"选项，通过指定不同的剖切平面，来创建相应的全剖视图，最后利用"创建标准尺寸"、"创建注释"、"表"等工具，标注视图相关尺寸、创建表格和文本注释即可。

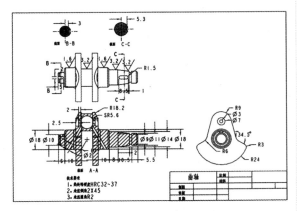

图 10-117 绘制曲轴工程图

1. 曲轴工程图绘制过程

■ 设置工作目录及创建工程图文件

❶ 在主菜单栏上选择"文件"→"设置工作目录"命令，然后在打开的"选取工作目录"窗口中设置需要放置到的磁盘路径中，单击"确定"按钮。

❷ 在工具栏中单击"新建"按钮，系统弹出"新建"对话框，在"类型"选项区域中单击"绘图"选项，在名称文本框中输入 10_7_2quzhou，然后去掉"使用缺省模板"复选框的"√"标记，并单击该对话框中的"确定"按钮，如图 10-118 所示。

图 10-118 "新建"对话框

❸ 系统弹出"新建绘图"对话框，单击"浏览"按钮，在弹出的"打开"对话框中选取光盘中的 sucai/10/10_7_2quzhou.prt 文件，在"指定模板"选项区域中选择"空"选项，"方向"选项区域中选择"横向"选项，进入"标准大小"下拉列表，选择"A4"选项，最后单击"确定"按钮，如图 10-119 所示。

图 10-119 "新制图"对话框

■ 创建主视图

❶ 系统进入工程图设计界面。在工具栏中单击"创建一般视图"按钮 📷，接着在工程图工作界面中选取一个位置作为绘制视图的放置中心，单击鼠标左键，模型将以 3D 形式显示在工程图中。

❷ 在系统弹出的"绘图视图"对话框中的"模型视图名"栏中选择"TOP"方向，在"缺省方向"选项中选择"用户自定义"选项，如图 10-120 所示。

❸ 最后单击该对话框中的"确定"按钮，结果如图 10-121 所示。

■ 创建投影视图

❶ 单击"创建投影视图"按钮，在绘图区域中选择主视图然后向下拖曳鼠标，在适当位置单击鼠标左

键，创建如图 10-122 所示的俯视图。

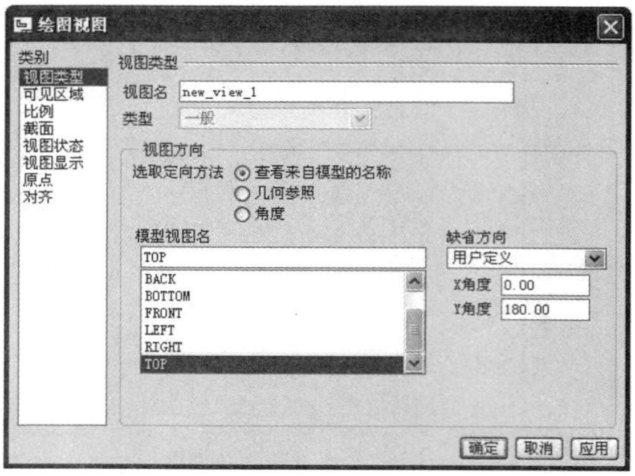

图 10-120　“绘图视图”对话框

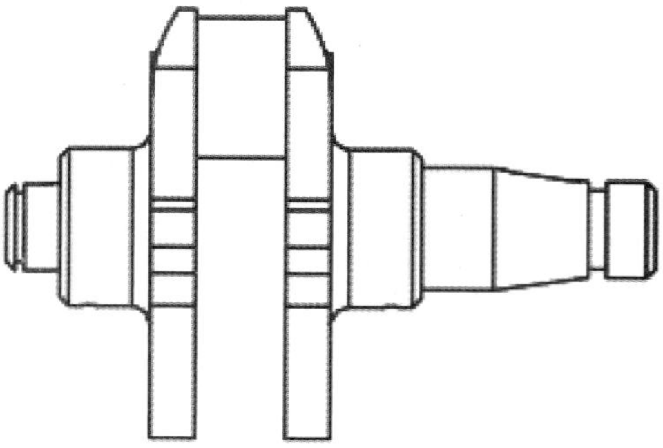

图 10-121　绘制主视图

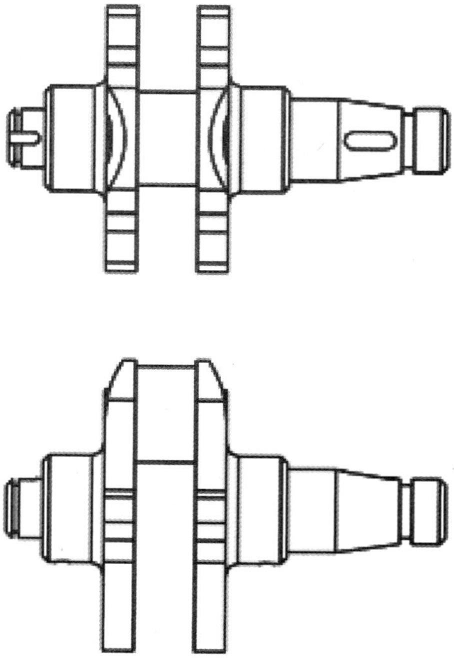

图 10-122　创建俯视图

❷ 采用同样的方法，创建右视图，具体效果如图 10-123 所示。

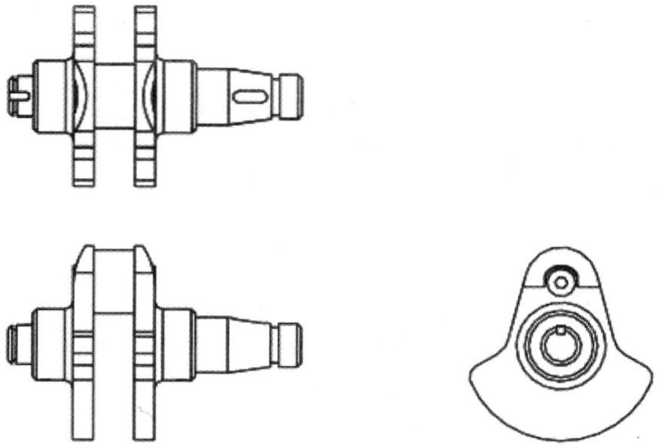

图 10-123　创建右视图

■ 创建全剖视图

❶ 双击主视图，或直接单击鼠标左键选中主视图，然后再单击鼠标右键，在弹出的右键菜单中选择“属性”选项，系统弹出“绘图视图”对话框，在“类别”选项框中，选择“剖面”选项。在“剖面选项”区域中，选择“2D 截面”选项，如图 10-124 所示。

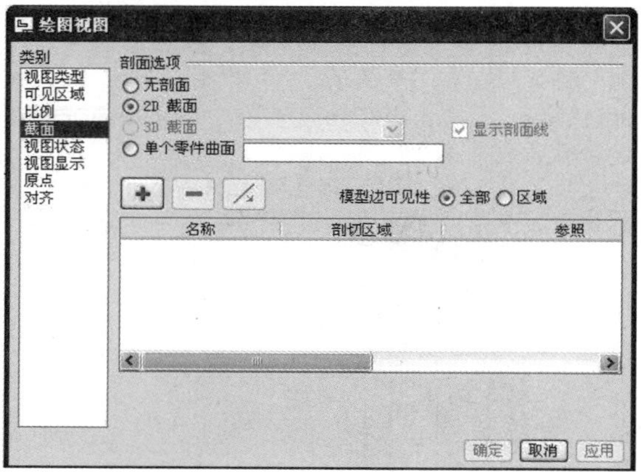

图 10-124　“绘图视图”对话框

❷ 在该对话框中单击“将截面添加到视图”按钮 [+]，系统弹出如图 10-125 所示的“剖截面创建”菜单，接受系统默认选项，选择“平面”→“单一”→“完成”选项。

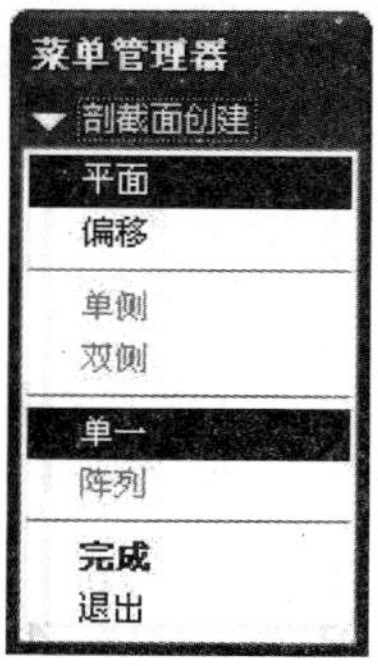

图 10-125　“剖截面创建”菜单

❸ 系统弹出“输入截面名称”信息输入窗口，然后在

该窗口中输入 A，如图 10-126 所示，并单击窗口中的☑按钮，或按 Enter 键。

图 10-126 "输入截面名称"消息输入窗口

❹ 系统弹出"设置平面"菜单和"选取"菜单，如图10-127 所示。

图 10-127 "设置平面"菜单和"选取"菜单

❺ 单击主工具栏中的"显示基准平面"按钮，再选择右视图中的 TOP 基准平面。

❻ 系统自动切换到"绘图视图"对话框，如图 10-128 所示。单击该对话框中的"确定"按钮，结束剖截面创建的操作。选择剖面线，双击弹出"修改剖面线"菜单管理器，然后选择"间距"→"一半"→"完成"选项，结果如图 10-129 所示。

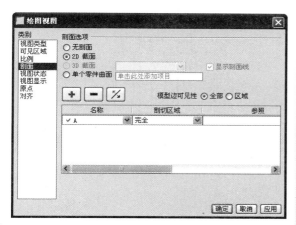

图 10-128 "绘图视图"对话框

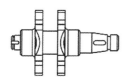
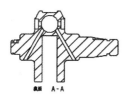

图 10-129 创建全剖主视图

❼ 为了表示全剖主视图的剖切方向，应在右视图中生成一个显示主视图剖切方向的箭头。单击鼠标左键选中主视图，然后再单击鼠标右键，在弹出的右键菜单中选择"添加箭头"选项，接着系统将提示"给箭头选出一个截面在其处垂直的视图"，然后再单击右视图，即可完成创建，结果如图 10-130 所示。

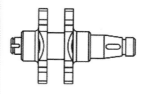
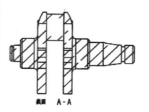 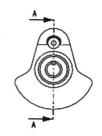

图 10-130 创建剖切方向箭头

■ 创建键槽剖视图

❶ 在工具栏中单击"布局"→"模型视图"中的"一般"按钮。系统提示"选取绘制视图的中心点"，接着在工程图工作界面中选取一个位置作为绘制视图的放置中心，模型将以 3D 形式显示在工程图中。

❷ 在系统弹出的"绘图视图"对话框中的"模型视图名"栏中选择 RIGHT 方向，如图 10-131 所示，单击该对话框中的"确定"按钮，如图 10-132 所示。

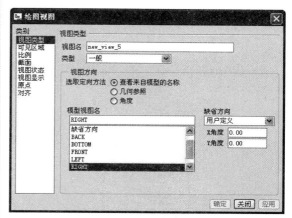

图 10-131 "绘图视图"对话框

❸ 在"绘图视图"对话框中选择"类别"选项区域中的"剖面"选项，在"剖面"对话框中选择"2D 截面"选项，如图 10-133 所示。

❹ 在"剖面"对话框中单击"增加剖面"按钮，系统弹出"剖截面创建"菜单，如图 10-134 所示，在该菜单中选择"平面"→"单一"→"完成"选项。

❺ 系统弹出"输入截面名"信息输入窗口，在该窗口

中输入 B，并按 Enter 键。接着系统提示"选取平面或基准平面"，并同时弹出"设置平面"菜单，在工具栏中单击"基准平面显示"按钮，在主视图中选择基准平面 DTM7，"绘图视图"中的模型边可见性选择"区域"，然后单击"确定"按钮。结果如图 10-135 所示。

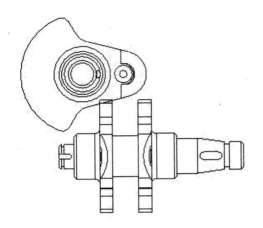

图 10-132　创建辅助视图

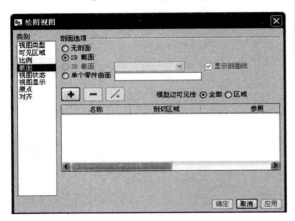

图 10-133　"剖面"对话框

图 10-134　"剖截面创建"菜单

❻ 选择刚创建剖视图，并单击鼠标右键，在弹出的右键菜单中选择"添加箭头"选项。系统提示"给箭头选出一个截面在其处垂直的视图"，选择俯视图，如图 10-136 所示。

❼ 以同样的方式创建第二个键槽的剖视图，不同的是在系统弹出"输入截面名"信息输入窗口时，在窗口中输入 C，在弹出"设置平面"菜单时，在主视图中选择基准平面 DTM8。最终效果如图 10-137 所示。

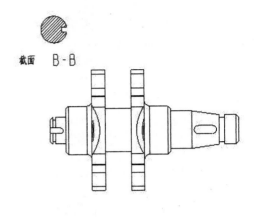

图 10-135　创建剖视图

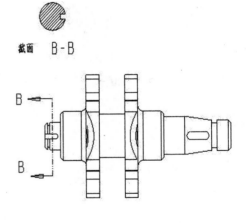

图 10-136　添加剖切方向箭头

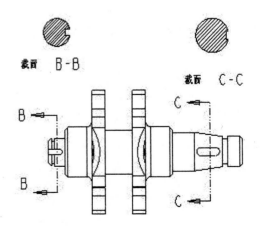

图 10-137　键槽剖视图效果

■ 调整各视图边线

❶ 在工具栏中单击"布局"→"格式"中的 边显示(E)... "边显示"按钮，系统弹出"边显示"菜单管理器，选择"拭除直线"，按下 Ctrl 键在视图中选择需要拭除的边线，如图 10-138 所示，单击"确定"按钮，若未拭除完全，重复上一步操作。

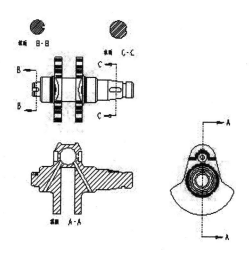

图 10-138 选择要拭除的边线

❷ 单击"完成"按钮退出边显示操作，效果如图 10-139 所示。

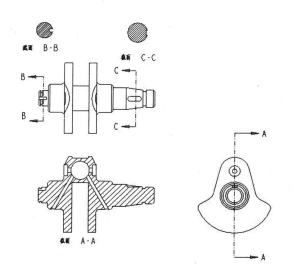

图 10-139 拭除边线效果

■ 标注尺寸

❶ 由于该曲轴尺寸较为复杂，故建议使用"标注新参照"的方式标注，在工具栏中选择"注释"按钮，然后在"插入"工具栏中单击"尺寸 - 新参照"按钮 ，接着在"依附类型"菜单中选择"图元上"选项进行尺寸标注。

❷ 选中所有尺寸，单击鼠标右键，选中"文本样式"命令，修改文本样式，在箭头杂乱的地方，改变箭头样式，使尺寸显示更为清晰，标注结果如图 10-140 所示。

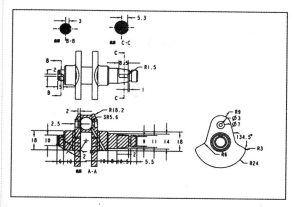

图 10-140 标注尺寸

❸ 因为工程图为轴类型零件，所以在视图中有些尺寸数值前需要添加"直径"符号。双击前需要添加"直径"符号的尺寸，在弹出的"尺寸属性"对话框中单击"尺寸文本"选项卡，在文本框中的 @D 前面添加"直径"符号，单击该对话框中的"文本符号"按钮，在弹出的"文本符号"对话框中单击 按钮，并单击"确定"按钮，完成一个直径尺寸的标注。再采用同样的方法去标注其他直径尺寸，标注结果如图 10-141 所示。

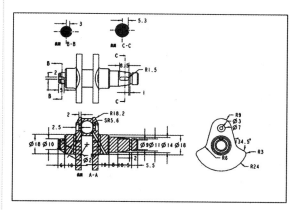

图 10-141 添加直径符号

■ 标注表面粗糙度

❶ 单击主菜单栏的"注释"按钮 注释 ，在系统弹出的"注释"工具栏中单击"表面光洁度"按钮 ，系统弹出"得到符号"菜单，如图 10-142 所示。在菜单中选择"检索"选项，在弹出的"打开"对话框中选择 machined 文件，并打开该文件中的 standard1.sym 文件，如图 10-143 所示。

❷ 接着系统弹出如图 10-144 所示的"实例依附"菜单，在该菜单中选择"法向"选项，系统提示"选取一条边、一个图元、一个尺寸、一条曲线或一个顶点"，选取图 10-145 所示的边作为表面粗糙度的放置边。

❸ 在系统弹出的粗糙度值信息提示文本框中输入 1.6，并按 Enter 键，即可完成表面粗糙度的创建，如图 10-146 所示。

图 10-142 "得到符号"菜单

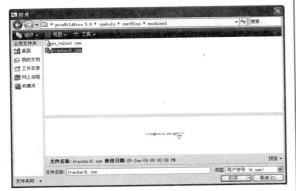

图 10-143 "打开"对话框

图 10-144 "实例依附"菜单

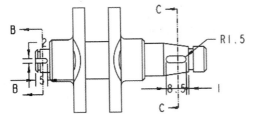

图 10-145 选取表面粗糙度放置边

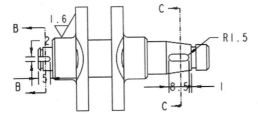

图 10-146 标注表面粗糙度

❹ 再按同样的方法标注其他表面粗糙度，结果如图 10-147 所示。

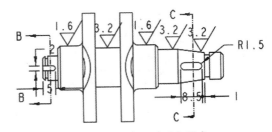

图 10-147 标注表面粗糙度

■ **标注注释**

❶ 单击主菜单栏的"注释"按钮，在系统弹出的"注释"工具栏中单击"注释"按钮，在弹出的"注释类型"菜单中选择"无引线"→"输入"→"水平"→"标准"→"缺省"→"制作注释"选项，在需要添加注释的地方单击鼠标左键。

❷ 在"注释"信息提示输入窗口中输入"技术要求"，并按 Enter 键。继续在"注释"信息提示输入窗口中输入"1。热处理硬度 HRC32~37"，按 Enter 键。

❸ 继续在"注释"信息提示输入窗口中输入"2。未注倒角 2X45°"，按 Enter 键。

❹ 继续在"注释"信息提示输入窗口中输入"3。未注圆角 R3"，按 Enter 键。最后按 Enter 键，结束注释的输入，如图 10-148 所示。

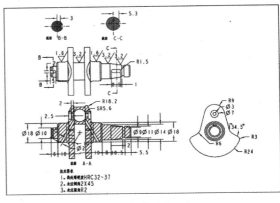

图 10-148 创建技术要求注释

■ **创建表格**

❶ 单击主菜单栏的"表"按钮，在系统弹出的"表"工具栏中单击"表"按钮，单击"插入表格"按钮，系统弹出"创建表"菜单和"获得点"菜单，如图 10-149 所示。

❷ 在"创建表"菜单中选择"升序"→"左对齐"→"按长度"→"选出点"选项，在视图中选取一点来定位表，接着系统弹出"用绘图单位（英寸）输入第一列的宽度"信息提示文本框，在文本框中输入 15，并按 Enter 键，直接在文本框中分别输入 30、30、15、30、30，完成后在不输入任何数字的情况下按 Enter 键。此时系统弹出"用绘图单位（英寸）输入第一行的宽度"信息提示文本框，在文本框中输入 8，并按 Enter 键，这里共需 5 次这样的操作，结果如图 10-150 所示。

图 10-149 "创建表"菜单和"获得点"菜单

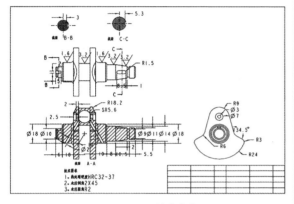

图 10-150 创建表格

❸ 合并单元格，单击主菜单栏的"表"按钮，在系统弹出的"行和列"工具栏中单击"合并单元格"按钮，系统弹出如图 10-151 所示的"表合并"菜单，选取要合并的第一个和最后一个单元格，如图 10-152 所示。单击鼠标中键退出合并单元格命令。

图 10-151 "表合并"菜单

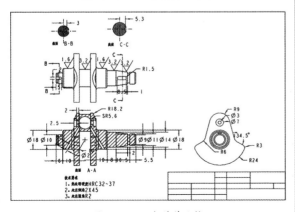

图 10-152 合并单元格

■ 填写标题栏

❹ 双击要输入文字的单元格，系统弹出如图 10-153 所示的"注释属性"对话框。单击"文本样式"选项卡，可以设置字符的字体、高度、宽度和排列方式等，如图 10-154 所示。

图 10-153 "注释属性"对话框

图 10-154 "文本样式"选项卡

❺ 在标题栏需要的单元格中输入相应文本，结果如图 10-155 所示。

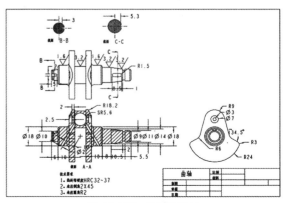

图 10-155 填写标题栏

10.8 课后练习

10.8.1 创建端盖的工程图

利用本章所学的工程图创建命令，用 sucai/10/xiti1.prt 文件创建端盖的工程图，如图 10-156 所示。

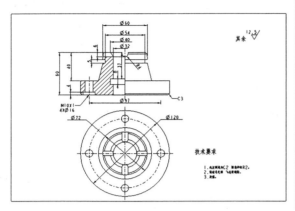

图 10-156 端盖工程图

操作提示：

❶ 绘制主视图。利用一般视图命令创建出主视图。

❷ 绘制俯视图。利用投影视图工具绘制出主视图下方的俯视图。

❸ 创建半剖视图。根据主视图左右对称的特征，以中心线为界，利用剖视图表达其一半的内部形状。

❹ 添加标注和注释。利用标注尺寸和注释工具标注尺寸和添加注解，即完成该零件的工程图。

10.8.2 创建支架工程图

利用本章所学的工程图创建命令，用 sucai/10/xiti2.prt 文件创建支架的工程图，如图 10-157 所示。

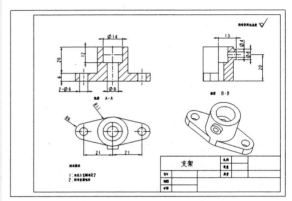

图 10-157 支架工程图

操作提示：

❶ 绘制主视图。利用一般视图命令创建主视图。

❷ 绘制俯视图。利用投影视图工具绘制出主视图下方的俯视图和右方的左视图。

❸ 创建主视图上的剖视图。以俯视图的孔心连线为界，在主视图上创建剖视图，表达 3 个通孔的尺寸。

❹ 创建左视图上的剖视图。根据零件左右对称的特征，以中心线为界，在左视图上利用剖视图表达其内部形状。

❺ 添加标注和注释。利用标注尺寸和注释工具标注尺寸和添加注解，完成该零件的工程图。